全国中等职业技术学校汽车类专业通用教材

电工与电子技术基础

（第二版）

窦敬仁　主编

人民交通出版社股份有限公司
China Communications Press Co.,Ltd.

内 容 提 要

本书是全国中等职业技术学校汽车类专业通用教材,依据《中等职业学校专业教学标准(试行)》以及国家和交通行业相关职业标准编写而成。主要内容包括:直流电路、交流电路、磁路和变压器、电机、晶体二极管和晶闸管及应用、放大电路基础、数字电路,共计7个单元。

本书供中等职业学校汽车类专业教学使用,亦可供汽车维修相关专业人员学习参考。

图书在版编目(CIP)数据

电工与电子技术基础/窦敬仁主编. —2版. —北京:人民交通出版社股份有限公司,2016.6
ISBN 978-7-114-12997-1

Ⅰ.①电… Ⅱ.①窦… Ⅲ.①电工技术—中等专业学校—教材②电子技术—中等专业学校—教材 Ⅳ.①TM②TN

中国版本图书馆CIP数据核字(2016)第096810号

全国中等职业技术学校汽车类专业通用教材
书　　名:电工与电子技术基础(第二版)
著 作 者:窦敬仁
责任编辑:闫东坡　李　良
出版发行:人民交通出版社股份有限公司
地　　址:(100011)北京市朝阳区安定门外外馆斜街3号
网　　址:http://www.ccpress.com.cn
销售电话:(010)59757973
总 经 销:人民交通出版社股份有限公司发行部
经　　销:各地新华书店
印　　刷:北京市密东印刷有限公司
开　　本:787×1092　1/16
印　　张:15
字　　数:352千
版　　次:2005年10月　第1版
　　　　　2016年7月　第2版
印　　次:2016年7月　第2版　第1次印刷　累计第9次印刷
书　　号:ISBN 978-7-114-12997-1
定　　价:34.00元

(有印刷、装订质量问题的图书由本公司负责调换)

第二版前言
FOREWORD

为适应社会经济发展和汽车运用与维修专业技能型紧缺人才培养的需要,交通职业教育教学指导委员会汽车(技工)专业指导委员会于2004年陆续组织编写了汽车维修、汽车电工、汽车检测等专业技工教材、高级技工教材及技师教材,受到广大中等职业学校师生的欢迎。

随着职业教育教学改革的不断深入,中等职业学校对课程结构、课程内容及教学模式提出了更高的要求。《教育部关于深化职业教育教学改革全面提高人才培养质量的若干意见》提出:"对接最新职业标准、行业标准和岗位规范,紧贴岗位实际工作过程,调整课程结构,更新课程内容,深化多种模式的课程改革"。为此,人民交通出版社股份有限公司根据教育部文件精神,在整合已出版的技工教材、高级技工教材及技师教材的基础上,依据教育部颁布的《中等职业学校汽车运用与维修专业教学标准(试行)》,组织中等职业学校汽车专业教师再版修订了全国中等职业技术学校汽车类专业通用教材。

此次再版修订的教材总结了全国技工学校、高级技工学校及技师学院多年来的汽车专业教学经验,将职业岗位所需要的知识、技能和职业素养融入汽车专业教学中,体现了中等职业教育的特色。教材特点如下:

1."以服务发展为宗旨,以促进就业为导向",加强文化基础教育,强化技术技能培养,符合汽车专业实用人才培养的需求;

2.教材修订符合中等职业学校学生的认知规律,注重知识的实际应用和对学生职业技能的训练,符合汽车类专业教学与培训的需要;

3.教材内容与汽车维修中级工、高级工及技师职业技能鉴定考核相吻合,便于学生毕业后适应岗位技能要求;

4.依据最新国家及行业标准,剔除第一版教材中陈旧过时的内容,教材修订量在20%以上,反映目前汽车的新知识、新技术、新工艺;

5.教材内容简洁,通俗易懂,图文并茂,易于培养学生的学习兴趣,提高学习效果。

《电工与电子技术基础》是汽车运用与维修专业基础课之一,教材主要内容包括:直流电路、交流电路、磁路和变压器、电机、晶体二极管和晶闸管及应用、放大电路基础、数字电路,共计7个单元。本书由陕西交通技师学院窦敬仁主编。

限于编者经历和水平,教材内容难以覆盖全国各地中等职业学校的实际情况,希望各学校在选用和推广本系列教材的同时,注重总结教学经验,及时提出修改意见和建议,以便再版修订时改正。

编 者

2016 年 3 月

目录 CONTENTS

绪论 ··· 1
单元一　直流电路 ·· 3
　课题一　电路的基本概念 ··· 3
　课题二　直流电路中的基本规律 ·· 14
　课题三　电工测量 ·· 23
　单元小结 ··· 28
　实训一　电源外特性的测定 ·· 29
　实训二　基尔霍夫定律的验证 ··· 31
单元二　交流电路 ··· 33
　课题一　交流电的基本概念 ·· 33
　课题二　纯电阻、纯电感、纯电容电路 ··· 38
　课题三　三相交流电路及其用电常识 ·· 47
　单元小结 ··· 57
　实训一　R、L、C 元件在串联正弦交流电路中的特性 ······························· 58
　实训二　日光灯电路 ··· 59
单元三　磁路和变压器 ··· 61
　课题一　磁场和磁路 ··· 61
　课题二　变压器 ··· 77
　单元小结 ··· 83
　实训　单相变压器的空载、负载实验及变压比、变流比的测量 ···················· 84
单元四　电机 ·· 86
　课题一　直流电动机 ··· 86
　课题二　三相交流异步电动机 ··· 98
　课题三　三相交流同步发电机 ··· 106
　课题四　步进电动机 ··· 109
　单元小结 ··· 112
　实训一　直流电动机的调速 ·· 113
　实训二　三相异步电动机的控制与检测 ··· 114
单元五　晶体二极管和晶闸管及其应用 ·· 116
　课题一　晶体二极管及整流电路 ·· 116
　课题二　滤波电路 ·· 128

课题三　稳压电路 ·· 132
课题四　晶闸管及其应用 ··· 134
单元小结 ·· 142
实训一　常用电子测量仪器的使用 ··· 143
实训二　单相桥式整流和滤波电路 ··· 144

单元六　放大电路基础 ·· 146
课题一　单级放大电路 ··· 146
课题二　多级放大电路 ··· 165
课题三　功率放大电路 ··· 168
课题四　反馈与振荡电路 ··· 172
课题五　集成运算放大器及其应用 ··· 179
单元小结 ·· 185
实训　单管低频电压放大器 ·· 186

单元七　数字电路 ·· 188
课题一　数字电路基础 ··· 188
课题二　门电路 ·· 194
课题三　触发器 ·· 203
课题四　数字逻辑部件 ··· 211
单元小结 ·· 220
实训一　基本门电路的逻辑功能 ·· 221
实训二　触发器 ·· 224
实训三　计数、移位寄存器、译码、显示器 ·· 228

参考文献 ·· 233

绪　　论

电工与电子技术是汽车类专业高级工的一门专业技术课,主要介绍电工电子学的基本原理、概念,研究强弱电在国民经济各个领域,尤其是在汽车领域的应用。本书中电工学的许多概念、原理为电子技术打下基础,本课程也为后续的《汽车发动机构造与维修》《汽车底盘构造与维修》《汽车电气设备构造与维修》《汽车故障诊断与检测技术》等专业课打下基础。

电能自从由实验室研究阶段转变到实用阶段,便以其具有产生—传输—分配方便、价格低廉、环境污染少、控制和测量方便等优点,在所有的能量形式中占据了最重要的地位。

汽车电子技术的发展大体可分为3个阶段:1965~1980年为初级阶段,特点是零部件各自发展,汽车电气设备主要实现照明、仪表等辅助功能;1980~1995年为系统集成阶段,汽车电气设备广泛采用集成电路和微处理器;1995年至今是智能化交通阶段,汽车电气设备实现信息显示、电子防盗、安全控制、自动变速、故障诊断、导航、自动泊车、无人驾驶等核心功能。

目前汽车工业处在一个以汽车电子和信息技术为核心的科技创新时代。随着信息技术的高速发展,汽车电子产品在汽车上的应用比例越来越高,汽车电子技术也逐渐成为汽车高新技术的特征之一。近半个世纪以来,汽车技术的发展主要是汽车电子技术的发展,汽车电子化是汽车发展的必由之路。今天,汽车电子技术已经成为汽车发展的技术支撑和汽车产品竞争力的关键。据统计,1989~2000年间,世界汽车电子和电器的成本在整个汽车制造成本中所占的比例已由16%增至23%以上,而豪华轿车电子器件所占的成本比例有更大的提高,某些高档轿车的成本已经高达整车制造成本的45%以上,未来汽车电子产品所占汽车的成本比例还会进一步升高。现在汽车的电子化和多媒体化,使汽车同时具有了交通、娱乐、办公和通讯的综合性能。汽车的升级换代从某种意义上说,已经不再是机械结构和机械原理上的更新换代,而是电子技术的更新换代。

近年来随着人们安全环保意识的增强,汽车电子产品层出不穷,尤其是汽车尾气排放控制、安全气囊和危急情况报警系统,由集成电路控制的制动系统、雷达控制系统、电子驾驶系统和智能气囊系统、语音识别系统、红外线夜视系统,基于集成电路的发动机管理系统等发展的速度更快。

随着汽车的普及,社会需要越来越多的既熟悉汽车机械原理和结构的维修,又掌握汽车电气和电子系统维修的复合型高级蓝领。

本书主要包括电路基础、电机与变压器、电子技术等几部分内容。其中电路基础介绍直流电路和交流电路的有关知识,用于建立起电路和安全用电的基础概念,为今后汽车电源系统的学习打好基础;电机与变压器介绍电磁感应以及变压器、直流电动机、三相异步电动机和同步发电机的工作原理，为进一步了解和掌握汽车起动系统、点火系统以及辅助电器系统打下基础；电子技术则介绍基本电子器件、模拟电路与数字电路的工作原理及基本分析方法，为汽车晶体管装置和电子控制装置等的学习奠定基础。

  电工与电子技术是一门理论性和实践性都比较强的课程，在学习时一定要把握基本原理，认真观察各种实验、演示，积极动手实践。在实践环节中，一定要养成安全、规范操作的习惯，并通过操作逐步形成提出问题、分析问题、验证问题和通过各种辅助手段综合判断达到解决问题的能力，通过反复实践达到培养良好的职业道德和职业素养的目的。

单元一
直 流 电 路

在现代科技飞速发展的今天,电的使用范围非常广泛,例如各种机械设备几乎都是由电力来驱动的。汽车从它诞生的第一天起,就和电结下了不解之缘。随着科技的进步,电在汽车上的应用已从传统的起动、照明及信号指示装置发展到具有声像、通信、空调设备和各种自动控制装置的高科技领域。

本单元从最基本的直流电路入手,重点介绍直流电路的基本概念、基本定律和常用的电工测量方法。

课题一 电路的基本概念

预备知识:简单电路的基本概念。

一、电路、电路图

1. 电路与电路图

通俗地讲,电路就是电流通过的路径。简单的电路通常是由电源、负载、连接导线、控制和保护装置4部分组成。图1-1a)就是一个简单电路。

按照国家规定,各种电器元件都可以用特定的图形符号和文字符号来表示(表1-1为部分常用的电器元件符号)。将实际电路中各个元件用其图形符号来表示,这样画出的图形称为实际电路的电路原理图,简称电路图。图1-1a)所示的简单电路可用如图1-1b)所示的电路图表示。

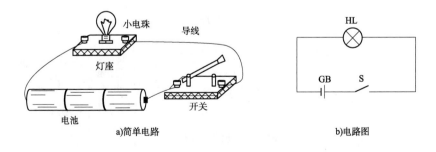

图1-1 简单电路及其电路图

常用电器元件符号 表1-1

图形符号	文字符号	名称	图形符号	文字符号	名称	图形符号	文字符号	名称
	GB	电池			电池组		PA	电流表
		接机壳或接底板		S 或 SA	开关		PV	电压表
		串联直励电动机		FU	熔断器		HL	照明灯指示灯
		并联直励电动机			可调变阻器			搭铁
		示波器		RP	滑动触点电位器		L	铁芯线圈
		转速表		V 或 VD	二极管			不相连接的交叉导线

2. 电路的工作状态

电路的工作状态有3种:通路状态、短路状态和断路状态。

(1)通路状态如图1-2a)所示,电源和负载连成闭合回路,电路中有电流。

(2)短路状态如图1-2b)所示,电源的两极直接相连,外电路电阻为零,电路中电流较大,易引起电源和其他电气设备发热过甚而损坏,应注意避免。

(3)断路状态如图1-2c)所示,电路中某处断开,外电路呈现的电阻为无穷大,此时电路中没有电流通过。

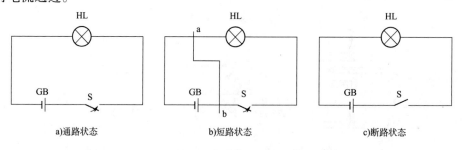

图1-2 电路的工作状态

3. 汽车电路的特点

汽车电路具有两个电源、低压直流、并联单线、负极搭铁的特点。

(1)两个电源。汽车上电能供给是由蓄电池和发电机两个直流电源共同完成的。

(2)低压直流。汽车配用的电源电压一般为12V、24V、42V三种低压直流电源。

(3)并联单线。一般情况下,在电路中,电源和负载之间是用两条导线构成回路的,这种连接方式称双线制。在汽车上,电源和用电器之间通常只用一条导线连接,另一条导线则用车体的底盘等金属部分代替而构成回路,这种连接方式称为单线制。由于单线制节省导线,线路简化清晰,安装和检修方便,且电气机件也不需要与车体绝缘,所以现代汽车电系普遍采用单线制。

(4)负极搭铁。电源的正极直接与车体相连的方式叫作正极接地法;电源的负极直接与车体相连的方式叫作负极接地法。由于负极接地法(也称搭铁法或接铁法)具有对电子器件干扰小、对车架及车身电化学腐蚀小、连接牢固等优点,所以现在负极接地在汽车上得到了广泛的应用。图1-3是桑塔纳轿车前照灯电路的单线制简图。

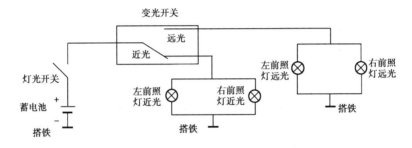

图1-3 桑塔纳轿车前照灯电路的单线制简图

二、电路中的基本物理量

1. 电流

可以自由移动的电荷在电场力作用下有规则地定向移动就形成了电流。在金属导体中,能自由移动的电荷是带负电的电子。当导体中存在促使自由电子定向移动的外电场时,自由电子便逆着电场方向做定向移动而形成电流,如图1-4所示。在电解液或被电离后的气体中,能定向移动的电荷则是正负离子,正负离子在电场的作用下,正离子沿电场方向运动,负离子逆着电场力的方向运动而形成电流。

电流的大小用电流强度(简称为电流)来描述,它是表示自由电荷定向运动强弱的物理量,用符号I表示。其数值等于单位时间内通过导体横截面的电量,即:

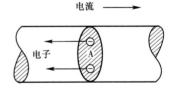

图1-4 金属导体中的电流形成示意图

$$I = \frac{q}{t} \tag{1-1}$$

式(1-1)中,电量q的单位是库仑(C),时间t的单位是秒(s),电流I的单位是安(A)。电流常用的单位还有千安(kA)、毫安(mA)、微安(μA)等,换算关系如下:

$$1kA = 10^3 A; 1A = 10^3 mA; 1A = 10^6 \mu A$$

习惯上规定正电荷定向移动的方向为电路中电流的方向。在金属导体中,参与导电的只有带负电的自由电子,电流的方向与导体中自由电子定向移动的方向相反。

电流的方向是客观存在的,但在实际电路中,往往很难判定某段电路中电流的实际方向。在分析电路前就需先假设导体中电流的参考方向,求得的电流为正值表示电流的实际方向与参考方向相同;求得的电流为负值则表示电流的实际方向与参考方向相反,如图1-5所示。

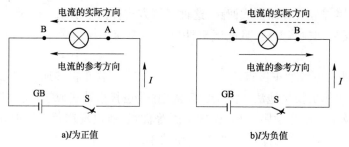

图1-5 电流的参考方向

例1.1 在5min内通过某导体横截面的电荷电量为15C,求导体中的电流是多少?

解: $$I = \frac{q}{t} = \frac{15}{5 \times 60} = \frac{15}{5 \times 60} = 5 \times 10^{-2}(A)$$

例1.2 求图1-6中电流的实际方向(图中箭头为选定的电流参考方向)。

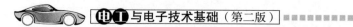

图1-6 例1.2图

解: 电流的实际方向与参考方向相反,即实际方向为A→B。

实际中的电流分为两大类:一类是电流方向不随时间的变化而变化的直流电流(记作DC),用 I 表示,其中大小和方向都不随时间变化的电流叫稳恒直流电流,如图1-7a)所示,大小随时间变化而方向不随时间变化的电流叫脉动直流电流,如图1-7b)所示,通常所说的直流电流就是指稳恒直流电流;另一类是大小和方向随时间变化而变化的交流电流叫交流电(记作AC),用 i 表示,如图1-7c)所示。

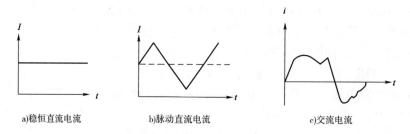

图1-7 直流电和交流电的波形

2. 电压、电位

自然界中我们可以看到水往低处流,这是由于两点间存在高度差;同样电路连通后形成电流,也是由于电路中两点间存在一个电压。所谓电压,就是电场力把单位正电荷从A点移动到B点的过程中对电荷所做的功,用符号 U_{AB} 来表示。即:

$$U_{AB} = \frac{W_{AB}}{q} \tag{1-2}$$

式(1-2)中,W_{AB} 表示将正电荷从A点移动到B点过程中电场力所做的功,单位为焦耳(J);q 表示被移动电荷的电量,单位为库仑(C);U_{AB} 表示A、B两点间的电压,单位为伏特(V)。

电压是一个代数量,常用双下标表示起点与终点。电压的方向由起点指向终点,如 U_{AB} 表示电压由 A 点指向 B 点。

在国际单位制中,电压的单位为伏特,简称伏(V)。电工技术中,常用的电压单位还有千伏(kV)、毫伏(mV)、微伏(μV)等。换算关系如下:

$$1\text{kV} = 10^3\text{V}; 1\text{V} = 10^3\text{mV}; 1\text{V} = 10^6\mu\text{V}$$

在实际应用中,为方便测量和维修电路,通常在电路中选定一个参考点 O(在电路图中用符号"⊥"表示)。将单位正电荷从某一点 A 移动到参考点 O,电场力所做的功称为 A 点的电位,用 V_A 表示。可见 A 点的电位 V_A 实际上就是 A、O 两点间的电压 U_{AO}。

参考点又叫零电位点,即 $V_O = 0$。当某点电位大于零时,表示该电位大于参考点电位;当某点电位小于零时,表示该点电位低于参考点电位。

电路中每一点都有一个电位 V(汽车电路中亦称为电平),就类似于地面上每一点都有一个海拔高度一样。A、B 两点间的电压与它们的电位之间的关系为:

$$U_{AB} = V_A - V_B \tag{1-3}$$

电压的方向规定为从电位高的点指向电位低的点,如图 1-8 所示。

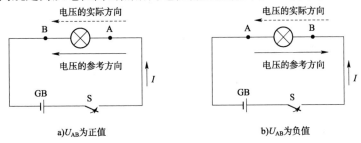

图 1-8 电压的参考方向

例 1.3 元件 R 上的电压参考方向如图 1-9 所示,若 $U_1 = 6\text{V}$,$U_2 = -10\text{V}$,试说明电压的实际方向。

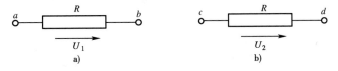

图 1-9 例 1.3 图

解:因 $U_1 = 6\text{V}$ 为正值,说明电压实际方向和参考方向相同,即从 a 到 b。

因 $U_2 = -10\text{V}$ 为负值,说明电压实际方向和参考方向相反,即从 d 到 c。

3. 电动势

电源是将其他形式的能转化为电能的装置。不同的电源转换电能的本领是不同的,电动势是描述电源将非电能转化为电能本领大小的物理量。电源的电动势在数值上等于电源的电场力把单位正电荷从电源负极搬运到电源正极所做的功,用符号 E 表示:

$$E = \frac{W}{q} \tag{1-4}$$

电动势的大小是由电源本身的性质决定的,与电源外部的负载情况无关。如常见的干电池的电动势为1.5V;汽车用铅蓄电池的单格电动势一般为2.1V。

电动势不仅有大小而且有方向,规定电动势的方向从电源的负极指向正极,即电位升高的方向,与电源两端的电压方向相反。

4. 电池的串联、并联

一般干电池的电动势是1.5V,蓄电池的电动势是2V,输出的电流也都有一定的限度。在实际使用时各用电器有各自不同的额定电压和电流,为了满足这个要求,通常需要把几个电池连在一起使用。电池的基本连接方式有串联和并联两种。

1)电池的串联

把一个电池的负极和另一个相同电池的正极依次连接所构成的电池组叫串联电池组,如图1-10a)所示。串联电池组的总电动势$E_总$等于各电池的电动势之和,即$E_总 = nE$。

可见,串联电池组可以提高电源的电动势,即提高输出电压。汽车用的6V和12V蓄电池就是分别用3个或6个2V的单个铅蓄电池串联而成的。

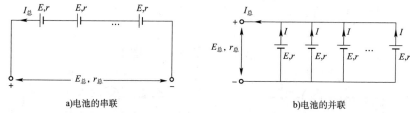

图1-10 电池的串联和并联

2)电池的并联

把若干个同样电池的正极和正极相连,负极和负极相连所构成的电池组叫并联电池组,如图1-10b)所示。并联电池组的总电动势等于各电池的电动势,但并联电池组的总电流$I_总$等于各电池的电流之和,即$I_总 = nI$。

并联电池组可以向负载提供更大的输出电流。汽车发动机起动困难时的"帮电"措施就是这个特性的具体应用,即当汽车上的蓄电池存电不足而不能使汽车起动机起动时,人们常用另一只储电量足且电动势相同的电池与其并联发动。

5. 电功

电流流过负载时对负载所做的功叫电功,用符号W表示。在一段电路中,电流所做的功与导体两端的电压U、通过导体的电流I以及通电时间t成正比,其计算公式为:

$$W = UIt \tag{1-5}$$

电功的国际单位是焦耳(J)。在工程上,常用的电功单位有千瓦·小时(kW·h),俗称"度"。其换算关系为:

$$1\text{度} = 1\text{kW·h} = 3.6 \times 10^6 \text{J}$$

6. 电功率

不同的用电器在相同时间内的用电量是不同的,即电流做功快慢是不一样的。电流做功快慢用电功率描述,其大小等于单位时间内电流所做的功,即:

$$P = \frac{W}{t} = UI \tag{1-6}$$

功率的国际单位为瓦特,简称瓦(W)。常用单位还有千瓦(kW)、毫瓦(mW)等,换算关系如下：
$$1kW = 10^3 W = 10^6 mW$$

例1.4 汽车前照灯功率为60W，额定电压为12V。求：①额定电流；②每小时消耗的电能。

解：① $$I = \frac{P}{U} = \frac{60}{12} = 5(A)$$

② $$W = UIt = Pt = 60 \times 1 \times 3600 = 2.16 \times 10^5 (J)$$

三、电阻的相关知识

1. 电阻

金属导体中的电流是由自由电子定向移动形成的。自由电子在运动的过程中会不断地与金属中的离子和原子发生碰撞，从而阻碍了电荷的定向移动，这种阻碍作用就叫电阻，用符号 R 或 r 表示。电阻的单位是这样定义的：当导体两端加1V电压，通过的电流是1A时，导体的电阻就是1欧姆，简称欧，用符号"Ω"表示。常用的电阻单位还有千欧（kΩ）、兆欧（MΩ）等，换算关系如下：

$$1k\Omega = 10^3 \Omega; 1M\Omega = 10^3 k\Omega$$

在电路中，导线常被看作电阻为零的理想导体。但在实际电路中，线路电阻的存在是不容忽视的。在温度不变时，导体的电阻与导线所用材料的电阻率、导线材料的长度成正比，与导体的横截面积成反比，即：

$$R = \rho \frac{l}{S} \tag{1-7}$$

式（1-7）中，l 是导线材料的长度，单位是米（m）；S 是导体的横截面积，单位是平方米（m^2）；ρ 是导线所用材料的电阻率，单位是欧·米（Ω·m）。表1-2是常用导线材料在20℃的电阻率。

常用材料的电阻率　　　　　　　　　　表1-2

材料名称	电阻率（Ω·m）	材料名称	电阻率（Ω·m）
银（Ag）	1.6×10^{-8}	铁（Fe）	1.0×10^{-7}
铜（Cu）	1.7×10^{-8}	锰铜	5.0×10^{-7}
铝（Al）	2.8×10^{-8}	碳（C）	3.5×10^{-5}

从表1-2可以看出，导电性能最好的是银，其次是铜，再其次是铝。

2. 常用的电阻器

电阻器（简称电阻）是用碳、镍镉合金等材料制成的一种具有一定阻值的电器元件，在电路中能起降压和限流等作用。图1-11是常用的电阻器外形。电阻按阻值是否可变分为可变电阻和固定电阻两大类。在汽车仪表板照明亮度调节电路中就使用了可变电阻，汽车上计算机常用的输入传感器则使用了电位器。

3. 电阻的串联、并联、混联

1）电阻的串联

若干个电阻依次首尾相连,中间没有分支的连接方式叫电阻的串联,图1-12所示为3个电阻的串联电路。

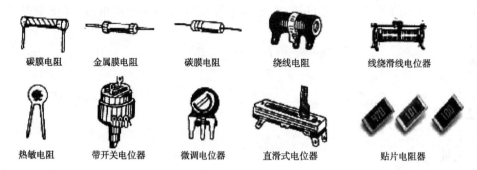

图1-11 常见电阻器外形

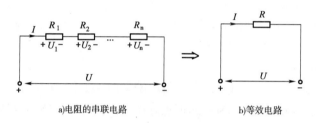

a)电阻的串联电路　　　　　　b)等效电路

图1-12 电阻的串联

串联电路有以下特点：

① 通过每个电阻的电流相等,并等于总电流,即:

$$I = I_1 = I_2 = I_3 = \cdots = I_n \tag{1-8}$$

② 电路两端的总电压等于各个电阻两端电压之和,即:

$$U = U_1 + U_2 + U_3 + \cdots + U_n \tag{1-9}$$

③ 电路的总电阻(等效电阻)等于各电阻阻值之和,即:

$$R = R_1 + R_2 + R_3 + \cdots + R_n \tag{1-10}$$

④ 每个电阻上的电压与它们的阻值成正比。

因为:

$$I_1 = \frac{U_1}{R_1}, I_2 = \frac{U_2}{R_2}, \cdots, I_n = \frac{U_n}{R_n}$$

所以:

$$\frac{U_1}{R_1} = \frac{U_2}{R_2} = \cdots = \frac{U_n}{R_n} \tag{1-11}$$

⑤ 串联电阻消耗的总功率等于各电阻消耗的功率之和。

因为:

$$P = I^2 R, P_1 = I^2 R_1, P_2 = I^2 R_2, \cdots P_n = I^2 R_n$$

所以:

$$P = I^2 R = I^2 (R_1 + R_2 + \cdots + R_n) = P_1 + P_2 + \cdots + P_n \tag{1-12}$$

⑥ 功率与电阻成正比。

$$I^2 = \frac{P}{R} = \frac{P_1}{R_1} = \frac{P_2}{R_2} = \cdots = \frac{P_n}{R_n} \tag{1-13}$$

2）电阻的并联

将两个或两个以上的电阻的两个端点并列地连接在电路中的两点，这种连接方式称为电阻的并联，如图1-13所示。常用"∥"符号表示电阻之间的并联。

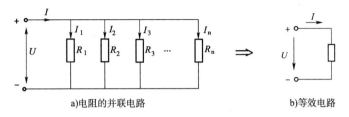

a)电阻的并联电路　　　　　　　b)等效电路

图1-13　电阻的并联

电阻并联的实例很多，如汽车上的电动机、刮水器、照明灯等工作电压相同的设备均是并联在电源两端使用的；家庭中的各种用电器的连接方式也是并联。并联电路具有以下特点：

①并联电阻两端的电压相等，即：

$$U = U_1 = U_2 = \cdots = U_n \tag{1-14}$$

②总电流等于各电阻分电流之和，即：

$$I = I_1 + I_2 + I_3 + \cdots + I_n \tag{1-15}$$

③电路的总电阻（等效电阻）的倒数等于各分电阻倒数之和。

因为：

$$I_1 = \frac{U_1}{R_1}, I_2 = \frac{U_2}{R_2}, \cdots, I_n = \frac{U_n}{R_n}$$

所以：

$$\frac{1}{R} = \frac{1}{R_1} + \frac{1}{R_2} + \frac{1}{R_3} + \cdots + \frac{1}{R_n} \tag{1-16}$$

④通过各并联电阻的电流与其阻值成反比。

因为：

$$I_1 = \frac{U_1}{R_1}, I_2 = \frac{U_2}{R_2}, \cdots, I_n = \frac{U_n}{R_n}$$

所以：

$$IR = I_1 R_1 = I_2 R_2 = I_3 R_3 = \cdots = I_n R_n \tag{1-17}$$

⑤并联电阻消耗的总功率等于各电阻消耗的功率之和。

因为：

$$P = \frac{U^2}{R}, P_1 = \frac{U_1^2}{R_1}, P_2 = \frac{U_2^2}{R_2}, P_3 = \frac{U_3^2}{R_3}, \cdots, P_n = \frac{U_n^2}{R_n}$$

所以：

$$P = P_1 + P_2 + P_3 + \cdots + P_n \tag{1-18}$$

⑥功率与电阻成反比。

$$PR = P_1R_1 = P_2R_2 = P_3R_3 = \cdots = P_nR_n \qquad (1\text{-}19)$$

3）电阻的混联

电路中既有电阻的串联，又有电阻的并联，这种连接方式叫作电阻的混联。计算混联电路的总电阻要把电路分解成若干个串联和并联部分，再按照串、并联电路的特点进行计算它们的等效电阻，如图1-14所示。

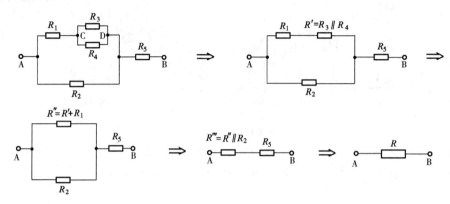

图1-14 电阻的混联

四、汽车常用导线材料

在汽车电路中，导线分低压线和高压线两种。

普通低压导线常使用导电性能较好的铜和铝两种材料。为了绝缘，导线的外部还要加上绝缘护套。低压线中的普通导线、起动机电缆和搭铁电缆，通常有用聚氯乙烯作为护套的QVR型和用聚氯乙烯—定腈复合物作为绝缘护套的QFR型两种型号，两种护套均具有良好的耐寒性、柔软性和一定的耐油性、不延燃性。为便于识别，低压线护套有各种颜色，过去的有单一颜色护套的低压线已被有主色和辅色两种颜色的低压线所代替。主色为导线的基础色，辅色为环布导线的调色带或螺旋色带，当用代号表示双色导线时，主色在前，辅色在后。表1-3及图1-15分别是汽车低压导线采用的主色规定及图示。

汽车低压导线采用的主色规定　　　　表1-3

序 号	系 统 名 称	主 色	颜色代号
1	电源系统	红	R
2	点火、起动系统	白	W
3	前照灯、雾灯等外部照明系统	蓝	Bl
4	灯光、信号系统	绿	G
5	车身内部照明系统	黄	Y
6	仪表及警报指示系统和喇叭系统	棕	Br
7	收音机、电钟、点烟器等辅助系统	紫	V
8	各种辅助电动机及电器操纵系统	灰	Gr
9	电器装置搭铁线	黑	B

图 1-15　低压导线的线色标注法

　　汽车的高压电路(如点火系高压电路)要承受 10～20kV 的高压,绝缘要求很严格,应该采用耐高压的电线。高压线有铜芯线和阻尼线(常用塑料加炭黑及其他辅料制成)两种。常用的高压导线的型号及规格见表 1-4,汽车 12V 电系主要电路导线截面推荐值见表 1-5。

高压点火线的型号和规格　　　　　　　　　　　　　　表 1-4

型号	名　　称	线 心 结 构		标称外径(mm)
		根数	单线直径(mm)	
QGV	铜芯聚氯乙烯绝缘高压点火线	7	0.39	7.0±0.3
QGXV	铜芯橡皮绝缘聚氯乙烯护套高压点火线	7	0.39	7.0±0.3
QGX	铜芯橡皮绝缘氯丁橡胶护套高压点火线	7	0.39	7.0±0.3
QGZ	全塑料高压阻尼点火线	1	2.3	7.0±0.3
QGZV	电抗性高压阻尼点火线	1	—	7.0±0.3

汽车 12V 电系主要电路导线截面推荐值　　　　　　　　表 1-5

电 路 名 称	标称截面(mm²)
尾灯、指示灯、仪表灯、牌照灯、刮水器电动机、电钟	0.5
转向灯、制动灯、停车灯、分电器	0.8
前照灯的近光、电喇叭(3A 以下)	1.0
前照灯的近光、电喇叭(3A 以下)	1.5
其他 5A 以上的电路	1.5～4
电热塞	4～6
电源线	4～25
起动电路	16～95

习题一

1. 导体中的电流强度为 1A,在 1h 内通过导体横截面的电荷量是多少?

2. 电场中 a、b 两点的电位分别是 $V_a=800V$,$V_b=-200V$。a、b 两点的电压是多少?把电量为 $Q=1.5\times10^{-8}C$ 的电荷从 a 点移到 b 点,电场力做多少功?

3. 在如图 1-16 所示电路中,当设 c 点为参考点时,已知 $V_a=-6V$、$V_b=-2V$、$V_d=-3V$、$V_e=-5V$,求 U_{ab}、U_{bc}、U_{cd}、U_{de} 各是多少?

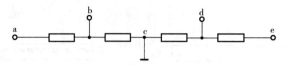

图 1-16 习题一第 3 题图

4. 在汽车点火电路中的附加电阻是用直径为 0.5mm、电阻率 ρ 为 $1.4\times10^{-6}\Omega\cdot m$ 的镍铬丝绕制的,则绕制一个 1.4Ω 的电阻,需要多长的导线?

5. 电阻为 484Ω 的电熨斗,接到 220V 的电源上,消耗的电功率是多少?连续工作 10h,共用多少度的电?

课题二　直流电路中的基本规律

预备知识:简单直流电路的基本概念及定律。

欧姆定律是电路分析中的基本定律,可以用来确定电路中的电流、电压关系。

一、欧姆定律

1. 部分电路欧姆定律

一段不包含电源的电路通常称为部分电路,如图 1-17 所示。1827 年德国物理学家欧姆从大量实验中总结出了以下规律:流过导体的电流 I 与这段导体两端的电压 U 成正比,与这段导体的电阻 R 成反比,这个规律叫作部分电路欧姆定律,其数学表达式为:

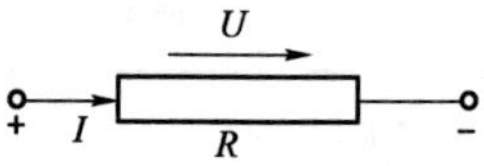

图 1-17　部分电路

$$I = \frac{U}{R} \quad (1\text{-}20)$$

根据式(1-20)可知,如果已知 U 和 I 的值,则可利用 $R = U/I$ 求出电阻值。有一些电阻的阻值不随两端的电压和通过的电流的改变而改变,这样的电阻叫作线性电阻,它们的阻值可理想地看作常数,其特性如图 1-18 所示。

欧姆定律适用于线性电阻元件,如白炽灯、电炉、电烙铁等。对于电解液导电也基本适用,但对气体导电是不适用的。

例 1.5　某汽车倒车灯的电阻为 7.2Ω,如果车灯的额定工作电压为 12V,那么工作电流为多少?倒车灯的功率是多大?

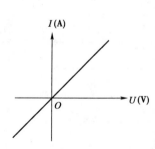

图 1-18　线性电阻的伏安特性曲线

解:
$$I = \frac{U}{R} = \frac{12}{7.2} = 1.7(\text{A})$$

$$P = UI = \frac{U^2}{R} = \frac{12^2}{7.2} = 20(\text{W})$$

2. 全电路欧姆定律

全电路是指含有电源的闭合电路,如图 1-19 所示。其中电源以外的电路称为外电路,外电路的电阻 R 称为外电阻;电源内部的电路称为内电路,电源的内部也有电阻 r,称为内电阻。

全电路中的电流强度 I 与电源的电动势 E 成正比,与整个电路的电阻(即内电路总电阻 r 与外电路总电阻 R 的总和)成反比。这个规律叫作全电路欧姆定律,其数学表达式为:

$$I = \frac{E}{R+r} \qquad (1-21)$$

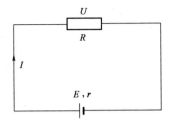

图 1-19 简单的全电路

外电阻 R 上的电压称为外电压 U,也称为路端电压。根据欧姆定律可知:$U = IR = E - Ir$。

电源内电阻 r 上的电压称为内电压 U_r。根据部分电路欧姆定律可知:$U_r = Ir$。

将式(1-21)变形可得 $E = IR + Ir = U + U_r$,即内外电压之和等于电源电动势。

例 1.6 已知电源的电动势为 3V,内阻为 0.5Ω,负载电阻为 9.5Ω,求电源的端电压和内压降。

解: 因为:

$$I = \frac{E}{R+r}$$

所以:

$$I = \frac{3}{9.5+0.5} = 0.3(\text{A})$$

$$U = IR = 0.3 \times 9.5 = 2.85(\text{V})$$

内电压:

$$U_r = Ir = 0.3 \times 0.5 = 0.15(\text{V})$$

3. 电源的外特性

电源的外特性是指电源的端电压 U 和电路中电流 I 的关系。

对给定的电源,E 和 r 是不变的。由全电路欧姆定律 $I = E/R+r$ 可知:当负载电阻 $R \to \infty$ 时(电路断开时),$I = 0$,$U = E$,即电源的电动势在数值上等于路端电压。利用这个特点,可用电压表测量电源的电动势。当负载 R 变小时,电流 I 变大,内阻上的电压变大,端电压 U 变小。当负载电阻 $R = 0$ 时(即短路),$I = E/r$。由于电源的电阻 r 一般都很小,因而电路中的电流比正常工作电流大很多,如果没有熔断器,会导致电源和导线烧毁。U 随 I 变化的规律可用图 1-20 表示,称为电源的外特性曲线。

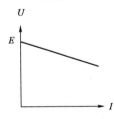

图 1-20 电源的外特性曲线

当然,只有一个外电阻的电路是比较少的,实际应用中常常是若干个用电器以一定的方式连接后作为有源电路的外电阻,此时的外电路总电阻应按电阻的串联、并联、混联的规律计算。

二、焦耳定律

英国物理学家焦耳通过大量的实验证明:电流流过导体时,导体产生的热量 Q 与电流强度 I 的平方、导体的电阻 R 及通电时间 t 成正比。这就是焦尔定律,其数学表达式为:

$$Q = I^2 Rt \qquad (1-22)$$

在汽车上,很多电气设备都是利用电流的热效应制成的,如电灯、点烟器、预热塞、火花塞、熔断器等。当然,电流也会使不许发热的地方发热,它不但消耗电能,而且会使电气设备温度升高,加速绝缘材料的老化,甚至烧毁设备。

例 1.7 如图 1-21 所示家用电吹风及简化电路,主要参数见表 1-6,则(不考虑温度对电阻的影响):

①选择开关应旋至何处时,吹风机正常工作的功率最大?此时电路中的总电流是多大?(保留一位小数)

②当电路供电电压为 110V 时,吹风机电热丝的实际功率是多大?

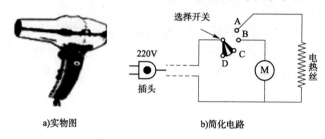

a)实物图　　　　　　b)简化电路

图 1-21　家用电吹风

家用电吹风的主要参数值　　　　　　　表 1-6

热风温度	额定功率	额定电压	质量
45～75℃	热风1200W/冷风200W	220V	0.66kg

解: ①开关旋至 AB 处时,电吹风正常工作且处于吹热风状态,此时功率最大,电路中的电流 $I = \dfrac{P_{总}}{U} = \dfrac{1200}{220} \approx 5.5(\text{A})$。

② $P_2 = P_{总} - P_1 = 1200 - 200 = 1000(\text{W})$,电热丝的电阻 $R = \dfrac{U^2}{P_2} = \dfrac{220^2}{1000} = 48.4(\Omega)$,当电路供电电压为 110V 时,吹风机电热丝的实际功率 $p'_2 = \dfrac{U_{实}^2}{R} = \dfrac{110^2}{48.4} = 250(\text{W})$。

三、基尔霍夫定律

能用电阻的串、并联关系简化成单回路的电路称为简单电路。对简单电路,用欧姆定律就可以计算电路的问题了。图 1-22 所示的电路不能用电阻串、并联关系简化为单回路,这样的电路称为复杂电路。对于复杂的直流电路的计算依据是欧姆定律和基尔霍夫定律。基尔霍夫定律是由德国科学家基尔霍夫于 1845 年提出的。下面以图 1-22 为例了解复杂电路中的几个名词。

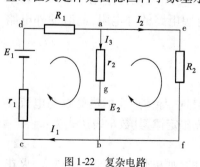

图 1-22　复杂电路

1. 电路结构中的几个名词

(1)支路。由一个元件或几个元件串联而成的无分支电路称为支路。图 1-22 所示的电路有 3 条支路,即:adcb、aefb、agb 均为支路。其中 adcb、agb 含有电源称为有源支路,aefb 中没有电源称为无源支路。

(2)节点。3 条或 3 条以上支路的汇交点叫作节点。图 1-21 中的 a 点和 b 点是节点,而 c 点就不是节点。

(3)回路。电路中任一闭合路径叫作回路。图1-21中的abfea、adcba、daefbcd都是回路。

(4)网孔。内部不含有支路的回路叫网孔。图1-21中的dabcd、aefba均不含有支路,是网孔。而daefbcd中含有支路,因而不是网孔。

2. 基尔霍夫电流定律

基尔霍夫电流定律简称为KCL,又称为节点电流定律,它反映了电路中与同一节点相连的各支路中电流之间关系。其内容是:在任一时刻,对电路中任一节点,流入该节点的电流之和恒等于流出节点的电流之和。即:

$$\sum I_入 = \sum I_出 \quad (1-23)$$

式(1-23)称为节点电流方程,又叫KCL方程。

如果规定流入节点的电流为正值,流出节点的电流为负值,则KCL方程可表示为:

$$\sum I = 0 \quad (1-24)$$

即在任一时刻通过电路中任一节点的电流代数和恒等于零,这是KCL方程的另一种表达形式。

在图1-23中,各支路的电流方向如图所示,根据式(1-24)列出节点P的电流方程为:$I_1 + I_2 + I_3 - I_4 - I_5 = 0$。

再如对图1-22中节点a根据式(1-24)列出节点电流方程为:$I_1 - I_2 - I_3 = 0$;对节点b列出节点电流方程为:$-I_1 + I_2 + I_3 = 0$。

在写出的两个节点电流方程中,如果将其中两个方程中的任一个经过运算,即可得到另一个方程,可见两个节点电流方程中,有一个独立的KCL方程。同理对有n个节点的复杂电路,只能列出$(n-1)$个独立的KCL方程。

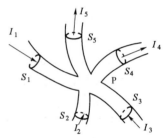

图1-23 有分支的电路

在应用基尔霍夫电流定律时,需要说明以下几点:

①KCL方程具有普遍意义,它通常用于电路中的节点,也可以推广应用于电路中的任一个封闭面或闭合回路,当该封闭面或闭合回路与电路的其余部分相连接时,即流入封闭面的电流等于流出封闭面的电流。如两个电路之间只有一根导线相连,则这根导线中的电流必定为零。

②列KCL方程前,首先要设每一条支路电流的参考方向,然后再根据参考方向是流入或流出列写KCL方程。当求出的某支路电流为正值时,说明电流的实际方向与参考方向相同;为负值时则说明电流的实际方向与参考方向相反。

③基尔霍夫电流定律对电路中的每个节点都适用。如果电路中有n个节点,即可得到n个KCL方程,但其中只有$(n-1)$个KCL方程是独立的。

3. 基尔霍夫电压定律

基尔霍夫电压定律又叫回路电压定律,它反映了回路中各电压之间的关系。定律指出:任一时刻,沿电路中任一回路绕行一周,各段电压的代数和恒等于零,简称KVL方程。其数学表达式为:

$$\sum U = 0 \quad (1-25)$$

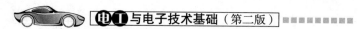

关于KVL方程的应用,要注意以下几点:

①先设定回路的绕行方向。可选顺时针方向,也可选逆时针方向。

②确定各段电压的参考方向。电阻上电压的参考方向与所取电流的参考方向一致,电源部分的电压方向由电源的正极指向负极。

③凡是绕行方向与参考方向一致的电压取正,反之取负。

④电阻上电压的大小等于该电阻阻值与流经该电阻的电流的乘积;电源部分的电压等于该电源的电动势。

⑤沿回路绕行一周,列出KVL方程。

如对图1-21中的回路abcda,列出KVL方程:

$$U_{r_2} + U_{E_2} + U_{r_1} - U_{E_1} + U_{R_1} = 0$$

因为:

$$U_{r_1} = I_1 r_1, U_{r_2} = I_3 r_2, U_{R_1} = I_1 R_1$$

所以:

$$I_1 r_1 + I_1 R_1 + I_3 R_2 = E_1 - E_2$$

写成一般形式,可表示为:

$$\sum IR = \sum E \tag{1-26}$$

上式是基尔霍夫第二定律的另一种数学表达形式,它表明回路中电阻上电压降的代数和等于回路中电动势的代数和。式中,电阻的电流方向与回路方向一致时,电阻两端的电压取正值,否则取负值;电动势的方向和回路方向一致时,E取正值,否则取负值。

4. 基尔霍夫定律的应用

1)支路电流的计算

例1.8 在图1-22中,如果$E_1 = 5V, r_1 = 1\Omega, E_2 = 9V, r_2 = 6\Omega, R_1 = 3\Omega, R_2 = 2\Omega$,求各支路电流。

解: 假设各支路电流的参考方向如图所示,按网孔取顺时针方向为绕行方向。

对节点a列出KCL方程:

$$I_1 - I_2 - I_3 = 0 \tag{1}$$

对网孔dabcd列回路的KVL方程:

$$I_1 R_1 + I_3 r_2 + E_2 + I_1 r_1 - E_1 = 0 \tag{2}$$

对网孔aefba列回路的KVL方程:

$$I_2 R_2 - E_2 - I_3 r_2 = 0 \tag{3}$$

将数据代入以上(1)、(2)、(3)式中得:

$$\begin{cases} I_1 - I_2 - I_3 = 0 \\ 4I_1 + 6I_3 + 4 = 0 \\ 2I_2 - 6I_3 - 9 = 0 \end{cases}$$

解方程组得:

$$I_1 = 0.5(A), I_2 = 1.5(A), I_3 = -1(A)$$

由结果可知:I_1、I_2的实际方向与选取的参考方向相同,I_3的实际方向与选取的参考方向相反。

如例1.8,以各支路电流为未知量,再利用基尔霍夫定律列方程求解各支路电流的方法叫作支路电流法。应用支路电流法解题的步骤如下:

①假设各支路电流的大小和方向,对 n 个节点列出($n-1$)个独立的节点电流方程;

②选择回路并规定绕行方向,列出独立的回路电压方程;

③代入数据,求解联立方程,得出各支路电流及各电阻上的压降。

例1.9 如图1-24所示,$E_1=15V$,$R_1=15\Omega$,$E_2=4.5V$,$R_2=1.5\Omega$,$E_3=9V$,$R_3=1\Omega$,用支路电流法计算各支路电流。

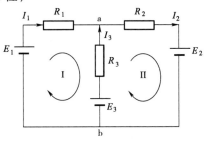

图1-24 例1.9图

解:假定各支路电流的参考方向如图1-24所示。

根据 KCL 方程列出节点 a 的电流方程:
$$I_1 + I_3 - I_2 = 0 \quad (1)$$

对网孔Ⅰ和网孔Ⅱ均选顺时针绕行方向,根据 KVL 方程列网孔电压方程:

网孔Ⅰ:
$$I_1 R_1 - I_3 R_3 + E_3 - E_1 = 0 \quad (2)$$

网孔Ⅱ:
$$I_2 R_2 + E_2 - E_3 + I_3 R_3 = 0 \quad (3)$$

将数据代入以上(1)、(2)、(3)式得:
$$\begin{cases} I_1 + I_3 - I_2 = 0 \\ 15 I_1 - I_3 = 6 \\ 1.5 I_2 + I_3 = 4.5 \end{cases}$$

求解得
$$I_1 = 0.5(A), I_2 = 2(A), I_3 = 1.5(A)$$

2)电位的计算

电路中的零电位点选定后,电路中任一点的电位就是该点与零电位点间的电位差(电压)。这样计算电路中某点的电位问题就转化为计算某点与零电位点间的电压问题。

例1.10 如图1-25所示电路,已知:$R_1=2\Omega$,$R_2=3\Omega$,$E_1=5V$,$E_2=10V$。求以 d 点为参考点时,V_a、V_b、V_c、U_{ab}、U_{bc} 各为多少?

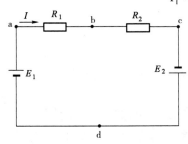

图1-25 例1.10图

解:因为 d 为参考点,所以 $V_d = 0$。

对图中回路,利用基尔霍夫电压定律,得:
$$R_1 I + R_2 I - E_1 - E_2 = 0$$
$$I = \frac{E_1 + E_2}{R_1 + R_2} = \frac{5+10}{2+3} = 3(A)$$

a 点的电位:

$$V_a = U_{ad} = E_1 = 5(\text{V})$$

b 点的电位：
$$V_b = U_{bd} = R_2 I - E_2 = 3 \times 3 - 10 = -1(\text{V})$$

c 点的电位：
$$V_c = U_{cd} = -E_2 = -10(\text{V})$$
$$U_{ab} = V_a - V_b = 5 - (-1) = 6(\text{V})$$
$$U_{bc} = V_b - V_c = (-1) - (-10) = 9(\text{V})$$

由上题可知计算电路中各点电位的方法和步骤如下：

①选定电路中的参考点。通常可选大地或与搭铁机壳相连的点或许多元件汇集的公共点作为参考点；

②计算某点的电位，就是计算该点与参考点间的电压。只要选择从此点绕行到参考点的一条路径(尽量选择包含元件少的捷径)，那么此点电位即为此路径上各部分电压的代数和；

③列出选定路径上各部分电压代数和的方程，以确定该点电位(要注意各部分电压的正、负值)。

例 1.11 例 1.8 中若选定 b 点为参考点，其余条件不变，试重新计算 V_a、V_b、V_c、U_{ab}、U_{bc} 的大小。

解：因为 b 点为参考点，所以：
$$V_b = 0$$
$$V_a = U_{ab} = IR_1 = 3 \times 2 = 6(\text{V})$$
$$V_b = U_{cb} = -IR_2 = -3 \times 3 = -9(\text{V})$$
$$U_{ab} = V_a - V_b = 6 - 0 = 6(\text{V})$$
$$U_{bc} = V_b - V_c = 0 - (-9) = 9(\text{V})$$

比较两题结果可知，参考点选择得不同，各点的电位值不同，但两点间的电压差与参考点的选择无关。

四、叠加原理

叠加原理是线性电路的一个重要定理，它体现了线性电路的基本性质，为计算复杂电路提供了新的方法。

叠加原理的内容是：在线性电路中若存在多个电源共同作用时，电路中任一支路的电流或电压，等于电路中各个电源单独作用时，在该支路中产生的电流或电压的代数和。

用叠加原理求解电路，可以将一个多电源的电路分解成多个单电源电路。这个方法使含有多个电源复杂电路的计算变得简单了。

用叠加原理分析电路时，应注意以下几点：

①叠加原理只适用于线性电路(电路中元件均为线性元件的电路)，对非线性电路(包含非线性元件的电路)不适用。

②每个电源单独作用时，其余电源不发挥作用(用导线代替)，其相应的电流、电压为零。电路的连接结构不变，电阻的阻值及位置不变，各分量的参考方向不变。

③将各个电源单独作用所产生的电流或电压合成时,必须注意参考方向。当分量的参考方向与总量的参考方向一致时,该分量取正值,反之取负值。

例1.12 如图 1-26 所示,已知 $E_1=60\text{V}$,$E_2=27\text{V}$,$R_1=40\Omega$,$R_2=60\Omega$,$R_3=30\Omega$,$R_4=60\Omega$,用叠加原理求图中 R_3 上的电压 U_3。

解:电源 E_1 单独作用时电路如图 1-27 所示。

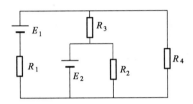
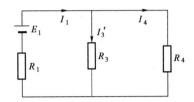

图 1-26　例 1.12 图　　　　图 1-27　E_1 单独作用时的电路图

$$I_3' = \frac{E_1}{R_1+\dfrac{R_3R_4}{R_3+R_4}} \times \frac{R_4}{R_3+R_4} = \frac{60}{40+\dfrac{30\times60}{30+60}} \times \frac{60}{30+60} = \frac{2}{3}(\text{A})$$

电源 E_2 单独作用时电路如图 1-28 所示。

$$I_3'' = -\frac{E_2}{R_3+\dfrac{R_1R_4}{R_1+R_4}} = \frac{1}{2}(\text{A})$$

根据叠加原理,电源 E_1 和 E_2 共同作用时,电阻 R_3 上的电流 I_3 为 $I_3 = I_3' - I_3'' = 2/3 - 1/2 = 1/6(\text{A})$,方向与 I_3' 相同。

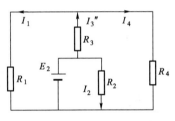

图 1-28　E_2 单独作用时的电路图

R_3 上的电压:

$$U_3 = I_3R_3 = \frac{1}{6} \times 30 = 5(\text{V})$$

综上所述,应用叠加原理求解各支路电流或某负载上电压时,应按以下步骤进行:
①分别画出由每一个电源单独作用的分图,其余电源只保留其内电阻;
②计算出分图中每一支路电流的大小和方向;
③求出各电源在各个支路中产生的电流的代数和,此电流即是各电源共同作用的情况下产生的各支路电流;
④再根据部分电路欧姆定律求出各负载上的电压。

习题二

1. 一个蓄电池的电动势为 20V,内阻是 2Ω,外接负载的电阻为 8Ω。试求蓄电池发出的功率,负载获取的功率以及内阻消耗的功率。

2. 某电源开路电压为 12V,接上负载取用 5A 电流时,电源端电压下降为 11V,试求:①该电源电动势和内电阻;②若负载可变,则该电源对负载所能提供的最大功率是多少?

3. 一个闭合回路,电源电动势 $E=6\text{V}$,内阻 $r=2\Omega$,负载电阻 $R=16\Omega$,试求:①电路中的

电流;②电源的端电压;③负载上的电压降;④电源内阻上的电压降;⑤电源提供的总功率;⑥负载消耗的功率;⑦电源内阻消耗的功率。

4. 图1-29是一个测量电源电动势和内阻的实验原理图。合上开关,当变阻器 R_W 的滑动触头在某一位置时,安培表和伏特表的读数分别是 0.2A 和 1.98V。改变滑动触头的位置后,两表的读数又分别是 0.4A 和 1.96V,求电源的电动势和内阻。

5. 发电机的电动势为240V,内电阻是0.4Ω,输电线的电阻共计1.6Ω,给55盏电阻均为1210Ω的电灯供电。求:①加在电灯上的电压;②每盏灯消耗的功率;③发电机输出的功率;④输电线上损失的功率。

6. 电路如图1-30所示, $E_1=8V$, $E_2=4V$, $R_1=R_2=1\Omega$, $R_3=4\Omega$, 求 R_3 中的电流。

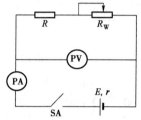

图1-29　习题二第4题图

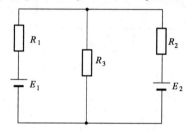

图1-30　习题二第6题图

7. 在图1-31中, $R_1=R_2=10\Omega$, $R_3=R_4=5\Omega$, $E_1=30V$, $E_2=10V$,试分别用支路电流法和叠加原理求通过电阻 R_4 的电流。

8. 在图1-32所示的电路中,已知 $E_1=60V$, $E_2=10V$, $R_1=10\Omega$, $R_2=20\Omega$, $R_3=15\Omega$,用支路电流法求出各支路的电流。

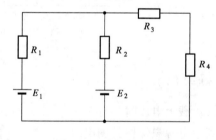

图1-31　习题二第7题图

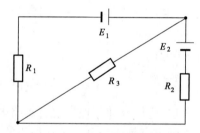

图1-32　习题二第8题图

9. 在如图1-33所示电路中,若已知 $E_1=8V$, $E_2=12V$, $R_1=2\Omega$, $R_2=3\Omega$, $R_3=6\Omega$,试分别用支路电流法和叠加原理计算各支路电流。

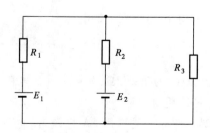

图1-33　习题二第9题图

课题三　电工测量

😊 **预备知识**：直流电路的基本概念；直流电流表、直流电压表的使用方法。

在实际工作中,经常需要用仪表对电路中各物理量的数值进行测量,本课题介绍常用的电工仪表和使用方法。

一、电流和电压的测量

测量电路中的电流使用电流表(或称安培表),如图1-34a)所示;测量电路中的电压用电压表,如图1-34b)所示。按测量电路的性质不同,电流表、电压表可分为交流、直流两类。直流电流表、直流电压表的表头上分别标有 A 和 V 的标识,交流电流表标有A̰,交流电压表则标有V̰。

a)电流表　　　　　　　　　　　　b)电压表

图1-34　电流表和电压表

1. 电流表和电压表的使用要求

(1)应选用量程合适的电流表和电压表,待测电流和电压不能超过电表的量程。为了保证测量精度,仪表指针的指示值不得小于量程的2/3。如果不知道被测电流(或电压)的大小时,应先用高量程挡估测。如不合适,再根据估测值选择合适的量程精确地测量。读取数据时,为消除读数时的视差,应使眼睛、指针及表针镜像三者在一条直线上。

(2)测量电流时,电流表应串联在被测电路中,如图1-35所示。如果不慎将电流表与被测电路并联,则电流表可能会被烧坏,使用时切记此点。如果该被测电流过大时,则需用一个分流电阻与表头并联。

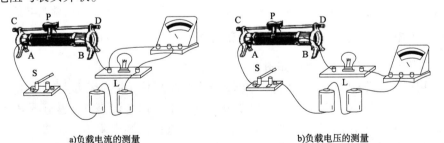

a)负载电流的测量　　　　　　　　b)负载电压的测量

图1-35　负载电流、电压的测量

用直流电流表测直流电流时要注意使电流从"＋"接线端流入,从"－"接线端流出;用交流电流表测交流电流时不必考虑表笔极性。若电路电压低于500V,且所测电流小于50A,

可将交流电流表直接串联在电路中进行测量。而当电流较大时,则必须采用电流互感器转换后方可测量。

(3)电压表应并联在待测电路两端。在低压线路上,测量某两点间不大的电压时,电压表可直接并联使用,如需扩大直流电压表的测量范围,可在电压表中串联一个电阻,这个电阻叫附加电阻或倍压电阻。用交流电压表测量较大电压时,需串接倍压器,测600V以上交流电压时需使用电压互感器。用直流电压表测直流电压时要注意使电流从"+"接线端流入,从"-"接线端流出。

(4)使用仪表前,应检查指针是否指零。如不指零,则需通过调零装置把指针调到零位。

2. 钳型电流表简介

钳表分为数字式钳表和模拟式钳表两类。钳表是由电流互感器和带整流装置的磁电系表头组成,如图1-36所示:电流互感器的铁芯呈钳口形,当捏紧钳表把手时,铁芯张开,可以将载流导线通过张开的钳口放入钳口内,松开把手后铁芯闭合,通有被测电流的导线成为电流互感器的一次线圈。经测量后,在不同的挡位得到不同的测量结果。

钳表的精确度比较低,但它的优点是能够不断开测量电路进行测量,因此得到广泛的应用。测量前要估算量程再选择合适的挡位。

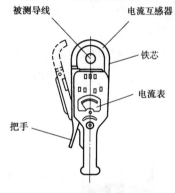

图1-36 互感式钳型电流表的结构原理图

注意事项:

①选择合适的量程挡,不能用小量程挡测量大电流;若被测电流值较小,条件许可时可以紧密缠绕几圈进行测量,结果为测量值除以圈数,测量完毕后量程要调回最大量程位;

②载流导线应处于钳口的中心位置;

③测量前钳口应洁净且闭合紧密;

④不能在测量过程当中切换量程挡。

二、电阻的测量

1. 用伏安法测量电阻

把被测电阻接到电源上。在通电的情况下,用电流表和电压表测出流经电阻的电流 I 和电阻两端的电压 U,然后根据欧姆定律计算出电阻 $R=\dfrac{U}{I}$。测量电路的连接方式通常有电流表外接法和电流表内接法两种,如图1-37所示。

由于实际的电流表内阻不可能为零、电压表的内阻也不可能为无穷大,因而电流表串联在电路中要分压,电压表并联在电路中也要分流。无论采取电流表外接法还是电流表内接法,实验结果总存在一定的误差。当电流表的内电阻值比待测电阻值小得多时宜采用电流表内接法,当电压表的内阻值比待测电阻值大得多时宜采用电流表外接法,这样实验的误差比较小。

2. 用电阻表测量

电阻表(也称欧姆表)是一种自带电源可直接测量电阻阻值的仪表。用电阻表测量电时要将待测电阻与外电路断开,直接将其接在欧姆表的两个表笔之间,读出读数即可。

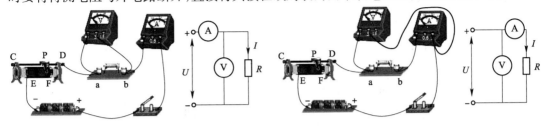

a)电流表外接法及电路图　　　　　　　　b)电流表内接法及电路图

图1-37　用伏安法测电阻

由于电阻表自带的电池在使用过程中电动势将逐渐降低,所以在每次使用电阻表前都要先校准零点。

电阻表使用方便,应用很普遍,但它的精确度不高。

3. 用兆欧表测量

摇表又称为兆欧表,结构如图1-38所示,是一种专门用来测量绝缘电阻的便携式仪表。它由手摇发电机、测量机构和倍率(旋钮)组成。电器绝缘性能的好坏直接关系到设备的正常运行和人身安全。

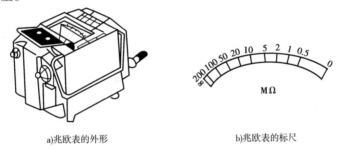

a)兆欧表的外形　　　　　　b)兆欧表的标尺

图1-38　兆欧表

注意事项:

①低压电气设备选择低压摇表(500V以下),并选择合适的量程:电压和测量范围。

②高压电气设备选择1000~2500V的高压摇表。

③测量前需要断开被测量设备的电源,并要事先放电。

④测量绝缘值过程中,摇动手柄应该由慢变快,达到120r/min的速度后匀速转动手柄,1min后的稳定测量值方为正确读数;摇动手柄时不能忽快忽慢。按照接线柱正确接线:"L"接被测物和大地绝缘的导体部分;"E"接被测物的外壳或大地;"G"接被测物的屏蔽环上或不需要测量的部分。

⑤接接线柱线"L"和地"E"端子,缓慢摇动手柄,看指针是否指在标尺的"0"位。

⑥要求以120r/min的速度匀速转动手柄,观察指针是否处于"∞"位置。

4. 电桥法测电阻

在测量技术中,由于电桥法测得的电阻值比较精确,所以应用较为广泛。

如图1-39所示调节滑动触头D的位置,使检流计的示数为零,此时检流计两端的B、D两点电位相等,则可知:

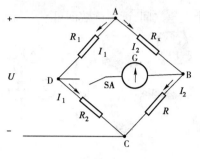

图1-39 电桥法测电阻

$$R_1I_1 = R_XI_2 \quad (1\text{-}27)$$

$$R_2I_1 = RI_2 \quad (1\text{-}28)$$

将式(1-27)比式(1-28)得：

$$R_X = \frac{R_1}{R_2}R \quad (1\text{-}29)$$

由电阻R及R_1、R_2的值即可得出待测电阻R_X的值，由于电阻R及R_1、R_2均采用标准电阻，所以测量结果的精度较高。

三、万用表的使用

万用表是一种多用途电表，它的特点是量程多、用途广，选择合适的挡位可以测量电流、电压、电阻等参数值。有些万用电表还能测量电感、电容、电功率、晶体管参数等。万用表由于使用、携带方便，价格便宜，在对测量精确度要求不高的场合得到了广泛的应用。常见的万用表分指针式和数字式两类。

指针式万用电表只要将左右两个旋钮置于测量挡位，仪表便可使用，使用结束将两个旋钮置于"●"位置。数字式电表的开、关均直接受"ON/OFF"按钮的控制。

1. 直流电流的测量

（1）如图1-40a)所示，用指针式万用电表测量直流电流时，可先将红表棒插入"+"插孔中，黑表棒插入"-"插孔中（有些标有"COM"）；将左右旋钮分别置于"A"和直流电流估测挡位上，再将表棒串接在被测电路中，读取指针指示的刻度值。

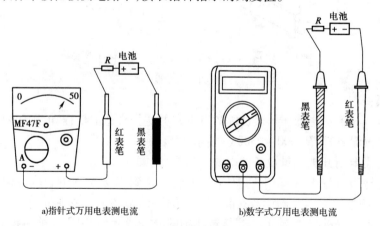

a)指针式万用电表测电流　　　　b)数字式万用电表测电流

图1-40 万用电表测电流

（2）如图1-40b)所示，用数字式万用电表测量直流电流时，可先将红表棒插入"A"插孔内，将黑表棒插入"COM"插孔中，将中间功能旋钮置于"DCA"量程范围挡，并将表棒串接在被测电路中；读取显示屏显示的数值。数字式万用电表显示电流数值的同时会显示红表棒的极性。

注意：

①在测量前如果不知被测电流的范围，应将万用表置于高量程挡，然后逐步调低。

②电流挡过载时,表内熔断器起过载保护。
③数字式万用电表"20A"插孔没有熔断器保护,测量时间应小于15s。

2. 直流电压的测量

(1)如图1-41a)所示,用指针式万用电表测量直流电压时,可先将红表棒插入"+"插孔中,黑表棒插入"-"插孔中;将左右旋钮分别置于"V"和直流电压估测挡位上,再将表棒并接在被测负载或信号源上;读取指针指示的刻度值。刻度线应和所选挡位相对应。

(2)用数字式万用电表测量直流电压时,可先将红表棒插入"V/Ω"插孔内,将黑表棒插入"COM"插孔中,将中间功能旋钮置于"DCV"量程范围挡,并将表棒并接在负载或信号源上;读取显示屏显示的数值。如图1-41b)所示数字式万用电表显示电压数值的同时会显示红表棒的极性。

注意:
①测量前如果不知道被测电压的范围,应将万用表置于高量程挡,然后逐步调低。
②测量高电压时应避免人体与高压相接触。
③尽量不要测量高于1000V的电压。

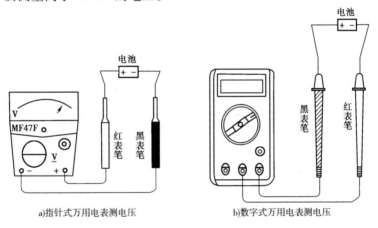

a)指针式万用电表测电压　　　b)数字式万用电表测电压

图1-41　万用电表测电压

3. 电阻的测量

(1)如图1-42a)所示,用指针式万用电表测量电阻时,可先将红表棒插入"+"插孔中,黑表棒插入"-"插孔中;将左右旋钮分别置于"Ω"和电阻估测挡位上;将两个表棒短接,使指针向满刻度方向偏转,然后调节电位器旋钮,使指针指示在"Ω"刻线的零位置上;再用表棒测量被测电阻的阻值。为了确保测量精度,指针所指位置应尽可能指示在刻度的中间区域,读取指针指示的刻度值。刻度线应和所选挡位相对应。

(2)如图1-42b)所示,用数字式万用电表测量电阻时,可先将红表棒插入"V/Ω"插孔内,将黑表棒插入"COM"插孔中,将中间功能旋钮置于"Ω"量程范围挡,并将表棒跨接在被测电阻两端;读取显示屏显示的数值。

注意:
①将指针式万用电表表棒短接时,若调节电位器不能使指针指示到刻度零位置,表示表内电池电压不足;将数字式万用电表的ON/OFF按钮按下,若屏幕上出现电池符号,表示表内电池电压不足。

②测量在路电阻时,须确认被测量的电路已切断电源,同时确认电容已放完电。

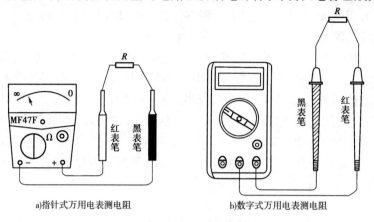

a)指针式万用电表测电阻　　　　b)数字式万用电表测电阻

图 1-42　万用电表测电阻

习题三

1. 为了保证测量电压和电流的精度,测量时仪表指针的指示值不得小于多少?
2. 测量电压和电流时,对仪表在电路中的连接有何要求?
3. 指出图 1-42 中万用表面板上开关、旋钮和插孔的名称和作用,并简述如何用万用表测量电阻。

单元小结

1. 电路是电流流经的路径,电路图是用规定的图形符号描述实际电路工作原理的图,电路有 3 种状态:通路、断路和短路。
2. 电路的基本物理量见表 1-7。

电路的基本物理量　　　　　　　　　　　表 1-7

名　称	意　义	公　式	单　位
电流	单位时间内流过导体横截面的电荷量	$I=\dfrac{q}{t}$	安培(A)
电阻	反映导体对电流阻碍作用的物理量	$R=\rho\dfrac{l}{S}$	欧姆(Ω)
电压	单位正电荷从 A 点移动到 B 点电场力所做的功	$U_{AB}=\dfrac{W_{AB}}{q}$	伏特(V)
电位	某一点的电位即是该点与参考点之间的电压	$U_{AB}=V_A-V_B$	伏特(V)
电动势	电源将单位正电荷从电源负极移到正极所做的功	$E=\dfrac{W}{q}$	伏特(V)
电功	电流对负载所做的功	$W=UIt$	焦耳(J)
电功率	单位时间内电流所做的功	$P=\dfrac{W}{t}=UI$	瓦特(W)

3. 部分电路欧姆定律:流过电阻的电流 I 与这段导体两端的电压 U 成正比,与这段导体的电阻 R 成反比,即 $I = U/R$。

4. 全电路欧姆定律:全电路中的电流强度 I 与电源的电动势 E 成正比,与电路的总电阻 $(R+r)$ 成反比,即 $I = E/(R+r)$。

5. 电阻的串、并联的特点见表 1-8。

电阻串、并联的特点   表 1-8

连接方式	串　　联	并　　联
电流	$I = I_1 = I_2 = I_3 = \cdots = I_n$	① $I = I_1 + I_2 + I_3 + \cdots + I_n$ ② $IR = I_1R_1 = I_2R_2 = I_3R_3 = \cdots = I_nR_n$
电压	① $U = U_1 + U_2 + U_3 + \cdots + U_n$ ② $\dfrac{U_1}{R_1} = \dfrac{U_2}{R_2} = \cdots = \dfrac{U_n}{R_n}$	$U = U_1 = U_2 = \cdots = U_n$
电阻	$R = R_1 + R_2 + R_3 + \cdots + R_n$	$\dfrac{1}{R} = \dfrac{1}{R_1} + \dfrac{1}{R_2} + \dfrac{1}{R_3} + \cdots + \dfrac{1}{R_n}$
功率	① $P = P_1 + P_2 + \cdots + P_n$ ② $\dfrac{P}{R} = \dfrac{P_1}{R_1} = \dfrac{P_2}{R_2} = \cdots = \dfrac{P_n}{R_n}$	① $P = P_1 + P_2 + \cdots + P_n$ ② $PR = P_1R_1 = P_2R_2 = P_3R_3 = \cdots = P_nR_n$

6. 焦耳定律:电流流过导体时,导体产生的热量 Q 与电流强度 I 的平方、电阻 R 及通电时间 t 成正比,即 $Q = I^2Rt$。

7. 基尔霍夫定律。

(1)基尔霍夫电流定律(KCL 方程):任一时刻,通过电路中任一节点的电流代数和恒等于零,即 $\sum I = 0$。

(2)基尔霍夫电压定律(KVL 方程):任一时刻,沿电路中任意回路绕行一周,各段电压的代数和恒等于零,即 $\sum U = 0$。

8. 叠加原理的内容是:在线性电路中若存在多个电源共同作用时,电路中任一支路的电流或电压,等于电路中各个电源单独作用时,在该支路中产生的电流或电压的代数和。

9. 电流表应串联在电路中使用;电压表应并联在电路中使用。直流电表在使用时应注意"+""-"接线端不能接反。

10. 万用表是多用途的测量仪表,分为指针式和数字式两种。

实训一　电源外特性的测定

一、实验目的

(1)加深对电源外特性的理解。
(2)理解电路的路端电压随外电路电阻变化的规律。
(3)掌握短路和断路两种状态的特点。
(4)熟悉直流电流表及直流电压表的使用。

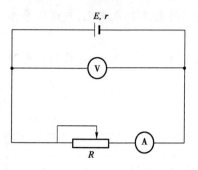

图 1-43 电源外特性的测定实验电路图

二、实验器材

(1)直流稳压电源 1 台。
(2)直流毫安表(量程 0~25~50mA)1 只。
(3)直流伏特表 1 只。

三、实验电路图

实验电路图如图 1-43 所示。

四、实验原理

根据全电路欧姆定律:$I = E/(R+r)$,当电源的电动势 E 和内电阻 r 保持不变时,改变外电路电阻 R 的值,电路中的电流 I、内电压 U_r、路端电压 U 随之改变。

若 R 增大时,总电流 I 减小,则内电阻上的电压 $U_r = Ir$ 随之减小,因而路端电压 $U = E - U_r$ 则增大。当 R 增大到近似无穷大即断路时,$I = 0$,$U = E$,即断路时的路端电压 U 等于电源的电动势 E,此时测出的路端电压 U 就是电源的电动势 E。

若 R 减小时,总电流 I 增大,则内电阻上的电压 $U_r = Ir$ 随之增大,因而路端电压 $U = E - U_r$ 则减小。当 R 减小到为零即短路时,$I = E/r$,$U_r = E$,$U = 0$。由于电源的内电阻比较小,所以短路时的电流比较大,极易烧毁电源和其他元件,应注意避免。

五、实验步骤

(1)按图 1-43 连接好实验电路。
(2)断开外电路,用直流电压表测出此时的路端电压即电源的电动势 E。
(3)连接好外电路,调节滑线变阻器,使阻值 R 逐渐变小,观察电压表的读数的变化情况,将数据填入表 1-9。
(4)画出电源外特性曲线。

电源外特性的测定　　　　　　　　　表 1-9

$R(\Omega)$	$I(A)$	$U(V)$
$R \to \infty$（断路）		
电动势 $E = $ _____ V		

六、实验数据记录

实训二 基尔霍夫定律的验证

一、实验目的

（1）验证基尔霍夫定律，加深对 KCL 方程、KVL 方程的理解。
（2）加深对电流、电压参考方向的认识。
（3）进一步掌握电流表、电压表、万用表、直流稳压电源的正确使用方法。

二、实验器材

（1）直流稳压电源 2 台。
（2）直流电流表 3 只。
（3）万用表 1 只。
（4）电阻 3 只：100Ω、50Ω、30Ω 的电阻各 1 只。

三、实验电路图

实验电路图如图 1-44 所示。

四、实验步骤

（1）用万用电表检验电路中各元件。
①用电压挡测量 2 个电源的电动势。
②用电阻挡测量 3 个电阻的阻值。
③将测得结果填入表 1-10。
（2）验证基尔霍夫电流定律。
①按实验电路图 1-44 接好电路（电流表的"＋""－"端按选定的电流参考方向连接），检查无误后接通电源。

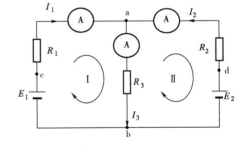

图 1-44 基尔霍夫定律的验证原理图

②读出 3 个电流表的数值，若发现电流表指针反偏，应切断电路，将电流表的"＋""－"端调换后再测，并将电流记为负值。
③将测量结果填入表 1-11，并验算其代数和是否为零。
（3）验证基尔霍夫电压定律。
①沿回路 I 测各段电压 U_{ab}、U_{bc}、U_{ca}；沿回路 II 测各段电压 U_{ad}、U_{ab}、U_{ba}。测量时注意参考方向，若电表指针正向偏转，读数记为正值，若指针反向偏转，则应将电压表的"＋""－"端调换后再测，并将电压记为负值。
②将测量结果填入表 1-12，并验算其代数和是否为零。
③用支路电流法列出方程，计算出 I_1、I_2、I_3 的理论值，将结果填入表 1-11，将此结果与测得的数值进行比较，如有误差，分析其产生原因。

五、实验数据记录

用万用电表检验电路中各元件　　　　　　　　　　　　表 1-10

测量数据	E_1(V)	E_2(V)	R_1(Ω)	R_2(Ω)	R_3(Ω)
标称值					
实测值					

验证基尔霍夫电流定律　　　　　　　　　　　　表 1-11

测量数据	I_1(mA)	I_2(mA)	I_3(mA)	$I_1+I_2+I_3$(mA)
实测值				
理论值				

验证基尔霍夫电压定律　　　　　　　　　　　　表 1-12

	U_{ab}(V)	U_{bc}(V)	U_{ca}(V)	$U_{ab}+U_{bc}+U_{ca}$(V)
回路 I				
	U_{ad}(V)	U_{db}(V)	U_{ba}(V)	$U_{ad}+U_{db}+U_{ba}$(V)
回路 II				

单元二 交流电路

在实际使用中,交流电的应用非常普遍。本单元从正弦交流电的基本概念入手,通过分析电阻、电感、电容元件在正弦交流电路中的规律,系统地阐述单相正弦交流电路和三相正弦交流电路的特点及简单的分析计算方法。

课题一 交流电的基本概念

预备知识:直流电路的基本知识;三角函数的基本知识。

交流电之所以有极其广泛的应用,是因为交流电与直流电相比主要有以下的优点:

①交流电可以利用变压器进行电压变换,既便于远距离高压输电减少线路损耗,又便于低压配电保证用电安全和降低绝缘要求。

②普遍应用的交流电机与直流电机相比,具有结构简单、价格便宜、运行可靠、维护方便等特点。因此,现代发电厂发出的几乎都是交流电。

③交流电经过整流可很方便地转化为直流电,供电镀、电解等需要用直流电的地方使用。现代汽车通常就是用三相桥式整流电路将三相交流发电机发出的交流电转化为直流电的。

一、交流电的基本概念

交流电是指大小和方向都随时间作周期性变化的电动势(或电压、电流),即交流电是交变电动势、交变电压和交变电流的总称。按交流电随时间变化的规律不同可分成正弦交流电和非正弦交流电,如图2-1所示。

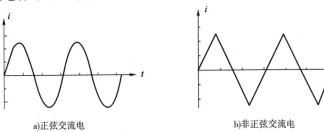

a)正弦交流电　　　b)非正弦交流电

图2-1　交流电的波形图

交流电流的大小和方向随时间是按正弦规律变化的,故称正弦交流电流,如图2-1a)所示。交流电在某一时刻的大小称为这一时刻交流电的瞬时值,用小写字母 e、i、u 表示。正弦交流电与时间的关系可用下面的瞬时值表达式表示：

$$e = E_m \sin(\omega t + \varphi_e) \qquad (2\text{-}1)$$

$$u = U_m \sin(\omega t + \varphi_u) \qquad (2\text{-}2)$$

$$i = I_m \sin(\omega t + \varphi_i) \qquad (2\text{-}3)$$

二、正弦交流电的三要素

1. 最大值和有效值

（1）最大值。正弦交流电的最大值是指交流电瞬时值所能达到的最大值。在上述正弦交流电的表达式中，E_m、U_m、I_m 分别是正弦交流电动势、正弦交流电压、正弦交流电流的最大值。从正弦交流电的波形图可知，交流电完成一次周期性的变化，正、负最大值各出现一次。

（2）有效值。交流电的有效值是根据电流的热效应规定的。把某一交流电与直流电分别通过两个相同的电阻，如果在相同的时间内产生相同的热量，则该直流电的电量值就称为对应交流电的有效值。用大写字母 E、U、I 分别表示交流电的电动势、电压、电流的有效值。

交流电压表、电流表所测量的数值，各种交流电气设备铭牌上所标的额定电压和额定电流以及平时所说的交流电的值都是指有效值。以后凡涉及交流电的数值，只要没有特别说明的都是指有效值。

正弦交流电的有效值和最大值之间满足下列关系：

$$E = \frac{E_m}{\sqrt{2}} = 0.707 E_m \qquad (2\text{-}4)$$

$$U = \frac{U_m}{\sqrt{2}} = 0.707 U_m \qquad (2\text{-}5)$$

$$I = \frac{I_m}{\sqrt{2}} = 0.707 I_m \qquad (2\text{-}6)$$

我国照明电路的电压是220V，其最大值 $U_m = 220\sqrt{2}\text{V} = 311\text{V}$。

2. 频率、周期和角频率

工程中常用频率或周期来表示正弦交流电变化的快慢。

（1）频率。交流电在1s内完成周期性变化的次数，称为正弦交流电的频率，用符号 f 表示，单位是赫兹（Hz），简称赫。

（2）周期。正弦交流电完成一次周期性的变化所需的时间，叫作正弦交流电的周期，用符号 T 表示，单位是秒（s）。根据定义可知，周期和频率互为倒数，即：

$$f = \frac{1}{T} \qquad (2\text{-}7)$$

或

$$T = \frac{1}{f} \qquad (2\text{-}8)$$

（3）角频率。角频率也是描述正弦交流电变化快慢的物理量。把交流电每秒钟变化的电角度叫作交流电的角频率，用符号 ω 表示，单位是弧度/秒（rad/s）。

因为交流电完成1次周期性变化所对应的电角度为 2π，所用时间为 T，所以角频率 ω

和周期 T 及频率 f 的关系为：

$$\omega = \frac{2\pi}{T} = 2\pi f \qquad (2\text{-}9)$$

我国采用 50Hz 作为电力标准频率，也称工频，其周期是 0.02s，角频率是 100π rad/s 或 314rad/s。

3. 初相

（1）相位角。在交流电的解析式中，正弦符号后面相当于角度的量 $\varphi = (\omega t + \varphi_0)$ 称为交流电的相位，又称相位角。它是一个随时间变化的量，不仅决定交流电瞬时值的大小和方向，还可以用来比较交流电的变化步调。

（2）初相。$t = 0$ 时的相位 φ_0 叫作初相，它反映交流电起始时刻的状态。初相不同，起始值就不同，到达最大值和某一特定值所需的时间就不同。图 2-2 所示为 φ_0 不同值时的波形图。

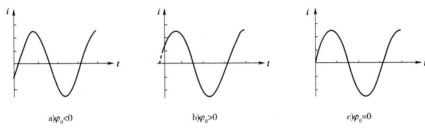

图 2-2　初相角的 3 种情况

（3）相位差。两个同频率正弦交流电的相位之差，叫作它们的相位差，用 $\Delta\varphi$ 表示。设有两个同频率的正弦交流电：

$$u = U_m \sin(\omega t + \varphi_u)$$
$$i = I_m \sin(\omega t + \varphi_i)$$

它们的相位差：

$$\Delta\varphi = (\omega t + \varphi_u) - (\omega t + \varphi_i) = \varphi_u - \varphi_i \qquad (2\text{-}10)$$

上式表明：两个同频率正弦量的相位差等于它们的初相之差。

相位差是描述同频率正弦量相互关系的重要特征量，它表征了两个同频率正弦量变化的步调，即在时间上超前或滞后到达正、负最大值或零值的关系。上述两个正弦量的相位差通常有以下情况：

① $\Delta\varphi = 0$，即 u 与 i 同相位。
② $\Delta\varphi > 0$，即 u 超前 i 角度 $\Delta\varphi$。
③ $\Delta\varphi = 180°$，即 u 与 i 反相。
④ $\Delta\varphi < 0$，即 u 滞后 i 角度 $\Delta\varphi$。

因为任何一个正弦交流电的最大值、角频率和初相确定后，就可以写出它的解析式，计算出这个正弦交流电在任意时刻的瞬时值，所以最大值、角频率和初相被称为正弦交流电的三要素。

例 2.1　已知正弦交流电动势 $e_1 = 311\sin(314t + \pi/3)$ V。①求 E_m、ω、T、f、相位 $(\omega t + \varphi_e)$、初相 φ_e；②画出该电动势的波形图；③计算 $t_1 = 0.01$s 和 $t_2 = 0.02$s 时的瞬时值。④若有

另一电动势 $e_2 = 311\sin(314t + \pi/6)$ V，求 e_1 和 e_2 的相位差。

解：① 由解析式可知最大值 $E_m = 311$（V）；角频率 $\omega = 314\text{rad/s}$；周期 $T = 2\pi/\omega = 2\pi/314 = 0.02$（s）；频率 $f = 1/T = 1/0.02 = 50$（Hz）；相位角 $\varphi = (\omega t + \varphi_e) = (314t + \pi/3)$ rad；初相 $\varphi_e = \pi/3$（rad）。

② 正弦交流电动势 e_1 的波形图如图 2-3 所示。

③ $t_1 = 0.01$s 时的瞬时值 $e_1 = 311\sin(314 \times 0.01 + \pi/3) = -269$（V）；$t_2 = 0.02$s 时的瞬时值 $e_2 = 311\sin(314 \times 0.02 + \pi/3) = 269$（V）。

④ 相位差 $\Delta\varphi = \varphi_{e1} - \varphi_{e2} = \pi/3 - \pi/6 = \pi/6$（rad）。

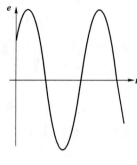

图 2-3　例 2.1 图

三、正弦交流电的表示方法

1. 解析式法

所谓解析式法就是用三角函数式表示正弦交流电与时间的变化关系的方法。通常正弦交流电动势、正弦交流电压、正弦交流电流的常用解析式形式：

$$e = E_m\sin(\omega t + \varphi_e)$$
$$u = U_m\sin(\omega t + \varphi_u)$$
$$i = I_m\sin(\omega t + \varphi_i)$$

2. 波形图法

波形图法就是先根据解析式计算出数据，再根据数据在平面直角坐标系中画出曲线表示交流电的方法，如图 2-4b) 所示。

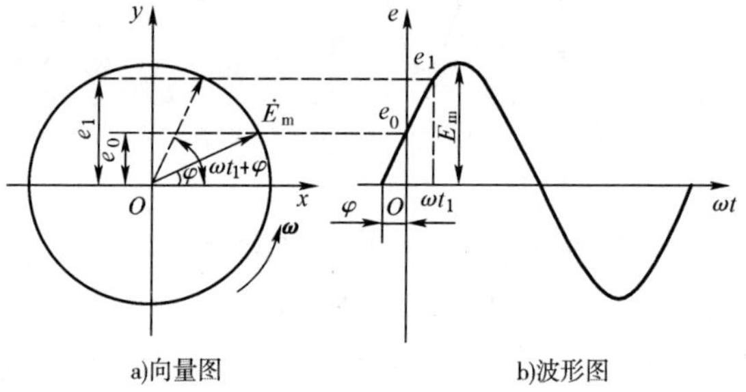

3. 向量表示法

(1) 旋转向量表示法。

a) 向量图　　　　b) 波形图

图 2-4　正弦交流电的表示法

旋转向量表示法是在平面直角坐标系中，用一个通过原点的、以逆时针方向旋转的向量来表示正弦交流电的方法。在直角坐标系中，从原点作一个矢量，其长度与正弦电流的最大值 I_m 成正比，矢量与横轴正方向的夹角等于初相 φ_0，矢量以正弦量的角频率 ω 沿逆时针匀速转动，则在任意时刻 t，旋转向量在纵轴上的投影就等于正弦交流电的瞬时值。显然，旋转向量既能体现出正弦量的三要素，它在纵轴上的投影又表示正弦量的瞬时值。所以，旋转向量能间接完整地表示一个正弦量。图 2-4a) 即是正弦交流电动势的旋转向量图。

(2) 矢量 (向量) 图表示法。

由于在交流电路的分析计算中，主要讨论同频率正弦交流电的有效值和它们的相位关系，所以向量图一般采用有效值向量图（又简称向量图）。向量的长短表示有效值的大小，向量与横轴正方向的夹角等于初相 φ_0，向量旋转的角速度不再标出。有效值向量常用 $\dot{E}$、$\dot{U}$、$\dot{I}$ 表示。如 3 个同频率的正弦量分别为：

$$e = 220\sqrt{2}\sin(\omega t + \pi/3)\text{V}$$
$$u = 110\sqrt{2}\sin(\omega t + \pi/6)\text{V}$$

$$i = 10\sqrt{2}\sin(\omega t - \pi/6) \text{ A}$$

它们的向量图如图 2-5 所示。

用有效值向量图表示正弦量后,烦琐的正弦量的三角函数加、减运算可转化为简便、直观的矢量的几何运算。

例 2.2 已知:$u_1 = 20\sin(314t + \pi/6)$ V, $u_2 = 15\sin(314t - \pi/3)$ V

求:①画出 u_1、u_2 的有效值向量图;②求 $u = u_1 + u_2$ 的瞬时表达式。

解:① u_1、u_2 的有效值向量图如图 2-6 所示。

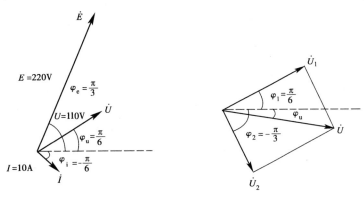

图 2-5　正弦交流电的向量图　　　　图 2-6　例 2.2 图

② 应用平行四边形法则做出总向量 $\dot{U}$,由图 2-6 可知:

$$U_m = \sqrt{U_{1m}^2 + U_{2m}^2} = \sqrt{20^2 + 15^2} = 25 \text{ (V)}$$

$$\varphi' = \arctan\frac{U_2}{U_1} = \arctan\frac{15}{20} = 0.64 \text{ (rad)}$$

$$\varphi_u = \frac{\pi}{6} - \varphi' = \frac{\pi}{6} - 0.205\pi = -0.12 \text{ (rad)}$$

所以　　　　　　　　　　$u = 25\sin(314t - 0.12)$ V

 习题一

1. 已知某电路电流的瞬时表达式为 $i = 14.14\sin(314t + \pi/6)$ A,求:①该电流的最大值、有效值是多少?②周期、频率各是多少?③初相角是多少?④$t = 0$ 和 $t = 0.1$s 时电流是多少?⑤画出其波形图。

2. 已知两个正弦电动势的瞬时表达式分别为:$e_1 = 220\sqrt{2}\sin(314t + \pi/6)$ V, $e_2 = 110\sqrt{2}\sin(314t - \pi/3)$ V,画出它们的向量图并求出 e_1 和 e_2 的和向量。

3. 已知三个正弦交流电压 u_A、u_B、u_C 的有效值均为 220V,角频率都是 314rad/s,初相角分别为 0、$-2\pi/3$rad、$2\pi/3$rad。①写出 u_A、u_B、u_C 的瞬时表达式;②在同一坐标系中画出波形图;③做出向量图并求它们的向量和。

4. 一个"220V、40W"的灯泡接在 $u = 220\sqrt{2}\sin(314t + \pi/6)$ V 的电源上,求通过灯泡的电流,写出电流的瞬时表达式并画出电压、电流的向量图。

课题二　纯电阻、纯电感、纯电容电路

☺ **预备知识**：正弦交流电的基本概念及其表示法；电路的基本定律。

由正弦交流电源供电的电路称为正弦交流电路。交流电路按电源中交变电动势的个数分单相交流电路和三相交流电路。单向交流电路只有一个交变电动势，三相交流电路有三个交变电动势。本课题从理想的单一参数元件即纯电阻、纯电感和纯电容电路入手，研究单一元件电路中电压和电流的大小关系和相位关系以及电路的功率。

一、纯电阻电路

由纯电阻元件（我们平时所用的白炽灯、电炉、电烙铁等可以理想地看作纯电阻性元件）和交流电源组成的电路叫作纯电阻电路，如图 2-7 所示就是一个纯电阻电路。

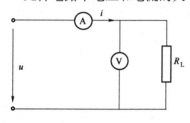

图 2-7　纯电阻电路

假设加在电阻 R 两端的电压为：

$$u_R = U_{Rm}\sin(\omega t + \varphi_u)$$

根据部分电路欧姆定律，通过电阻的电流为：

$$i_R = \frac{u_R}{R} = \frac{U_{Rm}\sin(\omega t + \varphi_u)}{R} = \frac{U_{Rm}}{R}\sin(\omega t + \varphi_u) = I_{Rm}\sin(\omega t + \varphi_i)$$

1. 电压和电流的关系

（1）最大值关系。

$$I_{Rm} = \frac{U_{Rm}}{R} \tag{2-11}$$

（2）有效值关系。

将式（2-11）两边同除以 $\sqrt{2}$，则得到电压和电流的有效值关系为：

$$I_R = \frac{U_R}{R} \tag{2-12}$$

式（2-12）称为纯电阻电路中的欧姆定律，它与直流电路中欧姆定律形式相同，所不同的是，纯电阻电路中的电压和电流指点交流电压、电流的有效值。

（3）相位关系。

由电压和电流的瞬时表达式还可看出，在纯电阻电路中，电压和电流同相位，即：

$$\varphi_u = \varphi_i \tag{2-13}$$

（4）向量关系。

用向量表示，则电压和电流的向量关系为：

$$\dot{U}_R = R\dot{I}_R \tag{2-14}$$

式（2-14）是纯电阻电路中欧姆定律的向量表达式。根据上述结论，可做出纯电阻电路中电流和电压的波形图和向量图，如图 2-8 所示。

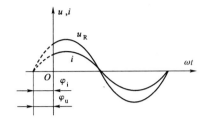 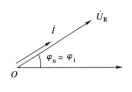

图 2-8　纯电阻电路中电压和电流的关系

2. 功率

(1) 瞬时功率。

由功率的定义式可知,电压瞬时值 u_R 和电流瞬时值 i_R 的乘积叫作瞬时功率,用 p 表示,即:

$$p = u_R i_R = U_{Rm} I_{Rm} \sin^2(\omega t + \varphi_u) \qquad (2\text{-}15)$$

瞬时功率变化曲线如图 2-9 所示。

由于纯电阻电路中电压和电流同相位,所以始终有 $p \geq 0$,表明电阻总是向电源取用功率,即电阻元件是一种耗能元件。

(2) 平均功率(有功功率)。

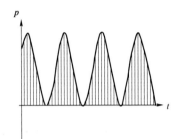

图 2-9　纯电阻电路中的功率关系曲线

由于瞬时功率随时间作周期性变化,测量和计算都不方便,所以在实际应用中常用平均功率来表示电阻所消耗的功率。瞬时功率在一个周期内的平均值称为平均功率,也称为有功功率,用字母 P 表示,单位为瓦特(W)。我们平时所说的负载消耗的功率,例如 40W 日光灯、100W 电烙铁、2kW 电炉等都是指平均功率。平均功率等于瞬时功率最大值的一半,即:

$$P = \frac{1}{2} U_{Rm} I_{Rm} = \frac{U_{Rm}}{\sqrt{2}} \times \frac{I_{Rm}}{\sqrt{2}} = U_R I_R = I_R^2 R = \frac{U_R^2}{R} \qquad (2\text{-}16)$$

可见,平功功率不随时间变化,这与直流电路中电阻元件的功率表达式相同,但上式中的 U_R、I_R 分别为正弦交流电压、电流的有效值。

例 2.3　一只标有"220V,2000W"的电炉接在电源电压为 $u = 311\sin(314t + \pi/6)$ V 的电路中,求:①该电炉的电阻;②该电炉中通过的电流,写出其瞬时表达式。

解:

$$U_R = \frac{U_{Rm}}{\sqrt{2}} = \frac{311}{\sqrt{2}} = 220(\text{V})$$

$$R = \frac{U_R^2}{P} = \frac{220^2}{2000} = 24.2(\Omega)$$

$$I_R = \frac{U_R}{R} = \frac{220}{24.2} = 9.1(\text{A})$$

又因为电压和电流同相位,所以电流的瞬时表达式为 $i = 9.1\sqrt{2}\sin(314t + \pi/6)$ A。

通过以上分析可得出纯电阻电路有以下特点:

①在纯电阻电路中,电压与电流同频率、同相位,电压与电流的瞬时值、最大值、有效值都遵循欧姆定律。

②电阻对直流电和交流电的阻碍作用相同。电阻是耗能元件,直流电和交流电通过电阻时,电流都要做功,把电能转化为热能。

③纯电阻电路的平均功率等于电流的有效值和电阻两端电压有效值的乘积。

二、纯电感电路

1. 电感器

电感器(简称电感)是由导线绕制而成的,是一种可以储存磁场能的元件,如图 2-10 所示。电感器储存磁场能本领的大小可以用电感 L(也叫自感系数)来表示。其国际单位是亨利(H),常用单位还有毫亨(mH)和微亨(μH),它们之间的关系为:

$$1H = 10^3 mH = 10^6 \mu H$$

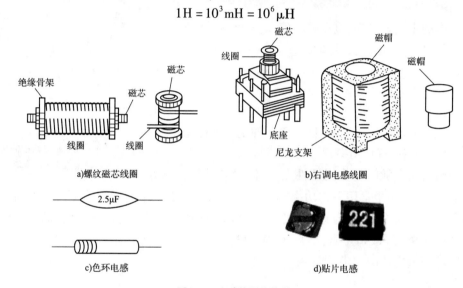

图 2-10 电感线圈的外形

电感 L 是电感器的固有特性,其大小由电感器本身的因素决定,即与电感线圈的匝数、几何尺寸、有无铁芯及铁芯的导磁性质等因数有关,而与电感线圈中有无电流及电流的大小无关。

在实际电路中电感具有"通直流阻交流"的作用。直流电流通过时,电感器相当于是一根无电阻的导线;交流电流通过时,电感就对电流产生了阻碍作用。在汽车电路中,通常把导线绕成线圈的形状以增强线圈内部的磁场。发电机、起动机、点火系统、继电器、变压器等均可看作电感器的应用。

2. 纯电感电路

由交流电源和纯电感元件组成的电路称为纯电感电路。它是一个理想电路的模型。实际的电感线圈都用导线绕制而成,总有一定的电阻。但当其电阻很小,影响可忽略不计时,可近似看作纯电感元件。

1)电压和电流的关系

在如图 2-11 所示的纯电感电路中,用手摇发电机或超低频交流信号发生器作为电源给纯电感电路通低频交流电时,可以看到,电压表和电流表的指针摆动的步调是不同的。如果交流电的频率低于 6Hz,当交流电压表的指针到达右边最大值时,电流表的指针指向中间零值,当电压表的指针由右边最大值回到中间零值时,电流表指针由中间零值移到右边最大值,当电压表指针由中间零值移到左边最大值时,电流表指针又由右边最大值回到中间零值,如此循环。可见,在纯电感电路中,电压与电流不同相,电压超前电流90°。实验还证明,在纯电感电路中,电压和电流成正比。

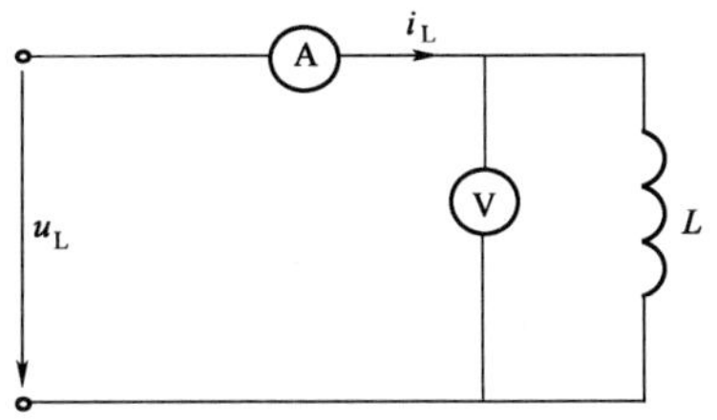

(1) 有效值关系。

$$U_L = X_L I_L \tag{2-17}$$

或

$$I_L = \frac{U_L}{X_L} \tag{2-18}$$

图 2-11 纯电感电路

式(2-18)称为纯电感电路的欧姆定律表达式。把它和电阻元件的欧姆定律表达式相比较,可以看出 X_L 相当于电阻 R,表示电感对交流电的阻碍作用,称为感抗,单位也是欧姆(Ω)。

(2) 最大值关系。

将上式变形可得:

$$U_{Lm} = X_L I_{Lm} \tag{2-19}$$

或

$$I_{Lm} = \frac{U_{Lm}}{X_L} \tag{2-20}$$

式(2-20)说明,在纯电感电路中,电压与电流的最大值之间也遵从欧姆定律。

(3) 相位关系。

$$\varphi_u = \varphi_i + \frac{\pi}{2} \tag{2-21}$$

要特别注意的是,在纯电感电路中,由于电压和电流的相位不同,所以电压和电流的瞬时值之间不遵从欧姆定律。电压和电流的有效值向量图如图 2-12a)所示。

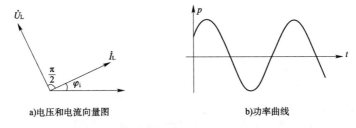

a) 电压和电流向量图　　　　b) 功率曲线

图 2-12 纯电感电路的电压、电流及功率关系

2) 感抗的计算

在图 2-11 所示的电路中,如果保持电源频率和输出电压不变,将铁芯插入空心线圈,使电感 L 增大,可以看到电流表读数减小,这表明当电感 L 增大时,感抗 X_L 也增大。若保持电源输出电压和线圈电感不变,改变电源的频率大小,观察电流表的变化,可以看到,当频率增大时,电流表的读数减小,说明感抗增大;当电源频率减小时,电流表读数增大,说明感抗减小。

以上实验说明,感抗 X_L 的大小与线圈的电感 L 和交流电的频率 f 有关。它们之间的关系式为:

$$X_L = \omega L = 2\pi f L \tag{2-22}$$

式(2-22)中,ω 为交流电的角频率,单位是 rad/s;L 为线圈电感,单位是 H;f 为交流电频率,单位是 Hz;X_L 为感抗,单位是 Ω。

由式(2-22)可知:对于直流电,$f=0$,$X_L=0$,即电感对于直流电相当于短路;对于低频交流电,由于 f 值小,感抗 X_L 就小;对于高频交流电,由于 f 很大,感抗 X_L 就很大。所以电感线圈在电路中具有"通直流,阻交流;通低频,阻高频"的特性。

3)功率

(1)瞬时功率。

假设电流:

$$i_L = I_{Lm}\sin(\omega t + \varphi_i)$$

则电压:

$$u_L = U_{Lm}\sin(\omega t + \varphi_i + 90°)$$

所以纯电感电路的瞬时功率:

$$\begin{aligned}p = u_L i_L &= U_{Lm}I_{Lm}\sin(\omega t + \varphi_i + 90°)\sin(\omega t + \varphi_i) \\ &= U_{Lm}I_{Lm}\cos(\omega t + \varphi_i)\sin(\omega t + \varphi_i) \\ &= U_L I_L \sin[2(\omega t + \varphi_i)]\end{aligned} \tag{2-23}$$

由式(2-23)可知,纯电感电路的瞬时功率是随时间按正弦规律变化的,其波形图如图2-12b)所示。从图中可看出,功率曲线一半为正,一半为负,它与时间轴所包围的面积为零。说明纯电感电路的平均功率为零,其物理意义是纯电感元件在交流电路中不消耗功率,只进行能量的交换,所以电感元件是一种储能元件。

(2)无功功率。

为反映电感元件与电源之间能量转换的规模,把瞬时功率的最大值称为无功功率,用 Q_L 表示,其单位是乏(var),即:

$$Q_L = U_L I_L = I_L^2 X_L = \frac{U_L^2}{X_L} \tag{2-24}$$

无功功率中"无功"是相对于"有功"而言的,其含义是"交换"而不是"消耗",其实质是表征储能元件在电路中能量交换的规模。

通过以上讨论可看出纯电感电路具有以下特点:

①电压和电流同频率而不同相位,电压超前电流 $\pi/2$。

②电压与电流的最大值和有效值之间遵从欧姆定律,但瞬时值由于相位不同,所以不遵从欧姆定律。

③纯电感电路的有功功率为零,即电感是储能元件,不消耗功率。

④纯电感电路的无功功率等于电感两端电压有效值和电流有效值的乘积。

例 2.4 一个电阻可以忽略的线圈 $L=0.35\text{H}$,接到 $u_L=220\sqrt{2}\sin(100\pi t + \pi/6)\text{V}$ 的交流电源上,试求:①线圈的感抗;②电流的有效值;③电路的有功功率和无功功率。

解:由电压的瞬时表达式可知:

$$U_L = \frac{U_{Lm}}{\sqrt{2}} = 220\text{V}, \omega = 100\pi\text{rad/s}, \varphi_u = \frac{\pi}{6}\text{rad}$$

感抗:

$$X_L = \omega L = 314 \times 0.35 = 110(\Omega)$$

电流的有效值:

$$I_L = \frac{U_L}{X_L} = \frac{220}{110} = 2(\text{A})$$

电路的有功功率:

$$P = 0$$

电路的无功功率:

$$Q_L = U_L I_L = 220 \times 2 = 440(\text{var})$$

例2.5 一个电感线圈接到频率为50Hz、电压为220V的交流电源上,通过线圈的电流为22A,试求线圈的电感。如果电源电压仍为220V,而频率变为500Hz,求通过线圈的电流和无功功率。

解:当电源频率 $f = 50\text{Hz}$ 时,电路的感抗:

$$X_L = \frac{U_L}{I_L} = \frac{220}{22} = 10(\Omega)$$

因为:

$$X_L = \omega L = 2\pi f L$$

所以:

$$L = \frac{X_L}{2\pi f} = \frac{10}{2 \times 3.14 \times 50} = 0.0318(\text{H})$$

当电源频率 $f = 500\text{Hz}$ 时,电路的感抗:

$$X_L = \omega L = 2\pi f L = 2 \times 3.14 \times 500 \times 3.18 \times 10^{-3} = 100(\Omega)$$

线圈的电流:

$$I_L = \frac{U_L}{X_L} = \frac{220}{100} = 2.2(\text{A})$$

无功功率:

$$Q_L = U_L I_L = 220 \times 2.2 = 484(\text{var})$$

三、纯电容电路

1. 电容器

电容器(简称电容)由两块导体(极板)和夹在它们之间的绝缘物质(也称电介质)构成,是一种可以储存和容纳电荷的元件,如图2-13所示。不同电容器储存电荷的本领是不一样的,对给定的电容器,它储存的电荷电量 Q 与两极板间的电压 U 的比值是一个常数,这个常数可以表征电容器储存电荷本领的大小(这个常数大的电容器在同样的极板电压情况下储存电荷多),故把这个常数定义为电容器的电容量,简称电容,用符号 C 表示。即:

$$C = \frac{Q}{U}$$

式中电容的国际单位是法拉(F),常用单位还有微法(μF)和皮法(pF),它们的关系为:

$$1F = \frac{1C}{1V} = 1C/V;\ 1F = 10^6 \mu F = 10^{12} pF$$

图 2-13 常见电容器

值得注意的是:电容器的电容 C 的值是由电容器的结构决定的,即与两极板的大小、形状、相对位置以及两极板间介质的性质自身因数有关,而与电容器在某一时刻所带电荷的多少以及两极板间的电压大小无关。一般结构不变的电容器的电容可看作一个常量。

在实际电路中电容器具有"隔直流通交流"的作用。直流电流是不能通过电容器的。此时,电路相当于开路;但是电容器接在交流电路中时电路中有交流电流通过,可形象地认为交流电流可通过电容器。在汽车电气系统中,电容器常被用来储存电荷,它本身不消耗电能,还能吸收电路中的电压变化,利用电压的储存来吸收危险的高压尖峰,其储存的电荷会在放电时返回电路。

2. 纯电容电路

由交流电源和纯电容元件组成的电路,称为纯电容电路,如图 2-14 所示。

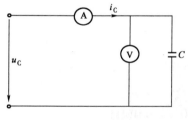

图 2-14 纯电容电路

1)电压与电流的关系

若在纯电容元件的两端加上一个正弦电压 $u_C = U_{Cm} \sin(\omega t + \varphi_u)$,用双踪示波器观察电压和电流的波形可发现:在纯电容电路中,电压滞后电流 $\pi/2$,正好和纯电感电路情况相反。连续改变电压的大小,记下几组电压和电流的值,可发现电压和电流成正比。

(1)有效值关系。

$$\left. \begin{array}{l} U_C = \dfrac{I_C}{\omega C} = X_C I_C \\ I_C = \dfrac{U_C}{X_C} \end{array} \right\} \quad (2\text{-}25)$$

式(2-25)称为纯电容电路的欧姆定律表达式。
(2)最大值关系。
在式(2-25)的两端同乘以 $\sqrt{2}$,得:

$$\left. \begin{array}{l} U_{Cm} = I_{Cm} X_C \\ I_{Cm} = \dfrac{U_{Cm}}{X_C} \end{array} \right\} \quad (2\text{-}26)$$

(3)相位关系。

$$\varphi_u = \varphi_i - \pi/2 \quad (2\text{-}27)$$

在纯电容电路中,由于电压和电流的相位不同,所以电压和电流的瞬时值之间也不遵从欧姆定律。电压和电流的有效值向量图如图 2-15a)所示。

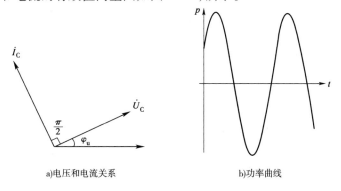

a)电压和电流关系　　　　b)功率曲线

图 2-15　纯电容电路电压、电流及功率

2)容抗

如果在图 2-14 所示的电路中,先保持电源频率和电压不变,换用不同的电容器做实验,可以看到,电容越大,电流表读数越大,即容抗越小。然后,保持电源电压和电容不变,改变交流电频率,可以看到,交流电频率越高,电流表读数越大,即容抗越小。

以上实验说明,容抗 X_C 的大小与电容器的电容 C 和交流电的频率 f 有关。它们之间的关系式为:

$$X_C = \frac{1}{\omega C} = \frac{1}{2\pi f C} \tag{2-28}$$

式(2-28)中,ω 为交流电的角频率,单位是 rad/s;C 为电容器电容,单位是 F;f 为交流电频率,单位是 Hz;X_C 为容抗,单位是 Ω。

由式(2-28)可知,对于直流电,$f=0$,$X_C = \infty$,即对于直流电电容相当于开路;当电容器的电容一定时,对低频交流电(f 值小),容抗 X_C 就大;而对于高频交流电(f 值大),容抗 X_C 就很小。所以电容器在电路中具有"通交流,阻直流;通高频,阻低频"的特性。例如,若在电子线路的电流中,既含有直流成分,又含有交流成分,如只需将交流成分输送到下一级,只要在这二级之间串联一个隔直流电容器即可;若在线路的交流电中,既含低频成分,又含高频成分,如只需将低频成分输送到下一级时,只要在输出端并联一个高频旁路电容器即可达到目的。

3)功率

(1)瞬时功率。

纯电容电路的功率与纯电感电路的功率规律相似,其瞬时功率为:

$$\begin{aligned}P_C &= u_C i_C = U_{Cm}\sin(\omega t + \varphi_u) I_{Cm}\sin\left(\omega t + \varphi_u + \frac{\pi}{2}\right)\\ &= U_C I_C \sin[2(\omega t + \varphi_u)]\end{aligned} \tag{2-29}$$

由式(2-29)可知,纯电容电路的瞬时功率 P_C 随时间变化按正弦规律变化,最大值为 $U_C I_C$。与纯电感电路相同,纯电容电路的功率曲线一半为正,一半为负,表示纯电容电路的平均功率为零,即 $P_C = 0$,如图 2-14b)所示。这表明纯电容电路在交流电路中不消耗功率。这是因为当电容器端电压增大时,电容器从电源吸取了电能并把它转化为电场能储存在电容器两极板之间,使电容器储存的电场能增大。当电容器端电压降低时,这时瞬时功率为负值,表明电容器将储存的电场能释放出来返还给电源,电容器储存的电场能也减小,由于电容器和电源之间进行的是可逆的能量的相互转换,所以并不消耗功率。

(2) 无功功率。

电容元件瞬时功率的最大值被称为无功功率,用 Q_C 表示,即:

$$Q_C = U_C I_C = I_C^2 X_C = \frac{U_C^2}{X_C} \tag{2-30}$$

通过以上讨论可看出纯电容电路具有以下特点:
① 电压和电流同频率而不同相位,电流超前电压 $\pi/2$。
② 电压与电流的最大值和有效值之间遵从欧姆定律,但瞬时值由于相位不同,所以不遵从欧姆定律。
③ 纯电容电路的有功功率为零,即电容器是储能元件,不消耗功率。
④ 纯电容电路的无功功率等于电容端电压有效值和电流有效值的乘积。

例 2.6 把 $C = 40\mu F$ 的电容器接到 $u_C = 220\sqrt{2}\sin(100\pi t - \pi/3)$ V 的电源上,试求:① 电容的容抗;② 电流的有效值;③ 电流的瞬时值;④ 电路的有功功率和无功功率;⑤ 画出电压和电流的向量图。

解:由 $u_C = 220\sqrt{2}\sin(100\pi t - \pi/3)$ V 可知:

$$U_C = 220V, \omega = 100\pi rad/s, \varphi_u = -\frac{\pi}{3}$$

$$X_C = \frac{1}{\omega C} = \frac{1}{100\pi \times 40 \times 10^{-6}} = 80(\Omega)$$

$$I_C = \frac{U}{X_C} = \frac{220}{80} = 2.75(A)$$

$$\varphi_i = \varphi_u + \frac{\pi}{2} = -\frac{\pi}{3} + \frac{\pi}{2} = \frac{\pi}{6}(rad)$$

则电流的瞬时值:

$$i = 2.75\sqrt{2}\sin(100\pi t + \pi/6) A$$

电路的有功功率:

$$P = 0$$

无功功率:

$$Q_C = U_C I_C = 220 \times 2.75 = 605(var)$$

电压和电流的向量图如图 2-16 所示。

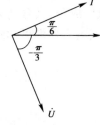

图 2-16 例 2.6 图

习题二

1. 在纯电感电路中,下列各式哪些是正确的?为什么?
① $i_L = \frac{u_L}{\omega L}$;② $I_L = \frac{U_L}{\omega L}$;③ $i_L = \frac{u_L}{X_L}$;④ $L_{Lm} = \frac{U_{Lm}}{X_L}$。

2. 把一个标有"220V,4.4kW"的电炉接到 $u = 220\sqrt{2}\sin(100\pi t - \pi/3)$ V 的电源上。

①写出流过电炉丝中电流的解析式;②画出电压与电流的向量图。

3. 把一个电感 $L=0.35\text{H}$ 的线圈,接到 $u=220\sqrt{2}\sin\left(100\pi t+\dfrac{\pi}{4}\right)\text{V}$ 的电源上,试求:①线圈的感抗;②电流的有效值和瞬时表达式;③电路的无功功率;④画出电压和电流的向量图。

4. 如图 2-17 所示,一个可以忽略电阻的线圈的电感 $L=414\text{mH}$,接在 $u=278.5\sin(314t+\pi/2)\text{V}$ 的电源上,试求:①电压表和电流表的读数和无功功率;②画出电压、电流的向量图。

5. 一只耐压为 400V,电容为 $110\mu\text{F}$ 的电容,能否接在有效值为 400V 的交流电源上使用,为什么?如果接在 $u=220\sqrt{2}\sin(314t+\pi/3)\text{V}$ 的电源上,通过的电流是多少?写出电流的表达式。

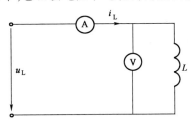

图 2-17 习题二第 4 题图

6. 把电容 $C=100\mu\text{F}$ 的电容器接到 $u=110\sqrt{2}\sin(100\pi t-\pi/5)\text{V}$ 的电源上,试求:①电容器的容抗;②电流的有效值和其解析式;③电路的无功功率;④画出电压和电流的向量图。

7. 具有电阻 $R=12\Omega$ 和电感 $L=160\text{mH}$ 的线圈与电容为 $C=127\mu\text{F}$ 的电容器串联后,接到电压 $u=179\sin(314t)$ 的电源上。求:①电路中的电流;②有功功率和无功功率;③画出向量图。

课题三 三相交流电路及其用电常识

> **预备知识**:单相交流电路的基本概念及基本规律。

一、三相交流电源

1. 概述

当前,世界各国电力系统普遍采用三相制供电方式,组成三相交流电路。日常生活中的单相用电是取自三相交流电中的一相。三相交流电之所以被广泛应用,是因为它具有以下优点:

①三相交流发电机与同功率的单相交流发电机相比,体积小,原料省。

②三相输电较经济。可以证明,在相同的距离内以同样的电压输送相同的功率,假如线路损耗相同,则三相输电比单相输电节省输电线金属用量 25%。

③三相交流电动机具有结构简单、维修方便、运行性能好、价格低廉等优点。

2. 三相交流电动势

三相交流电动势、三相交流电压和三相交流电流总称为三相交流电,能供给三相交流电的设备称为三相交流电源。我们讨论研究的三相电源往往是对称三相交流电源。现在的电力系统中,几乎全部采用对称三相交流电供电。所谓对称三相交流电供电,就是三相电源能产生 3 个频率相同、幅值相等,彼此相位差 120°($2\pi/3\text{rad}$)的一组交流电动势,其瞬时表达式可表示如下:

$$e_U = E_m \sin(\omega t) \qquad (2\text{-}31)$$
$$e_V = E_m \sin(\omega t - 2\pi/3) \qquad (2\text{-}32)$$
$$e_W = E_m \sin(\omega t + 2\pi/3) \qquad (2\text{-}33)$$

它们到达最大值的先后顺序(即相序)是 U-V-W-U,通常称为顺序(或正序),如图2-18所示。若最大值出现的次序为 U-W-V-U,称为逆序(或负序)。习惯上用黄、绿、红3种颜色分别表示 U、V、W 三相。

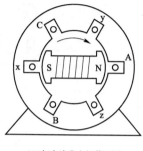
a)三相交流发电机截面图

b)三相交流电动势的波形图

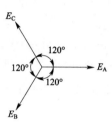
c)三相交流电动势的向量图

图2-18 三相交流发电机及三相交流电动势

3.三相交流电源的连接

三相发电机的3个绕组向外供电时,都要将三相绕组做一定连接后再向负载供电。三相电源绕组的连接方式有两种:星形连接和三角形连接。

1)三相电源的星形连接

星形连接是将三相发电机三相绕组的末端 U_2、W_2、V_2 连接在一起,这一点叫作中性点或零点,用"N"表示。从中性点引出的连接线习惯上叫中性线或零线(由于中性线通常与大地相连,所以中性线又叫地线)。三相绕组的3个始端 U_1、W_1、V_1 分别向外引出一根连接线,称为相线(俗称火线),这种由三根相线和一根中性线所组成的供电方式称为三相四线制,如图2-19所示。

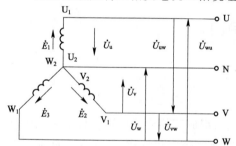
图2-19 三相交流电源的星形连接

三相四线制可以输出两种电压:任意一根相线和中性线间的电压(等于电源每相绕组两端的电压)叫相电压,用 u_U、u_V、u_W 或用 u_P 表示,方向从相线指向中性线。它们的有效值相等,即:

$$U_U = U_V = U_W = U_P \qquad (2\text{-}34)$$

任意两根相线之间的电压叫线电压,用 u_{UV}、u_{VW}、u_{WU} 或用 u_L 表示。它们的有效值相等,即:

$$U_{UV} = U_{VW} = U_{WU} = U_L \qquad (2\text{-}35)$$

由于发电机三相绕组上的电压降一般较小,所以各相电压可以看作与该相绕组的电动势相等,即:

$$U_U = E_U, U_V = E_V, U_W = E_W \qquad (2\text{-}36)$$

任意两根相线之间的线电压分别为:

$$u_{UV} = u_U - u_V \quad (2\text{-}37)$$
$$u_{VW} = u_V - u_W \quad (2\text{-}38)$$
$$u_{WU} = u_W - u_U \quad (2\text{-}39)$$

线电压和相电压之间的关系为:

$$U_{UV} = \sqrt{3}U_U \quad (2\text{-}40)$$
$$U_{VW} = \sqrt{3}U_V \quad (2\text{-}41)$$
$$U_{WU} = \sqrt{3}U_W \quad (2\text{-}42)$$

由式(2-49)、(2-50)、(2-51)可知,星形连接的三相对称电源,所得的线电压也是对称的,线电压在数值上是相电压的$\sqrt{3}$倍,即:

$$U_L = \sqrt{3}U_P \quad (2\text{-}43)$$

线电压的相位比其所对应的相电压超前30°(或 π/6rad)。

目前,我国的低压配电系统中,大多采用三相四线制的星形连接。线电压有效值等于380V,相电压有效值等于220V,线电压是相电压的$\sqrt{3}$倍。可以提供两种电压供负载选用。平常我们所提到的三相供电系统的电源电压是指它的线电压。

例 2.7 星形连接的对称三相交流电源线电压为380V,假设u_U的初相角为0rad,写出u_U、u_V、u_W、u_{UV}、u_{VW}、u_{WU}的表达式。

解:因为:

$$U_L = \sqrt{3}U_P$$

所以:

$$U_P = \frac{U_L}{\sqrt{3}} = \frac{380}{\sqrt{3}} = 220\text{V}$$

$$u_U = 220\sqrt{2}\sin(\omega t)\text{V}$$
$$u_V = 220\sqrt{2}\sin(\omega t - 2\pi/3)\text{V}$$
$$u_W = 220\sqrt{2}\sin(\omega t + 2\pi/3)\text{V}$$
$$u_{UV} = 220\sqrt{2}\sin(\omega t + \pi/6)\text{V}$$
$$u_{VW} = 220\sqrt{2}\sin(\omega t - 2\pi/3 + \pi/6)\text{V} = 220\sqrt{2}\sin(\omega t - \pi/2)\text{V}$$
$$u_{WU} = 220\sqrt{2}\sin(\omega t + 2\pi/3 + \pi/6)\text{V} = 220\sqrt{2}\sin(\omega t + 5\pi/6)\text{V}$$

2)三相电源的三角形连接

三相电源的三角形连接就是把发电机3个绕组中1个绕组的末端与相邻的另一绕组的始端依次连接,构成1个三角形的闭合回路。连后再从3个连接点连出3根导线向外供电,这种供电方式称为三相三线制,如图2-20所示。

由于三相发电机的3个绕组用三角形连接时,任意两根端线都是从发电机的某一相绕组的始末两端引出的,因此线电压等于相

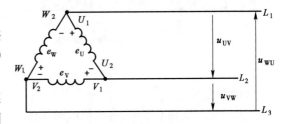

图 2-20 三相交流电源的三角形连接

电压,即:

$$u_{UV} = u_U \qquad (2\text{-}44)$$
$$u_{VM} = u_V \qquad (2\text{-}45)$$
$$u_{WU} = u_W \qquad (2\text{-}46)$$

一般也可表示为:

$$u_L = u_P \qquad (2\text{-}47)$$

三相电源按三角形连接时,三相绕组构成一个闭合回路,若三相绕组是对称的,由于 $\dot{U}_U + \dot{U}_V + \dot{U}_W = 0$,所以三角形闭合回路的总电压为零,则这个闭合回路中是不会有电流的;如果三相电动势不对称,在三相绕组的回路中会产生很大的环流,直至烧毁发动机。现实中,由于三相发电机产生的每一相电动势只是一个近似的正弦电动势,三相电动势的向量和并不等于零,在绕组闭合电路中或多或少出现环流,所以发电机的三相绕组很少接成三角形使用。

二、三相负载

接在三相电源上的用电器,统称为三相负载。三相电路中的负载按其对电源的要求可分为单相负载和三相负载。单相负载是指只需单相电源供电的设备,即接在三相电源中任一相上工作,如电灯、单相电炉、电烙铁、电冰箱等;三相负载是指需要三相电源供电的设备,即接上三相电压才能正常工作,如三相交流电动机、三相工业电炉等。

在三相负载中,如果每相负载的电阻、电抗相等,即阻抗相等,则这种负载称为三相对称负载。要使负载正常工作,必须满足负载实际承受的电压等于其额定电压。因此三相负载也有星形和三角形两种连接方式,以满足它对电压的要求。

1. 三相负载的星形连接

把三相负载的一端连接在一起,称为负载中性点,在图中用 N′ 表示,它常与三相电源的中性线 N 相连,把三相负载的另一端分别与三相电源的 3 根相线 U、V、W 相连,这种连接方式称为三相负载的星形(Y 形)连接。这是最常见的三相四线制供电线路,如图 2-21 所示。

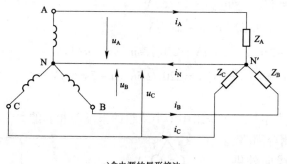
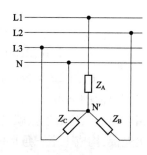

a) 含电源的星形接法　　　　b) 三相四线制供电的星形接法

图 2-21　负载的星形连接

1) 相电压

在三相四线制电路中,每相负载两端的电压叫作负载的相电压,用 $U_{Y相}$ 表示,若忽略输电线电阻上的电压降,负载的相电压等于电源的相电压,电源的线电压等于负载相电压的 $\sqrt{3}$

倍。即：
$$U_{线} = \sqrt{3} U_{Y相} \tag{2-48}$$

可见当电源的线电压为各相负载的额定电压的$\sqrt{3}$倍时，三相负载必须采用星形连接。

2）相电流

在三相电路中，把流过每相负载的电流叫负载的相电流，用$I_{Y相}$表示；把流过每根相线的电流叫线电流，用$I_{Y线}$表示。显然在三相负载的星形连接中，线电流就是相电流，即：

$$I_{Y相} = I_{Y线} \tag{2-49}$$

由三相对称电源和三相对称负载组成的电路称为三相对称电路。在三相四线制的三相对称电路中，每一相都组成一个单相交流电路，各相电压与电流的数量和相位关系，都可采用单相交流电路的方法来处理，即：

$$I_{Y相} = I_U = I_V = I_W = \frac{U_{Y相}}{|Z_{相}|} \tag{2-50}$$

当三相负载对称时，三相负载的电流相等，相位差互为$2\pi/3 \text{rad}$。此时流过中性线的电流（中线电流）$i_N = i_U + i_V + i_W = 0$，可把中性线省掉，成为星形连接的三相三线制。

当三相负载不对称时，中线电流不为零，因此不能把中性线省掉。若省掉中性线则由于负载中性点电位和电源中性点电位不相等，使各相负载实际承受的电压不再相等，造成不同相负载分别运行于过压或欠压的状态，严重时会使过压相负载烧毁；欠压相负载无法正常工作。为了防止这种情况出现，中性线不允许省掉且不许在中性线上装熔断器和开关。在有些场合，中性线还采用钢芯导线来加强机械强度，以免断开。为了减少中线电流，在设计安装照明电路时，尽量把电灯均匀分布在各相电路中。

例2.8 在星形连接的对称三相电路中，已知电源线电压$U_{线} = 380\text{V}$，每相负载的电阻$R = 16\Omega$，电抗$X = 12\Omega$，设 V 相电压的初相角为$0°$，求每相负载中的电流。

解：因为：
$$U_{线} = \sqrt{3} U_{Y相}$$

所以：
$$U_{Y相} = \frac{U_{线}}{\sqrt{3}} = \frac{380}{\sqrt{3}} = 220(\text{V})$$

$$I_{Y相} = I_U = I_V = I_W = \frac{U_{Y相}}{|Z_{相}|} = \frac{220}{\sqrt{16^2 + 12^2}} = 11(\text{A})$$

相电压和相电流的相位差：
$$\varphi = \arctan\frac{X_L}{R} = \arctan\frac{12}{16} = 0.64(\text{rad})$$

所以：
$$\varphi_{iU} = \varphi_{uU} - \varphi = 0 - 36.9° = -36.9° = -0.64(\text{rad})$$

所以：
$$i_U = 11\sqrt{2}\sin(\omega t - 0.64)\text{A}$$
$$i_V = 11\sqrt{2}\sin(\omega t - 36.9° - 120°)\text{A} = 11\sqrt{2}\sin(\omega t - 2.74)\text{A}$$

$$i_W = 11\sqrt{2}\sin(\omega t - 36.9° + 120°)A = 11\sqrt{2}\sin(\omega t + 1.45)A$$

2. 三相负载的三角形连接

负载的三角形连接就是把各相负载分别接在三相电源的每两根相线之间的连接方式，如图 2-22 所示。

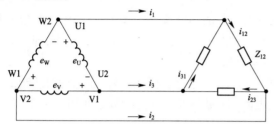 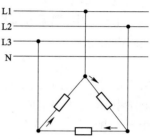

a)含电源的三角形接法　　　　　　　　b)三相四线制供电的三角形接法

图 2-22　负载的三角形连接

三相负载作三角形连接时，不论负载是否对称，各相负载所承受的电压均为对称的电源线电压，显然相电压等于线电压，即：

$$U_{\Delta 相} = U_{线} \tag{2-51}$$

所以当电源线电压等于各相负载的额定电压时，三相负载应接成三角形。

由图 2-22 可知，三相负载作三角形连接时，线电流和相电流是不一样的。若三相负载是对称负载，则线电流等于相电流的 $\sqrt{3}$ 倍，而相位滞后对应相电流 $\pi/6\text{rad}$。

当然，对称的三相负载不管是星形连接还是三角形连接，都有 3 根线与电源端线相连，究竟采用何种连接，取决于每相负载的额定电压。例如，三相异步电动机铭牌上标明连接方式是 220/380(V) △/Y：意即在电源线电压 380V 时，电动机的三相绕组须连接成星形(Y)；而当电源线电压为 220V 时，电动机的 3 个绕组须接成三角形(△)。否则，把三角形接法的绕组接上 380V 电源时，电动机会因每相电流、功率增大而烧毁；把星形接法的绕组接上 220V 电源时，电动机会因输入电能不足而不能发挥其效用。

例 2.9　有 3 个 200Ω 的电阻，分别接成星形和三角形后，接到线电压为 380V 的对称三相电源上，求它们的线电压、相电压、线电流和相电流。

解：三相负载作星形连接时：

线电压　　　　　　　　　　　　$U_{线} = 380(V)$

相电压　　　　　　　　　　　　$U_{Y相} = \dfrac{U_{线}}{\sqrt{3}} = \dfrac{380}{\sqrt{3}} = 220(V)$

负载的线电流等于相电流　　　　$I_{Y线} = I_{Y相} = \dfrac{U_{Y相}}{R} = \dfrac{220}{200} = 1.1(A)$

三相负载作三角形连接时：

　　　　　　　　　　　　　　　$U_{\Delta 相} = U_{线} = 380(V)$

负载相电流　　　　　　　　　　$I_{\Delta 相} = \dfrac{U_{\Delta 相}}{R} = \dfrac{380}{200} = 1.9(A)$

负载线电流　　　　　　　　　　$I_{线} = \sqrt{3}I_{\Delta 相} = \sqrt{3} \times 1.9 = 3.3(A)$

由上式可知,同样的三相负载作三角形连接时的相电流是作星形连接时的相电流的$\sqrt{3}$倍。根据这个规律,为了减小大功率三相电动机的起动电流,实践中常采用Y—△降压起动的方法,即起动时先将三相绕组接成Y形,使起动电流降为低,起动完毕后再改成△形全压运行。

三、安全用电常识

随着电能得到越来越广泛的应用,人们接触到各种电气设备的机会也越来越多。为确保安全用电、避免各种用电事故的发生,掌握安全用电的常识尤为重要。

1. 触电

触电是指电流以人体为通路,使身体的一部分或全部受到过大电流的刺激,以致引起死亡或局部受伤的现象。按人体受伤的情况可以将触电分成电击和电伤两种。

电击是指电流通过人体使人体内部器官受到损害,造成休克或死亡的现象,是最危险的触电现象。电伤是指由于电流的热效应、化学效应、机械效应等对人体外部造成的伤害现象。

触电对人体的伤害程度,主要取决于通过人体的电流的大小、频率、时间、途径及触电者的情况,见表2-1。一般认为:10mA以下的工频交流电通过人体就能引起麻痹的感觉,但自己能摆脱电源;30mA左右的工频交流电,会使人感觉麻痹或剧痛,不能自主摆脱电源,有生命危险;50mA以上的工频交流电通过人体就能置人于死地。此外,电流通过人体的时间越长,伤害越严重,电流直接通过人的心脏、大脑而导致的死亡率最高。

电流对人体的作用特征 表2-1

电流(mA)	作 用 特 征	
	50~60Hz交流电	直流电
0.6~1.5	开始有感觉,手轻微颤抖	无感觉
2~3	手指强烈颤抖	无感觉
5~7	手部痉挛	感觉痒和热
8~10	手已难于摆脱电极,但还能摆脱。手指尖到手腕剧痛	热感觉增强
20~25	手迅速麻痹,不能摆脱电极,剧痛,呼吸困难	热感觉大大增强,手部肌肉不强烈收缩
50~80	呼吸麻痹,心房开始震颤	强烈的热感觉,手部缺肉收缩、痉挛,呼吸困难
90~100	呼吸麻痹,延续3s就会造成心脏停搏	呼吸麻痹
>300	作用0.1s以上时,呼吸和心脏停搏,机体遭组织到电流的热破坏	

通过人体的电流的大小与人的电阻和人所触及的电压有关,人体的电阻因人而异,还与皮肤是否潮湿及有否污垢有关,通常为800Ω至几万欧不等。如果人体电阻按800Ω计算,通过人体的电流以不超过50mA为限,可算出安全电压为40V,所以,在一般情况下,规定36V以下为安全电压,对潮湿的地面或井下安全电压的规定就更低,如24V、12V。

常见的触电情况主要有3种:第一种是人体站在地面上时,人体某一部位触及一相带电体,承受相电压的作用,这时电流通过人体、大地和电源中线或对地电容形成回路,也极危险,如图2-23a)所示;第二种是人体同时触及两根相线,承受线电压作用,称为双向触电,是最危险的一种,如图2-23b)所示;第三种是跨步电压触电,当架空线路的一根带电导线断落在地上时,落地点与带电导线的电势相同,电流就会从导线的落地点向大地流散,于是地面上以导线落地点为中心,形成了一个电势分布区域,离落地点越远,电流越分散,地面电势也越低。如果人或牲畜站在距离电线落地点8～10m以内,就可能发生触电事故,这种触电叫作跨步电压触电,人受到跨步电压时,电流虽然是沿着人的下身,从脚经腿、胯部又到脚与大地形成通路,没有经过人体的重要器官,好像比较安全,但是实际并非如此,因为人受到较高的跨步电压作用时,双脚会抽筋,使身体倒在地上,这不仅使作用于身体上的电流增加,而且使电流经过人体的路径改变,完全可能流经人体重要器官,如从头到手或脚,经验证明,人倒地后电流在体内持续作用2s就会致命。

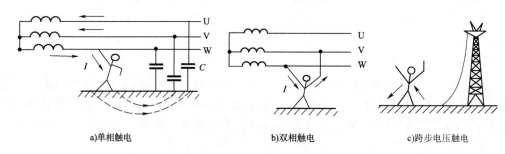

a)单相触电　　　　　　　b)双相触电　　　　　　　c)跨步电压触电

图2-23　人体触电

2. 安全措施

对高压设备、搭铁装置,可以采用屏护、遮拦等措施不让人靠近;与人频繁接触的小型电器可采用安全电压供电;但对于使用380V/220V的电气设备,不易和人隔开,出现触电的可能性较大。为了保护这些用电设备的安全运行,防止人身触电事故的发生,电气设备常采用保护搭铁和保护接零的措施。

1) 保护搭铁

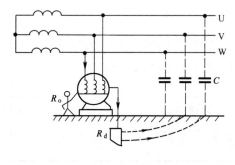

图2-24　搭铁保护原理

把电气设备的金属外壳用电阻很小的导线和埋在地中的搭铁装置可靠连接的方式称为保护搭铁,如图2-24所示。

电气设备采取保护搭铁以后,即使因绝缘损坏而使外壳带电,在人体触及带电外壳时,由于人体相当于与搭铁电阻并联,而人体电阻远大于搭铁电阻,因此通过人体的电流就微乎其微,保证了人身的安全。保护搭铁适用于电压低于1kV的三相三线制供电线路或电压高于1kV的中性点不搭铁的供电系统。

2) 保护接零

把电气设备的金属外壳用导线单独与电源中线相连的方式称为保护接零。此方法适用于中性点搭铁的低压供电系统。电气设备保护接零后,如果电气设备的某相绝缘损坏而碰壳时,就会造成该相短路,引起很大的短路电流将该电路中的熔断器烧断或使其他保护装置动作,因而自动切断电源,避免了触电事故的发生,如图2-25和图2-26所示。

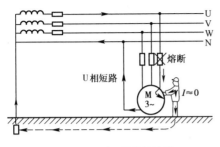

图2-25 电动机的保护接零

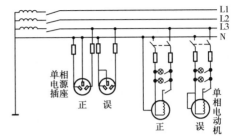

图2-26 常用电器的保护接零原理图

单相家用电器的三脚插头的三根引线中与三角插头中央的插脚相连的引线就是连接电器外壳的接零导线。具有金属外壳的单相电器,如电饭煲、电冰箱、洗衣机、台式风扇等家用电器,必须采用三线插座和三线插头。这样,电器外壳就通过插座与电源中性线相连,达到了保护接零的目的。

保护接零时,接零线上不许装设熔断器和开关等设备,而且零线须接牢固,阻抗不能过大。必须指出,在同一配电系统中,不允许一部分设备保护搭铁,而另一部分设备保护接零。因为如果采用保护搭铁的设备发生短路,而未使熔断器熔断,则该机外壳上将带有 $U_p/2$ 的电压。于是零线也与大地间存有 $U_p/2$ 的电压,这又使接零设备外壳带上 $U_p/2$ 电压,站在地面上的人体若接触这些设备,就可能引起触电,如果有人同时接触搭铁设备外壳和接零设备外壳,人体将承受电源的相电压,引起触电事故。

3) 使用漏电保护开关

漏电保护开关是一个装有自动脱扣装置的空气开关。当电路正常时,开关闭合。当漏电时,电流通过人体形成回路,漏电保护开关中的电流互感器因增加了电流,副边有信号输出,此信号经放大器放大后驱动脱扣线圈,使开关切断电路,如图2-27所示。

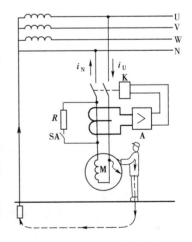

图2-27 漏电保护开关原理

无论是发生触电还是电器火灾及其他电器事故,首先应切断电源。拉闸时要用绝缘工具,需切断电线时要用带绝缘套的钳子从电源的几根相线、零线的不同部位剪开,以免造成电源短路。

在发生火灾不能及时断电的场合,应用不导电的灭火剂带电灭火。若用水灭火,则必须切断电源或穿上绝缘鞋。

对已脱离电源的触电者要用人工呼吸或胸外心脏挤压法进行现场抢救,以赢得送往医院的时间。

为避免出现触电事故,除采用保护搭铁和保护接零外,更重要的是在安装和使用电气设备时要预先仔细阅读有关说明书,务必按照操作规程和用电规定操作。

3. 触电急救措施和方法

发现有人触电,应及时采取以下应急措施:

①首先要关闭电源开关,尽快使触电者脱离电源。

②如果距电源开关太远或来不及关闭电源,又不是高压电,可用干燥的衣帽垫手,把触电人拉开,或用干燥的木棒等把电线挑开。绝不能使用铁器或潮湿的棍棒,以防触电。

③在救人时要踩在木板上,避免接触他的身体,防止造成自身触电。戴橡皮手套,穿胶皮鞋可以防止触电。触电人倒伏的地面有水或潮湿,也会带电,千万不要踩踏,救护时应穿厚胶底鞋。救护者可站在干燥的木板上或穿上不带钉子的胶底鞋,用一只手(千万不能同时用两只手)去拉触电者的干燥衣服,使触电者脱离电源。

④触电人脱离电源后,如处在昏迷状态(心脏还在跳动,肺还在呼吸),要立即打开窗户,解开触电人的衣扣,使触电人能够自由呼吸。如果触电者呼吸、心跳已经停止,在脱离电源后立即进行人工呼吸,同时进行胸外心脏按压,并拨打"120"急救电话。

触电急救的方法主要包括如下方面。

(1)心肺复苏法。

①首先判定患者神志是否丧失。如果无反应,摆好患者体位,打开气道。

②如患者无呼吸,即刻进行口对口吹气两次,然后检查颈动脉,如脉搏存在,表明心脏尚未停搏,无需进行体外按,仅做人工呼吸即可,按每分钟12次的频率进行吹气,同时观察患者胸廓的起落。一分钟后检查脉搏,如无搏动,则人工呼吸与心脏按压同时进行。按压频率为每分钟80~100次。

③按压和人工呼吸同时进行时,其比例为15:2,即15次心脏按压、2次吹气,交替进行。

④操作时,抢救者同时计数1、2、3、4、5…15次按压后,抢救者迅速倾斜头部,打开气道,深呼气,捏紧患者鼻孔,快速吹气2次。然后再回到胸部,重新开始心脏按压15次。如此反复进行,一旦心跳开始,立即停止按压。

(2)口对口(鼻)人工呼吸法。

施行口对口人工呼吸前,应迅速将触电者身上障碍呼吸的衣领、上衣、裤带解开,并迅速取出触电者口腔内妨碍呼吸的食物,脱落的假牙、血块、黏液等,以免堵塞呼吸道。

做口对口(鼻)人工呼吸时,应使触电者仰卧,并使其头部充分后仰(最好一只手托在触电者颈后),使鼻孔朝上,以利呼吸道畅通。

口对口(鼻)人工呼吸法操作步骤如下:

①使触电者鼻孔(或嘴)紧闭,救护人员深吸一口气后紧贴触电者的口(或鼻)向内吹气,为时约2s。

②吹气完毕,立即离开触电者的口(或鼻),并松开触电者的鼻孔(或嘴唇),让他自行呼气,为时约3s。

如果无法使触电者的嘴张开,可改用口对鼻人工呼吸法。

(3)胸外心脏按压法。

应使触电者仰卧在比较坚实的地方,姿势与口对口(鼻)人工呼吸法相同。动作要领如下:

①救护人员跪在触电者一侧或骑跪在其腰部两侧,两手相叠,手掌根部在心窝上方、胸骨下三分之一至二分之一处。

②掌根用力垂直向下(脊背方向)按压,对成人应压陷3~4mm,以每秒钟按压一次,每分钟按压60次为宜。对儿童用力要轻一些。

③按压后掌根很快抬起,让触电人胸廓自动复原。每次放松时,掌根不必完全离开胸膛。

习题三

1. R、C 移相电路如图 2-28 所示,输入电压 $u_i = 10\sqrt{2}\sin(1000\pi t)$ V,电容 $C = 7.96\mu F$,现要使输出电压 u_0 在相位上比输入电压 u_i 滞后 $\pi/6$rad,求:①电阻 R 的值;②写出输出电压 u_0 的解析式。

2. 3个完全相同的线圈接成星形,将它接到线电压为380V的三相电源上,线圈的电阻 $R_L = 30\Omega$,感抗 $X_L = 40\Omega$。求:①各线圈通过的相电流;②各相功率因素;③三相总功率。

3. 为什么三相电动机的电源可用三相三线制,而三相照明电源则必须用三相四线制且中性线不得加装熔断器?

4. 在图 2-29 所示电路中,若已知三相交流电源的相电压为 12V,$R_1 = 2\Omega$,$R_2 = 4\Omega$,$R_3 = 6\Omega$,求每相负载中电流的有效值各是多少。并分析此时的中性线是否可以省略。

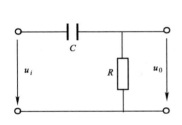

图 2-28 习题三第1题图   图 2-29 习题三第4题图

5. 有一对称负载作三角形连接的三相电路,已知每相负载的电阻 $R = 12\Omega$、电抗 $X = 12\Omega$,导线中的线电流 I 为 32.9A,求电源的相电压。

6. 当额定电压为220V的对称三相负载接在线电压 $U_L = 220$V 的三相电源上,负载应如何连接?接在线电压 $U_L = 380$V 的三相电源上时,负载又应如何连接?并分别求出上述两种情况下电路的视在功率,设每相负载的阻抗 $|Z| = 20\Omega$。

7. 已知三相电阻炉的每相电阻 $R = 8.68\Omega$。①三相电阻作星形连接,并接在 $U_L = 380$V 的对称三相电源上,电炉需要从电源吸收多少功率?②三相电阻作三角形连接,并接在 $U_L = 380$V 的对称三相电源上,电炉从电源吸收的功率又是多少?

单元小结

1. 交流电是指大小和方向都随时间作周期性变化的电动势(或电压、电流)。它们可用数学解析式、波形图和向量图来表示。

2. 最大值、频率和初相被称为正弦交流电的三要素。

3. 单相正弦交流电路的比较见表2-2。

单相正弦交流电路的比较 表2-2

项目		纯电阻电路	纯电感电路	纯电容电路	R、L、C串联电路
描述电路对电流阻碍作用的物理量		电阻 R	感抗 $X_L = \omega L = 2\pi f L$	容抗 $X_C = \dfrac{1}{\omega C} = \dfrac{1}{2\pi f C}$	阻抗 $\lvert Z \rvert = \sqrt{R^2 + (X_L - X_C)^2}$
电压与电流关系	大小关系	$I_R = \dfrac{U_R}{R}$	$I_L = \dfrac{U_L}{X_L}$	$I_C = \dfrac{U_C}{X_C}$	$I = \dfrac{U}{\lvert Z \rvert}$
	相位关系	$\varphi_u = \varphi_i$	$\varphi_u = \varphi_i + \dfrac{\pi}{2}$	$\varphi_u = \varphi_i - \dfrac{\pi}{2}$	感性:总电压超前电流 容性:总电压滞后电流 阻性:总电压与电流同相位
有功功率		$P = U_R I_R = I_R^2 R$	0	0	$P = U_R I = I^2 R = UI\cos\varphi$
无功功率		0	$Q_L = U_L I_L = I_L^2 X_L$	$Q_C = U_C I_C = I_C^2 X_C$	$Q = U_X I = UI\sin\varphi$
视在功率					$S = UI = \sqrt{P^2 + Q^2}$

4. 三相交流电源的三相电动势频率相同、幅值相等,彼此相位差120°(或$2\pi/3$rad)。三相电源绕组做星形连接时,线电压在数值上是相电压的$\sqrt{3}$倍,相位比其所对应的相电压超前30°(或$\pi/6$rad);做三角形连接时,线电压等于相电压。

5. 三相负载也有星形和三角形两种连接方式。

三相不对称负载一般作星形连接,并采用三相四线制,中线的作用在于使不平衡电路构成通路,从而保证负载中性点与电源中性点同相位。采用三相四线制供电时,中线不能安装熔断器。

实训一 R、L、C元件在串联正弦交流电路中的特性

一、实验目的

(1)研究R、L、C元件在正弦交流电路中的基本特性。
(2)研究R、L、C串联电路中总电压和各元件电压之间的关系。

二、实验器材

(1)低频信号发生器1台。
(2)电位器1只。
(3)电感1只。
(4)电容器1只。

(5)交流电压表 4 只。

(6)交流电流表 1 只。

三、实验电路图

实验电路图如图 2-30 所示。

四、实验原理

R、L、C 元件串联电路中,流过每个元件的电流相同,对于电阻元件,它的电压电流向量关系为 $U_R = IR$,且电压和电流同相位;而电容元件的电流电压有效值关系为 $U_C = IX_C$,电流比电压超前 $\pi/2$;电感元件上的电流电压关系为 $U_L = IX_L$,其电压比电流超前 $\pi/2$。R、L、C 元件串联电路中,总电压和串联元件的电压向量关系应满足 $U = U_R + U_L + U_C$,即电压有效值满足关系式 $U = \sqrt{U_R^2 + (U_L - U_C)^2}$。

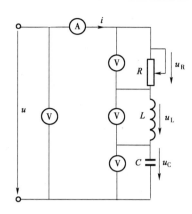

图 2-30 R、L、C 元件在串联正弦交流电路中的特性测定实验电路图

五、实验步骤

(1)按图 2-37 所示连接好实验电路,调节供电电压,测量电路中的电流 I 及电阻、电感、电容器上的电压 U_R、U_L、U_C,并将数据填入表 2-3 中。

(2)验证 $U = U_R + U_L + U_C$ 是否成立,即电压有效值是否满足关系式 $U = \sqrt{U_R^2 + (U_L - U_C)^2}$。

R、L、C 元件在串联正弦交流电路中的特性测定　　　　　　　　表 2-3

次 数		电流 I(A)	总电压 U(V)	U_R(V)	U_L(V)	U_C(V)
1	理论值					
	测量值					
2	理论值					
	测量值					
3	理论值					
	测量值					

六、实验数据记录

实训二　日光灯电路

一、实验目的

(1)了解日光灯电路的组成。

(2)掌握日光灯电路的工作原理和接线方法。

二、实验仪器与设备

(1)单相交流电源(220V)。
(2)交流电压表。
(3)交流电流表。
(4)日光灯一套(镇流器220V/20W、启辉器、日光灯管20W)。

三、日光灯电路原理

如图2-31所示,日光灯电路由灯管、镇流器及启辉器三部分组成。当接通220V交流电源时,电源电压通过镇流器施加于启辉器两个电极上,使极间气体导电,可动电极(双金属片)与固定电极接触。由于两个电极接触不再产生热量,双金属片冷却复原使电路突然断开,此时镇流器产生较高的自感电动势经回路施加于灯管两端,而使灯管迅速起燃,电流经镇流器、灯管而流通。灯管起燃后,两端压降较低,启辉器不工作,日光灯正常工作。

四、实验步骤

(1)先切断实验台的总供电电源开关,按照实验电路图2-32连接电路。
(2)实验电路接线完成后,经过实验指导教师检查无误,方接通电源。
(3)使用交流电压表测量电路端电压U_1、整流器两端电压U_2、日光灯灯管电压U_R;用交流电流表测量电路的电流I,并将没量值记入表2-4。

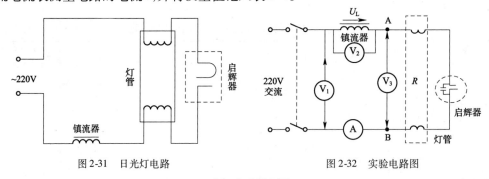

图2-31 日光灯电路　　　　图2-32 实验电路图

日光灯电路的测量　　　　　　　　　　　　表2-4

项目	U_1(V)	U_2(V)	U_3(V)	I(A)
测量值				

五、实验思考题

(1)在日常生活中,当日光灯上缺少启辉器时,人们常用一根导线将启辉器的两端短接一下,然后迅速断开,使日光灯点亮;或用一只启辉器去点亮多只同类型的日光灯,这是为什么?
(2)从实验测量数据中是否可以得到:$U_1 = U_2 + U_3$?如果等式不成立,为什么?

单元三
磁路和变压器

从中国古代船员用绳系上一块特殊的石头来指示南北以来,磁现象的应用已经经过了几个世纪。在这条历史的长河中,人们发现了电流的磁效应和磁场对电流的作用,从而认识到电和磁之间存在的内在联系。随着科学技术的发展,电磁学理论日趋完善,电磁技术在各个领域也得到了广泛的应用。本章从最简单的磁现象入手,介绍磁现象的性质及电现象和磁现象之间的关系,研究磁路欧姆定律和磁现象的应用,如发电机、电磁铁、变压器等。

课题一 磁场和磁路

预备知识:磁现象及磁极间的相互作用规律;交流电的基本知识。

物体能吸引铁、钴、镍等金属或它们合金的性质叫作磁性。具有磁性的物体叫磁体。磁体除了天然的磁铁(Fe_2O_3)外,还有人造的永久磁体和暂时磁铁(如电磁铁)等。常见的磁体外形有条形和马蹄形。磁体上磁性最强的部分叫磁极。在条形磁体上撒上铁屑,铁屑集中最多的两端即是磁极。任何磁体都有两个磁极,无论怎样把磁体分割,磁体总保持两个磁极。如果用一根细绳把条形磁体悬挂起来,使它能自由转动,静止时它的一端总是指向地球的北极方向,另一端指向地球的南极方向。指向北极方向的磁极称为N极或北极(常涂绿色或白色),指向南极方向的磁极称为S极或南极(常涂红色)。

一、磁场和磁感应线

1. 磁场

用被细绳悬挂起来的条形磁体的N极接近其他磁体的N极时,条形磁体被排斥,接近其他磁体的S极则被吸引,这说明:同名磁极相互排斥,异名磁极相互吸引。两块磁体间的相互作用力称为磁力。将另一磁体或通电导体放入某一磁体的周围空间,就要受到磁力的作用。如整个地球可看成一块磁体,小磁针即使离它很远也受到磁力的作用。通常将这个磁力作用的空间称为磁场。磁场是具有力和能性质的一种物质,但它又和其他物质不一样,它没有构成物质的分子、原子,也看不见、摸不着,所以它是磁体周围空间存在的一种特殊物质。

2. 磁感应线

磁场的性质可以通过磁场的方向和强弱表示出来。一般而言,磁场各处的强弱和方向是不同的。人们在实践中发现,如果在玻璃板上撒上铁屑,在玻璃板下方紧靠玻璃板放置一块马蹄形磁体,振动玻璃板,就会发现铁屑在玻璃板上排成了美丽的曲线状图案。为了形象地表示磁场在空间各点的强弱和方向,人们根据铁屑在磁体周围排列成有规律线条的启示,想象出了磁感应线。磁感应线就是这样一条条从磁体北极出来沿磁体周围空间到磁体南极,然后再通过磁体内部回到北极的闭合曲线。如图 3-1 所示是条形磁体和马蹄形磁体周围的磁感应线图形。磁感应线的疏密程度表示该处的磁场强弱,磁感应线越密的地方磁场越强;磁感应线上每一点的切线方向表示该点的磁场方向(即小磁针在该点静止时 N 极的指向)。因为每一点的磁场方向只有一个,即磁感应线的切线方向只有一个,所以磁感应线不能相交。

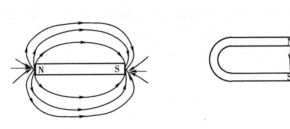

图 3-1　磁体的磁感应线

3. 电流的磁场

丹麦物理学家奥斯特于 1820 年发现了有电流通过的导体周围空间存在着磁场(俗称动电生磁),此后,法国物理学家安培又进一步做了大量实验,研究了磁场方向与电流方向之间的关系,并总结出安培定则,也叫作右手螺旋定则。

1)通电直导体的磁场

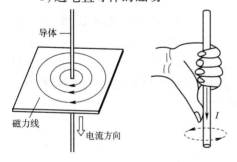

如图 3-2 所示,让一根直导体通入电流,导体的周围就产生了磁场,其磁感应线是以直导体上各点为圆心的一组组同心圆。磁感应线的环绕方向可用安培定则来判定:用右手握住导线,让伸直的大拇指所指方向与电流方向一致,则弯曲四指所指方向为磁感应线的环绕方向。

实验证明:通电直导体周围各点磁场的强弱与导体中的电流大小成正比,与该点距离导体的垂直距离成反比。

图 3-2　通电直导体产生的磁场

2)环形电流的磁场

如图 3-3 所示,将直导线弯曲成圆环形,通电后就形成了环形电流。环形电流产生的磁场与一个垂直于圆环面放置的条形磁体产生的磁场相似,磁感应线从圆环出来的一侧为条形磁体北极,另一侧为条形磁体南极。环形电流的磁感应线是一系列围绕环形导线的闭合曲线,在环形导线的中心轴上,磁感应线和环形导线的平面垂直。环形电流的磁感应线与环形电流方向之间的关系,也可用安培定则来判定:让右手弯曲的四指与环形电流的方向一致,则伸直的大拇指所指方向就是环形电流中心轴线处的磁感应线方向(条形磁体 N 极的指向)。

3)通电线圈的磁场

螺线管线圈可看作是由 N 匝环形电流串联而成的。通电螺线管产生的磁感应线形状与平行于通电螺线管放置的条形磁铁相似。通电螺线管的电流方向与它的磁感应线方向之间的关系,也可用安培定则来判定:用右手握住螺线管,让弯曲四指所指方向与电流的方向一致,则大拇指所指方向即为螺线管内部的磁感应线方向(即条形磁铁 N 极的指向)。在螺线管的外部,磁感应线从 N 极出来进入 S 极;在通电螺线管的内部,磁感应线与螺线管轴线平行,方向由 S 极指向 N 极,并与外部的磁感应线构成闭合曲线,如图3-4所示。

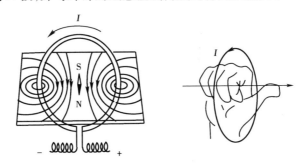

图 3-3 环形电流的磁场

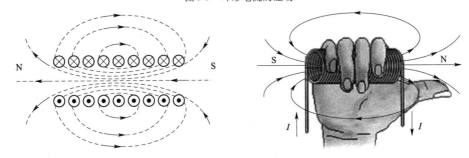

图 3-4 通电螺线管产生的磁场

实验证明:通电螺线管产生的磁场的强弱与线圈的匝数和电流的乘积成正比。

这种电流产生磁场的现象,统称为电流的磁效应。电流磁场的磁感应线方向与电流方向的关系,都可用安培定则来判定。这是直线电流、环形电流和螺线管电流所具有的共性。但是由于电流的形状各不相同,所以四指和大拇指所指的方向的含义不同。记忆和使用安培定则时,必须注意这些联系和区别。

二、磁场的基本物理量

用磁感应线描述磁场,既形象又直观,但只能定性描述。如果要定量描述磁场,必须引入几个基本物理量。

1. 磁感应强度

磁感应强度是定量描述磁场中各点磁场强弱和方向的物理量,用符号 B 表示。实验证明,将长度或电流不同的通电导体垂直于磁场方向放置在磁场中同一点,它们受到的磁场力不同,但它们受到的磁场力 F 与电流 I 和导体在磁场中的有效长度 L 乘积的比值却是一个常数,这个常数在磁场强弱不同的点是不一样的。它表征了磁场强弱和方向的物理特性,故把该比值定义为磁感应强度。定义式为:

$$B = \frac{F}{IL} \tag{3-1}$$

式(3-1)中，F 为垂直于磁场方向放置的通电导体受到的作用力，单位是牛(N)；I 为导体中的电流，单位是安培(A)；L 为导体在磁场中的有效长度，单位是米(m)；B 为磁感应强度，单位是特斯拉(T)。

磁感应强度的方向就是该点的磁场方向，即该点磁感应线的切线方向。

如果在磁场的某一区域内，磁感应强度的大小和方向处处相同，则该区域的磁场称为均匀磁场。均匀磁场的磁感应线是一组间隔相等的平行直线。距离很近的异名磁极之间的磁场、通电螺线管内部的磁场(除边缘部分)，都可近似看作均匀磁场。

2. 磁通量

把磁感应强度 B(如果不是均匀磁场，则取 B 的平均值)与垂直于磁场方向的面积 S 的乘积，称为穿过该面积的磁通量(简称磁通)，用 Φ 表示。其大小可以用通过该面积的磁感应线条数的多少形象地反映。

在均匀磁场中，若 B 和 S 的夹角为 α，如图 3-5c)所示，则磁通量的计算式为：

$$\Phi = BS\sin\alpha \tag{3-2}$$

磁通量 Φ 的国际单位是韦伯(Wb)，$1\text{Wb} = 1\text{T} \cdot \text{m}^2$。

由式(3-2)可知：磁通量与磁场的强弱 B(磁感应线的疏密)、面积 S 的大小及 B 与 S 的夹角有关。当磁场方向与面积平行时，如图 3-5a)所示，磁通量为零；当磁场方向与面积垂直时，如图 3-5b)所示，$\Phi = BS$，磁通量最大。

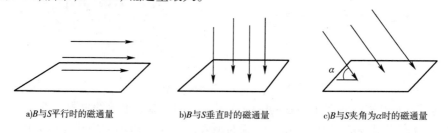

a) B 与 S 平行时的磁通量　　b) B 与 S 垂直时的磁通量　　c) B 与 S 夹角为 α 时的磁通量

图 3-5　磁通量

式(3-2)表明，若 $S = 1\text{m}^2$，$\alpha = 90°$，则磁感应强度的大小等于穿过与磁场方向垂直的单位面积的磁通量(或说磁力线数)，所以磁感应强度也被称为磁通密度。一般永久磁铁磁极处的磁通密度大约是 $0.4 \sim 0.7\text{T}$，地球表面的磁通密度大约是 $0.5 \times 10^{-4}\text{T}$。

3. 磁导率

通电线圈产生磁场，磁场的强弱与线圈的匝数和电流的大小有关，这是我们已经知道的。人们在实验中还发现，当保持线圈匝数和电流不变时，分别在线圈中放入铁棒、铜棒和硅钢片时，线圈产生的磁场强弱是不同的。可见磁场的强弱还与磁场中媒介质的性质有关。

磁导率(绝对磁导率)是表征媒介质导磁能力大小的物理量，用符号 μ 来表示，其单位是亨/米(H/m)。真空中的磁导率 $\mu_0 = 4\pi \times 10^{-7}\text{H/m}$。磁导率大的媒介质导磁能力强，磁导率小的媒介质导磁能力弱。在实际应用中，人们一般不直接给出媒介质的磁导率，而是给出其与真空磁导率的比值，称为相对磁导率，常用符号 μ_r 表示，即：

$$\mu_r = \frac{\mu}{\mu_0} \tag{3-3}$$

相对磁导率 μ_r 是没有单位的,它表明在其他条件相同的情况下,媒介质中的磁感应强度是真空中磁感应强度的倍数。

一般根据相对磁导率的大小,将物质分为3类:

①顺磁物质:μ_r 略大于1,如空气、锡、铝等。

②反磁物质:μ_r 略小于1,如铜、银等。

③铁磁物质:μ_r 远远大于1,如铁、镍、钴。

铁磁物质由于磁导率很大,在产生相同磁场时,可以大大减小线圈的匝数、流过线圈的电流,从而减小电磁铁的体积和质量,所以在电工技术中获得了十分广泛的应用。

4. 磁场强度

磁场中某点的磁感应强度与媒介质磁导率的比值,叫该点的磁场强度,用 H 表示,即:

$$H = \frac{B}{\mu} \tag{3-4}$$

磁场强度是一个矢量,其方向与该点的磁感应强度方向相同,其国际单位为安/米(A/m)。

三、磁化与铁磁材料

有些物质没有磁性,但把它放进磁场后,就变得有磁性了,我们把这个过程称为磁化。能够被磁化的物质叫铁磁性物质,非铁磁性物质不能被磁化。

1. 磁化

铁磁材料之所以能被磁化,是因为在铁磁物质内部存在很多自然磁性区域,这些区域称为磁畴。每一个磁畴相当于一个小磁体,有N极和S极。在无外磁场作用时,小磁畴杂乱无章地排列,磁性相互抵消,如图3-6a)所示;在外磁场作用下,磁畴沿外磁场方向定向排列,形成附加磁场,使磁场显著增强,如图3-6e)所示。

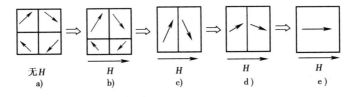

图3-6 铁磁材料的磁化

(1)磁化曲线。铁磁材料的附加磁场不会随着外磁场的增强而无限制地增强。当外磁场增强到一定值时,全部磁畴的磁场方向将和外磁场方向完全一致,这时磁感应强度 B 就达到了饱和值。磁感应强度 B 随磁场强度 H 变化而变化的曲线称为磁化曲线,又称 B-H 曲线。

如图3-7所示,磁化曲线可分为三段:oa 段 B 和 H 几乎成正比地增加,ab 段 B 的增加缓慢下来,bc 段 B 增加得很少,磁场达到了饱和。

(2)磁滞回线。若采用交变电流来产生交变的外磁场来磁化铁磁材料,在理想情况下,附加磁场 B 应随着 H 的变化沿磁化曲线正反向反复变化,但事实上由于磁畴存在"惰性",附加磁场的变化将滞后于外磁场的变化。当外磁场减少到零时,铁磁材料中的磁感应强度由 B_m 减少到 B_r(B_r 叫剩磁),在外磁场变化到相反方向并具有一定数值时,才能使剩磁消失,这种现象叫作磁滞。图3-8所示的封闭曲线称为磁滞回线。

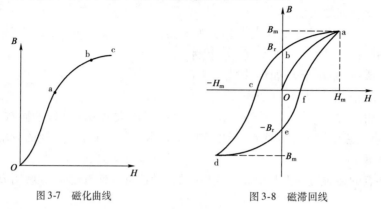

图3-7 磁化曲线　　　　图3-8 磁滞回线

2. 铁磁材料的分类及用途

不同铁磁材料的磁滞回线形状不同。根据其磁化过程的特性和使用条件的需要,将磁性材料分为如图3-9所示的3种。

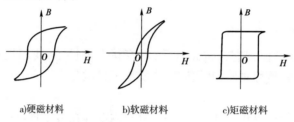

a)硬磁材料　　b)软磁材料　　c)矩磁材料

图3-9 铁磁材料的分类

(1)硬磁材料。如图3-9a)所示,这类材料不易被磁化,也不易去磁,反映在磁滞回线上是剩磁较大,磁滞回线包围的面积较大。所以,硬磁材料常用来制造永久磁铁,用于磁电式仪表和各种扬声器中。

(2)软磁材料。如图3-9b)所示,这类材料容易磁化,也容易去磁,反映在磁滞回线上是剩磁小,磁滞回线窄而陡,包围的面积较小。在交变磁场中工作的各种设备都用软磁材料,如硅钢片、铁镍合金、坡莫合金等。

(3)矩磁材料。如图3-9c)所示,矩磁材料的特点是在很小的外磁场作用下,就能磁化并达到饱和,外磁场去掉后,场强度磁不变。反映在磁滞回线上是一条矩形闭合曲线,所以称为矩磁材料。矩磁材料常用于制造计算机中存储元件的环形磁芯。

四、磁路及磁路欧姆定律

1. 磁路的概念

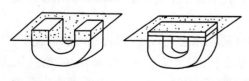

a)以玻璃覆盖时的磁路　　b)以扁铁板覆盖时的磁路

图3-10 磁路示意图

磁感应线(磁通)所经过的路径叫磁路。如图3-10a)所示,若在马蹄形磁铁上盖上一块玻璃,则磁路是从马蹄形磁铁的N极→玻璃→铁粉→玻璃→S极,最后经马蹄形磁铁内部回到N极。在图3-10b)中,若在马蹄形磁铁上覆盖一块扁铁板,磁路却是从 N 极→扁铁板→S 极,然后同样经过马蹄形磁铁内部回到 N 极。

与用电动势、电流、电阻描述电路相类似,在磁路中,分别用磁动势、磁通量、磁阻来描述磁路。

1) 磁动势

通电螺线管产生的磁场与线圈中的电流有关,电流越大,通过线圈的磁通量越大;另外通电螺线管产生的磁场还和线圈的匝数有关,线圈的匝数越多,磁通量就越大。由此可见,线圈的匝数和通过线圈的电流决定了线圈中磁通量的多少。

通过线圈的电流和线圈匝数的乘积称为磁动势,用 E_m 表示,公式为:

$$E_m = IN \tag{3-5}$$

式(3-5)中,I 表示通过线圈的电流,单位为安培(A);N 表示线圈的匝数;E_m 为磁动势,单位为安培(A)。

2) 磁阻

在图 3-10 所示的实验中,磁感应线"很愿意"通过铁板而"不太愿意"通过玻璃板的原因是各种材料对磁通都有阻碍作用,铁对磁通的阻碍作用远远小于玻璃材料对磁通的阻碍作用。磁通和电流一样,有走阻碍作用小的路径的倾向。

磁通通过磁路时所受到的阻碍作用叫磁阻,用符号 R_m 来表示。磁路中磁阻的大小与磁路的长度 l 成正比,与磁路的横截面积 S 成反比,还与磁路中所用材料的磁导率 μ 有关,即:

$$R_m = \frac{l}{\mu S} \tag{3-6}$$

式(3-6)中,l 的单位是米(m);S 的单位是平方米(m²);μ 的单位是亨/米(H/m);R_m 的单位是 1/亨(1/H)。

2. 磁路的欧姆定律

通过磁路的磁通与磁动势成正比,与磁阻成反比,这个规律叫磁路欧姆定律,即:

$$\Phi = \frac{E_m}{R_m} \tag{3-7}$$

式(3-7)中,磁动势 E_m 的单位为安培(A);磁阻 R_m 的单位是 1/亨(1/H);磁通 Φ 的单位为韦伯(Wb)。

磁路欧姆定律与电路的部分电路欧姆定律很相似,现将它们的物理量对照如表 3-1 所示。

电路和磁路的物理量对照表　　　　　　　表 3-1

电　路	磁　路
电流:I	磁通量:Φ
电阻:$R = \rho \dfrac{l}{S}$	磁阻:$R_m = \dfrac{l}{\mu S}$
电阻率:ρ	磁导率:μ
电动势:$E = \dfrac{W}{q}$	磁动势:$E_m = IN$
电路的欧姆定律:$I = \dfrac{E}{R}$	磁路的欧姆定律:$\Phi = \dfrac{E_m}{R_m}$

例 3.1 铁环的磁导率为 $4\pi \times 10^{-5}$ H/m，长度为 3.14m，截面积为 25cm^2，试计算其磁阻。若铁环上绕着 200 匝的线圈，流过的电流为 2A，求其产生的磁通。

解：
$$R_\text{m} = \frac{l}{\mu S} = \frac{3.14}{4\pi \times 10^{-5} \times 25 \times 10^{-4}} = 10^7 (1/\text{H})$$

$$\Phi = \frac{E_\text{m}}{R_\text{m}} = \frac{200 \times 2}{10^7} = 4 \times 10^{-5} (\text{Wb})$$

五、电磁感应

1. 电磁感应定律

知道电流可以产生磁场以后，人们就会反过来问：磁场是否可以产生电呢？回答是肯定的。英国物理学家法拉第经过了无数次的挫折和失败，终于在 1831 年通过实验发现了电磁感应现象，使"磁生电"的梦想变成了现实，为科学的发展和人类的进步做出了卓越的贡献。

1) 电磁感应现象

如图 3-11 所示，当导体向左或向右运动时，检流计的指针就发生偏转；若导体不动，让磁场向左或向右运动时，检流计的指针也同样发生偏转。说明以上两种情况下电路中产生了电流。但是若导体不动或者沿磁场上下运动时，则检流计指针不动，电路中没有电流。上述实验证明：闭合回路中部分导体切割磁感应线时，电路中就有电流产生。

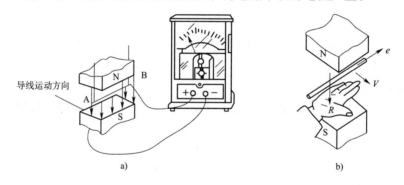

图 3-11 电磁感应实验图（一）

那么如果不发生导体和磁场的相对运动，电路中是否就不会产生电流呢？

如图 3-12 所示，当条形磁体插入或拔出线圈时，检流计也发生左右偏转，说明回路中有电流的产生；当磁铁静止不动或以相同速度随线圈一起上下运动时，检流计的指针不偏转，即电路中没有电流。

上述实验证明：不论用什么方法，只要穿过闭合回路的磁通量发生变化，闭合回路中就有电流产生，电流方向与穿过闭合回路的磁通量的变化情况有关。

在图 3-13 中，当调节滑动变阻器，使线圈 A 中的电流发生变化时，线圈 B 中由于磁通量发生了变化也同样可以产生感应电流。

综上所述，这种由于穿过闭合回路的磁通量发生变化而产生电流的现象，叫电磁感应现象。由于电磁感应现象而产生的电动势叫感应电动势，产生的电流叫感应电流。

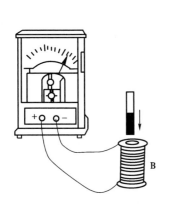
图 3-12 电磁感应实验图(二)
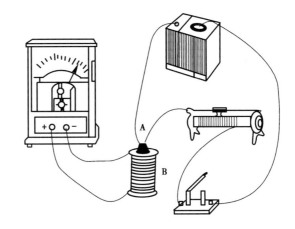
图 3-13 电磁感应实验图(三)

2)感应电流的方向

(1)右手定则。

闭合回路的部分导体做切割磁感应线运动时,产生的感应电流方向可用右手定则来判定:伸出右手,使大拇指和其余四指垂直,并与手掌在同一平面内,让磁感应线垂直穿过掌心,大拇指指向导体的运动方向,则四指所指的方向即是感应电流的方向,如图 3-11b)所示。

需要指出的是:判断感应电动势的方向时,可把导体看成一个电源,在导体内部,电动势的方向由负极指向正极,感应电流与感应电动势的方向相同。如果直导体和其他元件不形成闭合电路,导体中只产生感应电动势,不产生感应电流,直导体相当于一个外电路断开的电源。

(2)楞次定律。

当线圈中的磁通量发生变化时,线圈中也会产生感应电动势。楞次通过大量的实验总结出以下定律:感应电流产生的磁通量总是阻碍原磁通量的变化。原磁通量要增加时,感应电流就要产生一个磁通去阻碍它增加;当线圈中的磁通量要减少时,感应电流就要产生一个磁通去阻碍它减少。

利用楞次定律判断感应电流的方向,具体步骤如下:

①确定原磁通的方向及其变化趋势是增加还是减少。

②由楞次定律确定感应电流的磁通方向是与原磁通同向还是反向(增反减同)。

③根据感应电流产生的磁通方向,用右手螺旋定则确定感应电流的方向,即感应电动势的方向。

3)感应电动势的大小

(1)通电直导体切割磁感应线产生的感应电动势的大小。

在均匀磁场中,做切割磁感应线运动的直导体,其感应电动势的大小与磁感应强度 B、导体的长度 L、导体的运动速度 v 以及导体运动方向与磁感应线之间的夹角 α 的正弦值成正比,即:

$$e = BLv\sin\alpha \tag{3-8}$$

感应电动势的单位为伏特(V)。

(2)线圈中的感应电动势的大小。

1831年,英国物理学家法拉第通过大量实验总结出:线圈中感应电动势的大小与线圈中磁通量的变化快慢(即变化率)及线圈的匝数的乘积成正比,把这个规律叫法拉第电磁感应定律,即:

$$e = \left| -N\frac{\Delta\varphi}{\Delta t} \right| = \left| -\frac{\Delta\Phi}{\Delta t} \right| \tag{3-9}$$

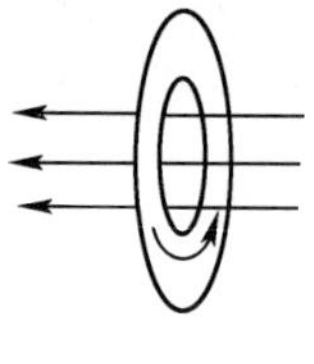

式(3-9)中,e 为感应电动势的平均值,负号表示感应电流所产生的磁通总是阻碍原来磁通的变化;N 为线圈的匝数;$\Delta\varphi$ 为 1 匝线圈的磁通变化量;$\Delta\Phi$ 为 N 匝线圈的磁通变化量;Δt 为磁通变化所需要的时间。

例 3.2 如图 3-14 所示,如果穿过圆环的磁通在 2s 内由 4×10^{-2} Wb 增加到 20×10^{-2} Wb,试求闭合圆环中感应电动势的大小和方向。

解:$\Delta\Phi = \Phi_2 - \Phi_1 = 20\times10^{-2} - 4\times10^{-2} = 16\times10^{-2}$ (Wb)

$$e = \left| -\frac{\Delta\Phi}{\Delta t} \right| = \frac{1\times16\times10^{-2}}{2} = 8\times10^{-2} \text{ (V)}$$

图3-14 例3.2图

根据楞次定律判断,感应电动势的方向如图 3-14 中箭头所示。

2. 交流发电机的原理

工农业生产和日常生活中使用的正弦交流电是交流发电机产生的。单相交流发电机示意图如图 3-15 所示,它由固定在机壳上的一对磁极和可以绕轴自由转动的圆柱形电枢组成。磁极的作用是使气隙中的磁感应强度沿电枢周围按正弦规律分布,且磁感应线垂直于电枢表面。电枢的作用是当电枢转动时,嵌在电枢中的线圈做切割磁感应线运动而产生感应电动势。线圈的两端分别与装在电枢转轴上的两个彼此绝缘的滑环连接,滑环再经过电刷与外电路相连。

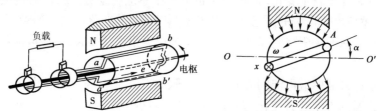

图3-15 单相交流发电机原理图

如图 3-15 所示,当电枢以角速度 ω 旋转时,电枢线圈的两条边将不断地切割磁感应线而产生感应电动势,大小为:

$$e = Blv = B_m lv\sin\alpha \tag{3-10}$$

若线圈的起始位置与中性面 OO' 的夹角为 φ,则经过时间 t 后,它们之间的夹角为 $\alpha = \omega t + \varphi$。这时产生的交流电动势的表达式为:

$$e = E_m \sin(\omega t + \varphi_e) \tag{3-11}$$

同理正弦交流电压和电流的瞬时表达式为:

$$u = U_m \sin(\omega t + \varphi_u) \tag{3-12}$$

$$i = I_m \sin(\omega t + \varphi_i) \qquad (3\text{-}13)$$

汽车用的发电机是三相同步交流发电机,如图3-16所示,它是由三组互成120°的绕组按星形连接或三角形连接后在旋转磁场中切割磁感应线产生3个相位差为120°的感应电动势 e_U、e_V、e_W。

3. 涡流

在具有铁芯的线圈中通入交流电时,就有交变的磁通穿过铁芯。根据楞次定律可知,在铁芯内部必然产生感应电流。由于这种电流在铁芯中自成闭合回路,其形状如同水中涡流,故称涡流,如图3-17所示。

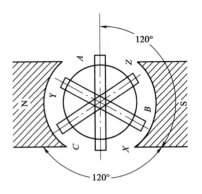

图3-16 汽车发电机原理图

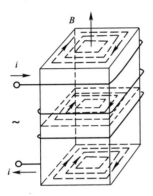 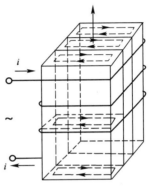

图3-17 涡流

涡流对含有铁芯的电机和电气设备是十分有害的。因为涡流不但消耗电能使电机和电气设备的效率降低,而且使铁芯发热造成设备因过热而损坏(通常人们把涡流引起的损耗和磁滞引起的损耗合称铁损)。此外,涡流有去磁作用,会削弱原磁场,这在某些场合下是十分有害的。

为了减小涡流,在低频范围内的电机和电器不用整块铁芯,而是用电阻率较大、表面涂有绝缘漆的硅钢片叠装而成的铁芯。

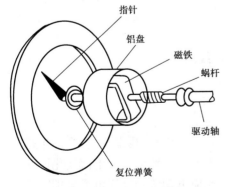

图3-18 机械传感式测速表

机械传感式车速表是利用涡流原理制成的,其指针固定于一个圆形铝盘转子上,铝盘下面有一对与车速成正比的旋转磁极。当磁铁旋转时,铝盘受到旋转磁场的作用产生感应电流——涡流。该涡流与旋转磁场相互作用后带动铝盘朝旋转磁场方向转动,当铝盘转动力矩与盘状弹簧弹力平衡时,指针就指示出一定的车速值,如图3-18所示。

4. 自感现象

如图3-19a)所示的实验电路,HL_1、HL_2是两个完全相同的灯泡,L 为铁芯线圈,RP_1、RP_2 为滑线变阻器。当合上开关时,HL_2 灯立即正常发光,而 HL_1 灯却是逐渐变亮。这是因为合上开关电流流入线圈时,该电流要产生一个磁场,线圈中通过的磁通量也随之增大,这个增大的磁通会在线圈中产生感应电动势,感应电动势产生的磁场会阻碍原磁通的变化。根据安培定则可知感应电流的方向与原流进线圈的电流的方向相反。因此,流进线圈的电流不能很快升高,HL_1 灯只能慢慢变亮。

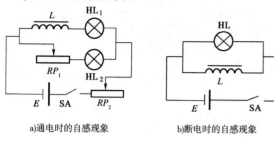

图 3-19 自感现象
a) 通电时的自感现象　b) 断电时的自感现象

如图 3-19b) 所示,当合上开关,灯泡正常发光后,线圈中也有电流通过,其方向从左到右。若突然把开关断开,灯泡会突然闪亮一下再熄灭。原来,断开开关后因电源被切断,线圈中的电流和磁通也就突然变小,于是线圈中产生一个感应电动势阻碍原磁通的减小。由楞次定律知道,感应电流的方向和原电流的方向相同。由于感应电动势一般都较高,则流过灯泡的感应电流就较大,从而使灯泡突然明亮地闪光。

这种由于流过线圈本身的电流发生变化,而引起的电磁感应现象叫自感现象,简称自感。自感现象中产生的感应电动势称为自感电动势,用 e_L 表示。自感电动势的大小和线圈电流的变化率成正比,即:

$$e_L = -L \frac{\Delta I}{\Delta t} \tag{3-14}$$

式 (3-14) 中,L 称为电感,其大小与线圈的匝数以及几何形状有关,还与线圈中的介质材料有关;$\frac{\Delta I}{\Delta t}$ 为电流的变化率,负号表示自感电动势的方向总是阻碍原电流的变化。自感电动势的方向仍然用楞次定律判断。

日光灯电路中有一个叫镇流器的铁芯线圈,在日光灯接通瞬间利用其产生的自感电动势与电源电动势叠加来点燃灯管。当日光灯点燃后,又用其分压作用来限制灯管的电流。当然像其他物理现象一样,自感现象有些场合被人们积极应用,有些场合却会给电气设备工作带来危害。含有大电感元件的电路在被切断的瞬间,由于电感两端产生的自感电动势很高,会在开关触点之间产生电弧,容易烧坏开关的触点引起火灾,所以这类开关通常装有灭火机构。汽车的点火线圈由于电流突然减小,会产生 200~300V 的自感电动势,方向与蓄电池的电动势方向相同,这两个电压相加会使触点之间产生火花,将触点烧坏。所以为了保护触点,通常在触点两端并联一个电容器,用来吸收储藏在线圈中的磁场能,从而达到保护触点的作用。

5. 互感现象

1) 互感现象的定义

如图 3-20 所示,电流 i_1 产生的变化磁通 Φ_1 沿磁路穿过线圈 N_2,线圈 N_2 就会产生感应电动势 e_{M2},如果 N_2 带上负载,就会有感应电流 i_2。这种由于一个线圈中的电流变化而使另一个线圈产生感应电动势的现象,称为互感现象,产生的感应电动势和感应电流分别叫互感电动势、互感电流。

实验证明,互感电动势的大小与互感系数的大小成正比,与另一个线圈的电流变化率成正比,即:

$$e_{M2} = -M\frac{\Delta i_1}{\Delta t} \quad (3\text{-}15)$$

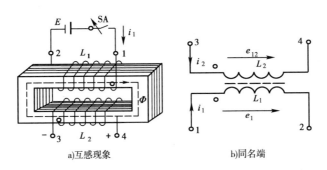

a)互感现象　　　　　　b)同名端

图 3-20　同名端

同理,若线圈 N_2 中的电流变化时,线圈 N_1 中也会产生感应电动势 e_{M1}:

$$e_{M1} = -M\frac{\Delta i_2}{\Delta t} \quad (3\text{-}16)$$

式(3-15)和(3-16)中的 M 被称为互感系数,它反映了两个线圈耦合的紧密程度,与两个线圈的自感系数等因数有关。

互感电动势的方向可依据楞次定律确定。

汽车电器中的点火线圈就应用了互感原理,当一次侧线圈中电流迅速通、断时,其周围的磁场便会发生相应的变化,从而在二次侧线圈中便产生 1.5 万伏左右的高压,用于点火,如图 3-21 所示。

2)同名端

互感线圈由于绕向一致而感应电动势的极性始终保持一致的端点叫同名端。同名端用符号"·"或"＊"表示。在标出同名端后,每个线圈的具体绕法及线圈间的相对位置可以不必在图中标出。

知道同名端后,就可根据电流的变化趋势,方便地判断出互感电动势的极性,如图 3-20 所示,设电流 i_1 由端点 2 流出并在

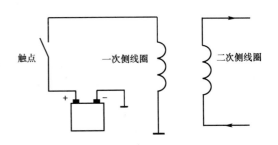

图 3-21　点火线圈示意图

减小,根据自感电动势的极性判别法可知,端点 2 为"＋",根据同名端的定义,可以判断出端点 4 的感应电动势也为"＋"。

六、磁场对电流的作用

电流能产生磁场,磁场在一定的条件下也可以产生电流。那么,磁场对电流有没有力的作用呢? 将一个通电导体放在磁场中时,通电导体也会在自己的周围产生磁场。由于磁场间的相互作用,通电导体必定受到力的作用。通电导体在磁场中受到的力叫安培力,又叫电磁力。

1. 磁场对通电直导体的作用

1）安培力的大小

在均匀的磁场中,通电直导体所受到的安培力 F 的大小与磁场的磁感应强度 B,直导体中的电流 I,直导体在磁场中的有效长度 L,直导体与磁感应线之间的夹角 α 的正弦成正比,即:

$$F = BIL\sin\alpha \tag{3-17}$$

讨论:①$\alpha = 90°$ 时,$\sin\alpha = 1$,$F = BIL\sin\alpha = BIL$,安培力为最大值。

②$\alpha = 0°$,$180°$ 时,$\sin\alpha = 0$,$F = 0$,导体不受力的作用。

③$0° < \alpha < 180°$ 时,导体受到的安培力介于零和最大值之间。

2）左手定则

通电直导体在磁场中的受力方向可用左手定则来判定:平伸左手,使大拇指与四指垂直,让磁力线垂直穿过掌心,四指指向电流的方向,大拇指所指的方向即为安培力的方向,如图3-22所示。

汽车上用的直流电动机就是利用通电的电枢绕组在磁场中受到安培力的作用产生电磁转矩而转动的。三相异步电动机则是利用有感应电流通过的转子导体受到旋转磁场的作用力而旋转的。

2. 霍尔效应

如图3-23所示,把一块厚度为 d 的半导体薄片放在磁场中。如果在薄片的纵向上通入一定的控制电流 I,那么在薄片的横向两端就会出现一定的电势差 U_H。这个现象就叫霍尔效应,这个电势差叫作霍尔电压。实验证明:霍尔电压 U_H 与控制电流 I 和磁感应强度 B 成正比,即:

$$U_H = R_H \frac{IB}{d} \tag{3-18}$$

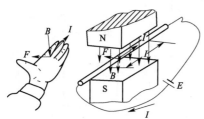

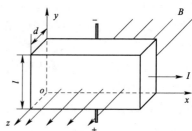

图3-22 通电导体在磁场中受力方向的判断　　图3-23 霍尔效应

式(3-18)中,R_H 为霍尔系数,其值与材料电荷密度成反比。

如果撤去磁场或控制电流,霍尔电压也随之消失。霍尔电压的极性,可以用带电粒子在磁场中运动时受到电磁力的作用来判定:把左手伸开,让磁感应线穿过掌心,四指指向控制电流的方向,则大拇指所指方向即是霍尔电压 U_H 的"+"端。

桑塔纳和奥迪轿车上用的霍尔式点火系即是应用霍尔效应,用信号发生器输出高低电位时间比为 7:3 的方波来进行触发并控制点火系工作的。

3. 电磁铁

电磁铁由磁化线圈、铁芯和衔铁3个主要部分组成,如图3-24所示。当电磁铁的磁化线圈通入电流以后,电流所产生的磁通经过铁芯和衔铁形成闭合回路,使铁芯和衔铁磁化。因为磁感应线是从北极出来,从南极进去的。故铁芯和衔铁被磁化后磁性相反。根据异名磁极相互吸引的原则,可动衔铁就受到电磁吸力的作用而被吸向铁芯。有的电磁铁没有衔铁,那么靠近它的其他铁磁物质(如被搬运的钢铁件)就相当于衔铁,磁通通过被吸物体构成闭合磁路。

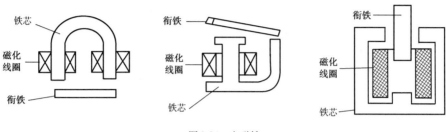

图 3-24　电磁铁

4. 继电器

简单地说,继电器就是一种电磁开关。它是一种根据信号(如电压、电流、时间、转速、温度、压力等)的变化,接通或断开控制电路,用以自动控制与保护电器传动装置的电器。继电器的种类很多,常用的有中间继电器、电流继电器和时间继电器。

1) 中间继电器

中间继电器的作用是用来传递信号或同时控制多个电路,也可直接用它来控制小容量电动机或其他电器执行元件。如汽车电喇叭电路中的继电器(图 3-25),其蓄电池电压加至继电器线圈的一端,另一端接喇叭按钮。只要按下喇叭按钮,电流就流过继电器线圈,使继电器铁芯产生电磁吸力,将继电器触点吸合从而连通电路,蓄电池电压加至喇叭使喇叭发出声音。松开喇叭按钮时,继电器线圈断电,铁芯电磁吸力消失,触点在自身弹力作用下张开,切断喇叭电路,电喇叭停止发音。

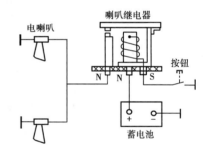

图 3-25　双音电喇叭继电器电路

由于继电器线圈的阻值很大,故通电时,继电器线圈电路中电流很小(约 0.25A),而喇叭电路往往通过较大的电流(20A 以上),这时中间继电器就起到了以小电流控制大电流的作用。

2) 电流继电器

电流继电器是反映电流变化的继电器,通常与负载串联。电流继电器通常用于工作时容易过载的电路,俗称电路断电器。有些电路断电器必须手按按钮才能复位;循环式断电器是自己复位的,它是应用双金属片对电流起反应的特性来实现控制的。当出现过载或电路故障引起电流过大时,双金属片被通过的大电流加热而弯曲,触点张开使电路切断。双金属片冷却后会再次将触点闭合,如果电路中电流仍然过大,则继电器触点将再次张开,直到不过载为止。

在汽车电路中,电动升降窗系统中常使用这种继电器。当窗缝结冰升降受阻时,电路可能过载而出现较大电流。这时,电路断电器会因受热而切断电路,从而避免损坏电动机。故障不排除,电路断电器就会循环打开和闭合,直到故障被排除后,电动升降窗才能正常动作。

3) 时间继电器

时间继电器是一种利用电磁原理或机械原理实现延时控制的控制电器。它的种类很多,有空气阻尼型、电动型和电子型等。在交流电路中常采用空气阻尼型时间继电器(图3-26),它是利用空气通过小孔节流的原理来获得延时动作的。它由电磁系统、延时机构和触点三部分组成。当线圈通电时,衔铁及托板被铁芯吸引而瞬时下移,使瞬时动作触点接通或断开。但是活塞杆和杠杆不能同时跟着衔铁一起下落,因为活塞杆的上端连着气室中的橡皮膜,当活塞杆在释放弹簧的作用下开始向下运动时,橡皮膜随之向下凹,上面空气室的空气变得稀薄而使活塞杆受到阻尼作用而缓慢下降。经过一定时间,活塞杆下降到一定位置,便通过杠杆推动延时触点动作,使动断触点断开,动合触点闭合。从线圈通电到延时触点完成动作,这段时间就是继电器的延时时间。延时时间的长短可以用螺钉调节空气室进气孔的大小来改变。吸引线圈断电后,继电器依靠复位弹簧的作用而复原。空气经出气孔被迅速排出。

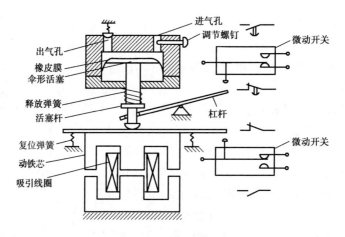

图 3-26 空气阻尼型时间继电器

习题一

1. 如图 3-27 所示,开关从闭合到断开的瞬间,CD 导体中是否产生感应电流,为什么?如果产生,方向如何?

2. 在 $B = 0.8T$ 的匀强磁场中,长 $L = 10cm$ 的导线在垂直于磁感应线方向上以 $v = 10m/s$ 的速度向上运动,如图 3-28 所示,求该导线中感应电动势的大小和方向。

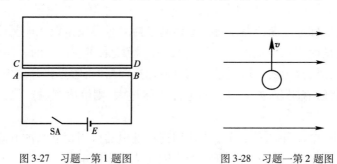

图 3-27 习题一第 1 题图   图 3-28 习题一第 2 题图

3. 某线圈中的磁通在 0.1s 内均匀地由 0 增加到 1.8×10^{-4} Wb 时,线圈中产生的感应电动势为 3.6V,求该线圈的匝数。

4. 一个空心环形螺旋线圈,其平均长度为 30cm,横截面积为 $10cm^2$,匝数等于 10,线圈中的电流为 10A,求线圈的磁阻、磁动势及磁通。

5. 已知在磁通密度 $B = 0.5$T 的匀强磁场中有一个 $60cm^2$ 的平面,试求当磁感应线与平面垂直时和磁感应线与平面成 60°角时,通过该平面的磁通分别为多大?

6. 已知硅钢片中,磁感应强度 $B = 1.6$T,磁场强度 $H = 5$A/cm,求硅钢片的相对磁导率。

7. 电感 $L = 0.5$H 的线圈中的电流在 50ms 内由 30A 减小到 15A,求线圈中自感电动势的大小。

课题二 变 压 器

预备知识:电磁感应知识,磁路的知识。

一、变压器的基本结构及工作原理

1. 变压器的基本结构

变压器是根据电磁感应原理制成的一种静止电器。它可以把某一大小的交流电压变换成同频率的另一大小的交流电压;也可将大电流变换成小电流或将小电流变换成大电流;还可以变换阻抗使电路达到匹配状态。

变压器的种类很多,根据用途可分为:

①用于输变电系统的电力变压器。

②用于实验室等场所的调压变压器。

③用于测量电流、电压的电压互感器、电流互感器。

④用于电子线路的输入、输出耦合变压器。

变压器的种类虽然多,但其结构都基本相似,由铁芯和绕组组成。铁芯构成了变压器的磁路。铁芯一般采用相互绝缘的硅钢片叠压而成,这是因为它的磁导率较大,剩磁小、涡流、磁滞损失小的缘故。硅钢片的厚度为 0.35~0.5mm。通讯用的变压器铁芯常用铁氧体铝合金等磁性材料制成。

变压器的绕组是变压器的电路部分,用紫铜材料制成的漆包线或丝包线绕成。在工作时,与电源相连的绕组叫原绕组或初级绕组(也称一次侧绕组);与负载相连的叫副绕组或次级绕组(也称二次侧绕组)。制造变压器时,低压绕组要安装在靠近铁芯的内层,高压绕组装在外层,这项措施使低压绕组与铁芯之间的绝缘可靠性得到增加,同时可降低绝缘的耐压等级。变压器的高压和低压绕组之间、低压绕组和铁芯之间必须绝缘良好,为获得良好的绝缘性能,除选用规定的绝缘材料外,还利用了烘干、浸漆、密封等生产工艺。

变压器除了有完成电磁感应的基本部分铁芯和绕组外,较大容量的变压器还具有冷却设备和保护装置。

常见的变压器结构形式有芯式(图 3-29)和壳式(图 3-30)两种。芯式变压器的特点是绕组包围铁芯，它的用铁量少，结构简单，多用于大容量变压器中；壳式变压器的特点是铁芯包围绕组，它的用铜量较少，常用于小容量变压器中。

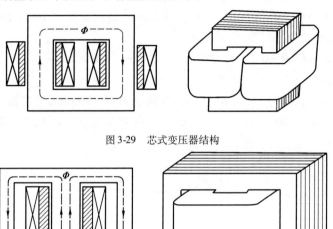

图3-29　芯式变压器结构

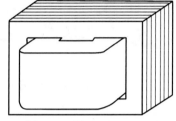

图3-30　壳式变压器结构

2. 变压器的工作原理

如图3-31所示，设变压器的原绕组匝数为 N_1，副绕组的匝数为 N_2，输入电压、电流为 u_1 和 i_1，输出电压、电流为 u_2 和 i_2。

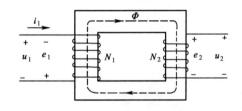

图3-31　变压器的空载运行原理图

1）变压器变换电压的作用

（1）变压器的空载运行。

在图3-31中，因为没有负载，所以 $i_2 = 0$，这时原绕组中有电流 i_0，该电流叫空载电流，其主要作用是在磁路中产生磁通 Φ，所以叫励磁电流。一般大、中型变压器的励磁电流为一次绕组额定电流的 $3\% \sim 8\%$。

由于 u_1 和 i_0 是按正弦规律交变的，所以在铁芯中产生的磁通 Φ 也是正弦交变的。在交变磁通的作用下，原、副绕组将产生正弦交变感应电动势。原、副绕组的感应电动势的有效值为：

$$e_1 = 4.44fN_1\Phi_m \tag{3-19}$$

$$e_2 = 4.44fN_2\Phi_m \tag{3-20}$$

由于变压器采用铁磁材料作磁路，所以磁漏很小，可以忽略。空载电流很小，原绕组很小，原绕组上的压降可以忽略，这样，原、副绕组两边的电压近似等于原、副边绕组的电动势，即：

$$U_1 \approx E_1 \tag{3-21}$$

$$U_2 \approx E_2 \tag{3-22}$$

$$\frac{U_1}{U_2} \approx \frac{E_1}{E_2} \approx \frac{4.44fN_1\Phi_m}{4.44fN_2\Phi_m} \approx \frac{N_1}{N_2} = K \tag{3-23}$$

式(3-23)中的 K 称为变压器的变比。当 $K>1$ 时,$U_1>U_2$,$N_1>N_2$,变压器为降压变压器;反之 $K<1$ 时,$U_1<U_2$,$N_1<N_2$ 变压器为升压变压器。

在一定的输出电压范围内,从副绕组上抽头,可输出不同的电压,得到多输出变压器。

(2)变压器的负载运行。

在图 3-32 中,在变压器的副边接上负载 Z_2,变压器就处于负载运行状态。这时副绕组中就有电流 i_2,它的大小由副绕组的电动势 e_2 和负载的阻抗 Z_2 决定,随着负载电流 i_2 的出现,副绕组中要产生一个与原磁通 Φ 相反的磁通 Φ',以减小 Φ;原绕组中的电流将变成 i_1。原、副绕组的电阻、铁芯的磁滞损耗、涡流损耗都会消耗一定的能量,但该能量通常都远远小于负载消耗的电能,在分析计算时,可把这些损耗忽略。$\dfrac{U_1}{U_2} \approx \dfrac{E_1}{E_2} \approx \dfrac{N_1}{N_2} = K$ 依然成立,且变压器的输入功率等于负载消耗的功率,即:

$$U_1 I_1 = U_2 I_2 \tag{3-24}$$

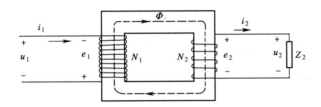

图 3-32 变压器负载运行原理图

2)变压器变换电流的关系

由式(3-23)和(3-24)得:

$$\dfrac{I_1}{I_2} = \dfrac{U_2}{U_1} = \dfrac{N_2}{N_1} = \dfrac{1}{K} \tag{3-25}$$

变压器带负载工作时,原、副边的电流有效值与它们的电压或匝数成反比,变压器在变换电压的同时,电流也跟着变换。

3)变压器变换阻抗的作用

变压器副边接入的绕组为 Z_2,原边的绕组为 Z_1,根据交流电路的欧姆定律:

$$Z_2 = \dfrac{U_2}{I_2},\ Z_1 = \dfrac{U_1}{I_1}$$

又因为:

$$U_1 = \dfrac{N_1}{N_2} U_2,\ I_1 = \dfrac{N_2}{N_1} I_2$$

所以:

$$Z_1 = \dfrac{U_1}{I_1} = K^2 \dfrac{U_2}{I_2} = K^2 Z_2$$

即:

$$\dfrac{Z_1}{Z_2} = K^2 \tag{3-26}$$

例 3.3 一台降压变压器,额定电压 $U_{1e}=10\text{kV}$,$U_{2e}=400\text{V}$,供给负载的额定电流 $I_{2e}=$

250A。求变压比 K 和原边的额定电流 I_{1e}。

解：
$$K = \frac{U_{1e}}{U_{2e}} = \frac{10 \times 1000}{400} = 25$$

$$I_{1e} = \frac{I_{2e}}{K} = \frac{250}{25} = 10(\text{A})$$

例 3.4 电源变压器的输入电压为 220V，输出电压为 22V，求变压器的变压比，若变压器的负载为 $R_2 = 11\Omega$，求原、副边的电流 I_1、I_2 及等效到原边的阻抗 R_1。

解：
$$K = \frac{U_2}{U_1} = \frac{220}{22} = 10$$

$$I_2 = \frac{U_2}{R_2} = \frac{22}{11} = 2(\text{A})$$

$$I_1 = \frac{N_2}{N_1}I_2 = \frac{1}{K}I_2 = \frac{2}{10} = 0.2(\text{A})$$

$$R_1 = K^2 R_2 = 10^2 \times 11 = 1100 = 1.1 \times 10^3 (\Omega)$$

二、常用变压器简介

1. 自耦变压器

自耦变压器也叫调压变压器，原理电路如图 3-33 所示。

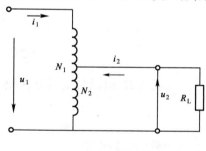

图 3-33 自耦变压器

自耦变压器的铁芯上只有一个绕组，原、副绕组是共用的，副绕组（低压绕组）是原绕组（高压绕组）的一部分，它可以输出连续可调的交流电压，调节滑动端的位置，就可以改变 N_2，即可改变输出电压 u_2。

自耦变压器在使用时，原、副边电压不能接错。在使用前，应将输出电压调至零，接通电源后，慢慢转动手柄调节出所需电压。原、副边的电压、电流、阻抗变换关系式依然成立。

2. 互感器

互感器是一种为了保障操作人员与仪表安全的一种电器装置，它使仪表和操作人员跟高电压或大电流隔离。

1）电压互感器

电压互感器（图 3-34）是用来测量电网高压的一种专用变压器，它能把高电压变换成低电压进行测量。从本质上讲电压互感器是一个降压变压器。在使用时，原绕组并联在高压电源上，副绕组接低压电压表，只要读出电压表的示数 U_2，即可计算出待测高压 $U_1 = KU_2$。

实际使用时，为便于实现与电压互感器配套使用仪表的标准化，不论原边高压为多少，低压额定值均为 100V。使用时应根据供电线路的电压来选择电压互感器。如互感器标有 10000V/100V，电压表的示数为 88V，则 $U_1 = KU_2 = 100 \times 88 = 8800(\text{V})$。

使用电压互感器时，副绕组的一端和铁壳应可靠搭铁，以确保使用安全。

 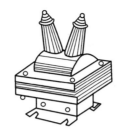 

图 3-34 电压互感器

2）电流互感器

电流互感器（图 3-35）是用来测量大电流的专门变压器。使用时原绕组要串联在电源线上，将大电流通过副绕组变成小电流，由电流表读出其电流值。

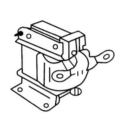 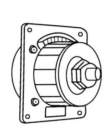 

图 3-35 电流互感器

由于原绕组匝数很少（最少仅为 1 匝），绕组的线径较粗；副绕组的匝数较多，通过的电流较少，但副绕组上的电压很高。电流关系为：

$$I_1 = \frac{I_2}{K}$$

为了便于和仪表配套，实现标准化，电流互感器不论原边电流多大，副边电流额定值均为 1A 或 5A。如某电流互感器标有 100A/5A，电流表的读数为 3A，则 $I_1 = \frac{I_2}{K} = \frac{100 \times 3}{5} = 60(A)$。

由于电流互感器的副绕组的电压很高，使用时严禁开路，副绕组一端和外壳都应可靠搭铁。

钳形电流表是由电流互感器及其配套的电流表组装成一体的便携式仪表，形如一把钳子，故称钳形电流表，量程为 5~1000A。它有一个与电流表接成闭合回路的副绕组以及一个可开合的铁芯。测量时先张开铁芯，套进被测电路的导线，这根导线相当于电流互感器的原绕组。当电流不很大、电路又不便分断时，用钳形表测量很方便。

3. 小型电源变压器

小型变压器在工业生产中应用广泛。它在副绕组上制作了多个引出端，可以输出 3V、6V、12V、24V、36V 等不同电压。

4. 三相变压器

电力生产一般都用三相交流发电机，对应的电力输送则采用三相三线制或三相四线制。

为了减少电能在传输过程中的损耗,需要把生产出来的电能用三相变压器升压后再输送出去,到了用户后,再用三相变压器降压后供用户使用。

三相变压器由3个相互独立的单相变压器组成。它们的原、副边绕组根据需要可接成星形或三角形,原边绕组与电源相连,副边绕组与三相负载相连,构成三相电路。三相变压器在运行时绕组的接法很多,例如Y/Y_0、$Y/\triangle$、$\triangle/Y_0$、$\triangle/\triangle$、$\triangle/Y$等,斜线左方表示原绕组的接法;右方表示副绕组的接法;Y表示无中性线、Y_0表示有中性线。图3-36和图3-37分别为$Y/\triangle$型和Y/Y_0型三相变压器。

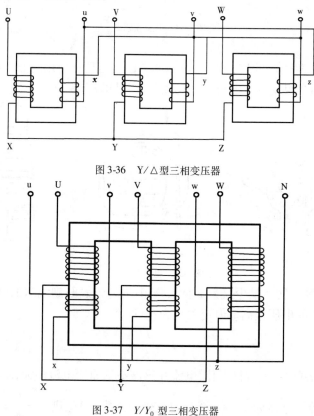

图3-36 $Y/\triangle$型三相变压器

图3-37 Y/Y_0型三相变压器

三、变压器的功率和铭牌

1. 变压器的功率

变压器带上负载后,原边的输入功率为$P_1 = U_1 I_1 \cos\varphi_1$。其中$U_1$、$I_1$、$\varphi_1$分别为原边电压、原边电流、原边电压和原边电流的相位差。

副边的输出功率为$P_2 = U_2 I_2 \cos\varphi_2$。其中$U_2$、$I_2$、$\varphi_2$分别为副边电压、副边电流、副边电压和副边电流的相位差。

通常把输出功率P_2与输入功率P_1的比值叫作变压器的效率,用η表示,即:

$$\eta = \frac{P_2}{P_1} \times 100\% \tag{3-27}$$

在满载的情况下,变压器的效率是比较高的。大容量变压器效率可达98%~99%,小型变压器的效率在70%~80%之间。

2. 变压器的铭牌

在变压器的外壳上都装着一块铝牌,上面登载这台变压器的一些额定数据以及接法等,这就是铭牌。

(1)型号。

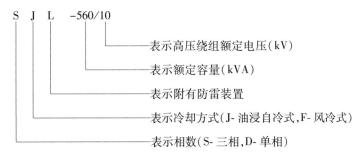

(2)额定容量。指副边的最大视在功率,用 S 表示。

(3)额定电压。变压器在空载时的电压,用 U_1/U_2 表示。

(4)额定电流。变压器在正常运行时的允许通过的最大电流。

习题二

1. 一台变压器的原绕组匝数为1056匝,电压为380V,现要在副绕组上获得36V的机床安全照明电压,求副绕组的匝数。若负载为两只60W的灯泡,不考虑变压器的损耗,求原、副绕组的电流。

2. 电压互感器的电压比为10000V/100V,电压表的读数为75V,求供电线路的电压。

3. 电流互感器的电流比为300A/5A,若电流表的读数为3.5A,求供电线路中的电流。

4. 某台变压器的一次侧电压 $U_1=1000$V,二次侧电压 $U_2=220$V,在二次侧接10kW的电炉,问变压器的一、二次侧的电流各是多少?

5. 一台变压器,原绕组匝数 $N_1=500$,副绕组匝数 $N_2=25$,原绕组所加的电压 $U_1=220$V,求副绕组电压 U_2。若副绕组接的负载中电流 $I_2=20$A,求原绕组中电流 I_1。

6. 电源变压器的输入电压为220V,输出电压为11V,求该变压器的变压比,若变压器的负载 $R_2=5.5\Omega$,求原、副绕组中的电流 I_1、I_2 及等效到原边的阻抗 R_1。

单元小结

1. 磁体的周围存在磁场,磁场对放在其中的磁体和电流有力的作用。磁场可用磁感应线来形象描述。磁感应线的疏密程度表示该处的磁场强弱,磁感应线上每一点的切线方向表示该点的磁场方向。

2. 磁感应强度 B 是描述磁场中各点磁场强弱和方向的物理量,$B=F/IL$($B \perp I$ 时)。磁感应强度方向就是该点的磁场方向。

3. 磁场强度是指磁场中某点的磁感应强度与媒介质的绝对磁导率的比值:$H=\dfrac{B}{\mu}$。

4. 铁磁材料在磁化和反复磁化过程中具有高导磁、磁饱和和磁滞性。根据磁化过程的特性可分为软磁材料、硬磁材料、矩磁材料 3 种。

5. 通电导体的周围空间存在着磁场。电流产生的磁场可用安培定则来判定。

6. 磁感应线(磁通)所经过的路径就叫磁路。通过磁路的磁通与磁动势成正比,与磁阻成反比,这个规律叫磁路欧姆定律,即 $\Phi = E_m/R_m$。

7. 由于穿过闭合回路的磁通量发生变化而产生电流的现象,叫电磁感应现象。闭合回路的部分导体做切割磁感应线运动时,产生的感应电动势(感应电流)方向可用右手定则来判定,大小:$e = BLv\sin\alpha$。

8. 线圈中的感应电动势的方向用楞次定律判断,感应电动势的大小:$e = |-N\Delta\varphi/\Delta t| = |-\Delta\Phi/\Delta t|$。

9. 磁场对通电直导体的作用力的大小:$F = BIL\sin\alpha$。力的方向用左手定则判定。

10. 变压器是由铁芯和绕组两大部分组成的静止电器,可以变换电压、电流和阻抗。

实训　单相变压器的空载、负载实验及变压比、变流比的测量

一、实验目的

(1)测定变压器的空载电流。
(2)测定变压器的变压比。
(3)测定变压器的变流比。

二、实验器材

(1)单相交流电源(220V)。
(2)单相小功率变压器 1 台。
(3)交流电流表 2 只。
(4)交流电压表 2 只。
(5)滑动变阻器 1 只。

三、实验电路图

实验电路图如图 3-38 所示。

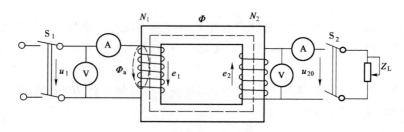

图 3-38　变压器的测定原理图

四、实验原理

当原边输入交流电压 u_1 而副边的电阻断开时,变压器处于空载状态,此时原绕组中只有较小的电流 i_0 通过,此时副边绕组相当于开路,所以无电流通过,副边上的电压 u_{20} 等于副边的电动势,此时变压比:

$$K = \frac{U_1}{U_{20}}$$

当原边输入交流电压 u_1,副边绕组接上负载时,变压器处于负载运行状态。此时原边中有电流 i_1 通过,副边中由于电磁感应产生感应电动势 e_2,负载上有电压 u_2 和感应电流 i_2 通过。此时变流比:

$$\frac{I_1}{I_2} = \frac{1}{K}$$

五、实验步骤

(1)按图 3-38 所示连好实验电路,接通原边单相交流电源,将负载断开,记录变压器的空载电流 I_0,原边电压 U_1 和副边开路电压 U_{20},并填入表 3-2,求出变压比。

(2)接通负载,记录原、副边电流 I_1 和 I_2,填入表 3-3。

(3)调节滑线变阻器改变负载,重新记录原、副边电流的值,填入表 3-3 中,重复做 3 次求平均,求出变流比。

六、实验数据记录(表 3-2、表 3-3)

空 载 运 行 状 态　　　　　　　　　　　　　　　　表 3-2

原边电压 U_1(V)	副边开路电压 U_{20}(V)	空载电流 I_0(A)	变压比 K

负 载 运 行 状 态　　　　　　　　　　　　　　　　表 3-3

次数	原边电流 I_1(A)	副边电流 I_2(A)	变流比	变流比平均
1				
2				
3				

单元四 电 机

电机是实现机电能量转换或信号转换的电磁机械装置,具有电能的产生、传输和使用或作为电量之间、电量与机械量之间变换器的功能。电机共同的特点是:根据电磁感应定律和电磁力定律进行能量转换。

19世纪末到20世纪上半叶,电机的发明和应用引发了第二次产业革命,人类从此进入了电气化时代。目前电机的应用十分广泛,它使我们的生活变得多姿多彩和舒适、便捷。如民用方面的吸尘器、挂钟、电冰箱、洗衣机、收录机、电吹风、电动玩具等;工商服务业上的机床、生产线、电梯、空调、地铁等。现代汽车中电机同样得到大量的应用:除发电机、起动机外,还有大量的分布在车上各个地方的电机,如刮水器、风窗玻璃洗涤器、电动油泵、自动天线、电动座椅、电动后视镜、电动车窗、电动车门、发动机散热器冷却风扇等部件的动力源都是电机。

电机的常见分类方式有两种,即:

(1)按电流类型分类。

(2)按功能分类。

发电机:将机械能转换为电能的装置。根据所利用能源的不同,分为汽轮发电机、核能发电机、水轮发电机。

电动机:将电能转换为机械能的装置。主要有直流电动机、交流电动机和通用电动机(即交直流两用电动机)。

控制电动机:不以功率传递为主要职能,而在电气机械系统中起调节、放大和控制作用。主要有伺服电动机、步进电动机、直线电动机等。

变压器、变流机、变频机、移相器:将一种形式的电能转化为另一种形式的电能。

本单元采用第二种分类方式,主要介绍电动机和发电机。

课题一 直流电动机

😊 **预备知识**:电磁感应、左手定则、右手定则、直流电路。

直流电动机是将直流电能转换为机械能的电动机。由于直流电机具有良好的调速性能和起动性能,因此在电力拖动中得到广泛应用。如大型可逆轧钢机、卷扬机、电力机车、电车等都采用直流电动机。汽车上最典型的直流电动机就是利用了直流电动机具有良好起动性能的特点。

直流电机具有可逆性,一台直流电机即可作为发电机使用,也可作为电动机使用。

一、直流电动机的基本结构

直流电动机主要由定子、转子、气隙三大部分组成。它的外形如图4-1所示,图4-1a)为一般工业用直流电动机,图4-1b)为汽车用直流电动机。定子和转子又都是由电磁部分和机械部分组成,以便满足电磁作用的条件,定子和转子之间的空隙称为气隙。

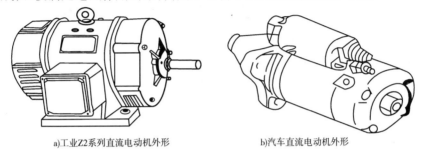

a)工业Z2系列直流电动机外形　　　　b)汽车直流电动机外形

图4-1　直流电动机

图4-2 显示的是一台工业用直流电动机的组成情况。

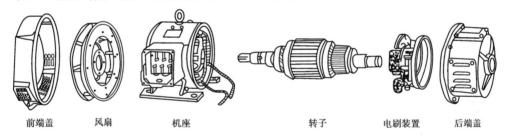

前端盖　　风扇　　机座　　　　转子　　电刷装置　　后端盖

图4-2　直流电动机的组成

图4-3 和图4-4 分别表示的是一台国产四极直流电机的结构装配图和断面结构剖面图。

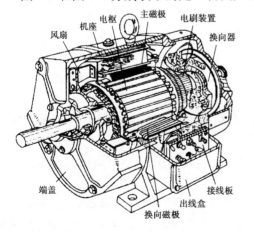

图4-3　直流电动机结构图

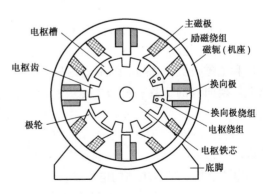

图4-4　直流电动机断面图

汽车直流起动机主要包括：直接传动起动机、减速传动起动机和永磁减速式起动机。起动机一般由直流电动机、单向传动机构、操纵机构三部分组成。图4-5为起动机用直流电动机结构。一般来讲，工业用直流电动机的工作电压较高，功率较大；而汽车用直流电动机多应用于低压、大电流的工作环境，功率相对较小。

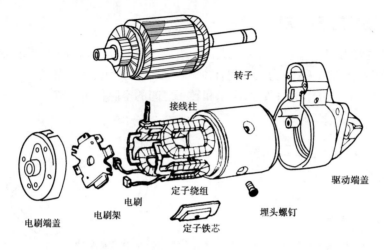

图4-5 起动机用直流电动机结构

1. 定子部分

直流电动机定子主要起产生主磁场和机械支撑的作用，分为励磁式和永磁式两类。

1）励磁式定子

定子主要由主磁极、机座、换向极、端盖、轴承、电刷装置等部件组成。

主磁极的作用是建立主磁场，装在机座的内壁，它由主磁极铁芯和励磁绕组组成。一般直流电动机的主磁极通过将直流电流通入套装在主磁极铁芯上的励磁绕组来建立的。主磁极的个数一定是偶数，励磁绕组的连接必须使得相邻主磁极的极性按N、S极交替出现的规律进行。汽车起动机一般采用4个磁极，功率较大的也有采用6个磁极的。

机座有两个作用：一是作为电动机磁路的一部分，起导磁作用；二是作为电动机的结构框架，起支撑作用，用以固定主磁极、换向磁极并支撑整个电动机的质量。机座一般用厚钢板弯成筒形以后焊成，或者用铸钢件（小型机座用铸铁件）制成。机座的两端装有端盖。

换向极：当直流电动机的容量超过1kW时，在相邻主磁极之间都要安装的一个小磁极，它的作用是改善直流电动机的换向情况，使电动机运行时不产生有害的火花。换向极结构和主磁极类似，是由换向极铁芯和套在铁芯上的换向极绕组构成，并用螺杆固定在机座上。换向极的个数一般与主磁极的极数相等，在功率很小的直流电动机中，也有不装换向极的。

端盖装在机座两端并通过端盖中的轴承支撑转子，将定转子连为一体，同时端盖对电动机内部还起防护作用。

电刷装置是把外电路的电压、电流引入电枢绕组或把电枢绕组中的电动势、电流引到外电路。它由电刷、电刷架、电刷弹簧和连线等部分组成，如图4-6所示。电刷是由耐磨、导电性能良好的石墨或金属石墨组成，放在电刷架内用电刷弹簧以一定的压力紧压在换向器的表面,旋转时与换向器表面形成滑动接触,电刷装置与换向器配合才能使电动机获得直流电动机效果。

2) 永磁式定子

永磁式直流电动机可以节省铁、铜等金属材料,在相同输出特性和体积时,可以减轻30%以上的质量;或在相同质量和体积时,可以提高50%的输出功率。永磁电动机需要的电流较小,适合由供电能力较低的汽车蓄电池供电,因此汽车上许多微型直流起动机都是采用永磁式的定子,其永磁材料有永磁铁氧体和稀土钕铁硼永磁等。

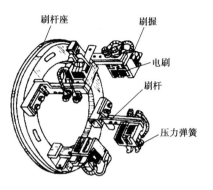

图4-6 电刷装置

2. 转子部分

直流电动机的转动部分称为转子,又称电枢。转子部分包括电枢铁芯、电枢绕组、换向器、转轴、轴承、风扇等,其基本结构如图4-7所示。

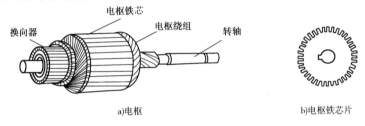

图4-7 电枢及其结构图

电枢铁芯既是主磁路的组成部分,又是电枢绕组支撑部分,电枢绕组就嵌放在电枢铁芯的槽内。电枢绕组由一定数目的电枢线圈按一定的规律连接组成。它既是直流电动机的电路部分,也是感应电动势产生电磁转矩并进行机、电能量转换的部分。

换向器(又称整流子)是由许多特殊形状的梯形铜片和起绝缘作用的云母片相互间隔叠装成圆筒形,凸起的一端称为升高片,用来与电枢绕组端头相连;下有燕尾槽,利用换向器套筒、压圈等将换向片及云母片紧固成一个整体。换向器装在转轴上,由许多具有鸽尾形的换向片排成一个圆筒,其间用云母片绝缘,两端再用两个V形环夹紧而构成,如图4-8所示。每个电枢线圈首端和尾端的引线,分别焊入相应换向片的升高片内。

图4-8 换向器及其结构

3. 气隙

定子部分与转子部分之间的空气间隙,它起到耦合定子部分与转子部分磁场的作用,气隙是否对称平衡直接影响到电动机的性能。

表4-1归纳了直流电动机的组成及各部分的作用。

直流电动机组成与各部分的作用　　　　　　　　　表4-1

类别	部件名称	作用	主要属于	材料
定子(产生主磁场和机械支撑)	主磁极	励磁绕组通入直流,建立气隙磁场	电磁部分	1～1.5mm低碳钢片叠制
	换向极	改善换向	电磁部分	整块钢或1～1.5mm钢片叠制
	电刷装置	与换向器配合,实现直流量和交流量之间的转换	电磁部分	石墨电刷
	机座	机械支撑并构成磁回路	电磁部分 机械部分	铸钢(小型电机),厚钢板焊接(大中型电机)
	端盖	支撑转子,对电动机内部还起防护作用	机械部分	铸铁
	轴承	支撑转轴,使轴运转灵活	机械部分	
转子(产生电磁转矩、产生感应电势)	电枢铁芯	构成磁路、嵌放电枢绕组	电磁部分	0.35～0.5mm硅钢片叠制
	电枢绕组	感应电势,承载电流,产生转矩	电磁部分	圆截面铜线或扁导线、空心导线
	换向器	与电刷配合,用机械换接的方法引入(出)直流电势	电磁部分	铜换向片和片间绝缘云母构成换向片
	风扇	对运行的电动机降温	机械部分	合金钢锻压
	转轴	传递转矩	机械部分	中碳钢或合金钢
气隙		耦合磁场	电磁部分	

二、直流电动机的工作原理

1. 直流电动机的工作原理

下面以一台最简单的两极直流电动机模型为例分析直流电动机的基本工作原理。

图4-9表示的是一台最简单的两极直流电动机模型。模型中固定部分(即定子)上有一对主磁极(N极和S极)和一对电刷,磁铁构成电动机模型的主磁极,旋转部分(即转子)上装设电枢铁芯和绕在环形铁芯上的绕组。定子与转子之间有气隙。在电枢铁芯上放置了由两根导体ab和cd连成的电枢线圈,线圈的首端和末端分别连到两个圆弧形的铜片上,此铜片称为换向片。换向片之间彼此绝缘,由换向片构成的整体称为换向器。换向器固定在转轴上,换向片与转轴之间亦互相绝缘。在换向片上放置着一对固定不动的电刷A和B,当电枢旋转时,电枢线圈通过换向片和电刷与外电路接通。

给直流电动机的两个电刷加上直流电源,如图4-10a)所示,则有直流电流从电刷A流入,经过线圈abcd,从电刷B流出,根据磁场对载流导体的作用可知,载流导体ab和cd受到电磁力的作用,其方向可由左手定则判定,两段导体受到的力如图4-10a)中所示,由于两段导体受力方向相反,且有一定距离,就形成了一个逆时针的转矩,使得转子朝逆时针方向转动。如果转子转到如图4-10b)所示的位置,电刷A和换向片2接触,电刷B和换向片1接触,直流电流从电刷A流入,在线圈中的流动方向是dcba,从电刷B流出。此时载流导体ab和cd受到电磁力的作用方向同样可由左手定则判定,它们仍然产生逆时针方向的转矩,使得转子继续按逆时针方向转动。尽管电刷上外加的电源是直流的,但由于电刷和换向片的作用,在线圈中流过的电流是交流的,导致其产生的转矩的方向保持不变,转子得以朝一个方向连续运转。这就是直流电动机的工作原理。

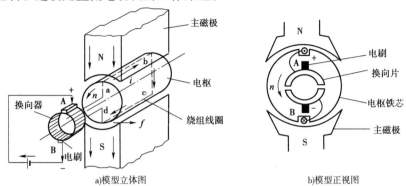

图4-9 直流电动机的物理模型

实际情况下直流电动机转子上的绕组并不是由一个线圈构成,而是由多个线圈连接而成,并且在电枢上相隔一定的角度嵌放不同的线圈组,以减少电动机电磁转矩的波动。

2. 直流电动机的反转

从直流电动机的工作原理可知,要改变直流电动机的旋转方向,就需要改变电动机的电磁转矩方向,而电磁转矩决定于主极磁通和电枢电流的相互作用。因此改变直流电动机的转

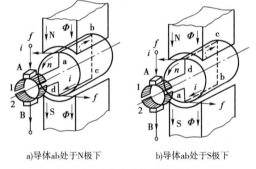

a)导体ab处于N极下　　b)导体ab处于S极下

图4-10 直流电动机的原理图

向的方法有两种:一种是改变励磁电流的方向;另一种是改变电枢电流的方向。若两者同时改变,则转向保持不变。

例4.1 汽车中电动车窗大多使用永磁电动机,电动车窗的升高或降低是通过调换电动机电枢的两个导线的极性来实现车窗升降电动机反转的。

三、直流电动机的分类

根据主磁场的不同可分为两类,一类是永久磁铁制成主磁极,称为永磁式;一类是在主磁极绕组通入直流电通过电磁感应产生主磁极,称为励磁式。汽车中应用广泛的起动系中,直流起动机一般都采用励磁式产生主磁极。直流电动机产生磁场的励磁绕组的接线方式称为励磁方式。励磁式直流电动机按照主磁极绕组与电枢绕组接线方式的不同,又可以分为自励式和他励式,其中自励式可进一步分为并励式、串励式、复励式3种。4种励磁方式接线如图4-11所示,其中 U 表示运行时加在电动机出线端的电源电压,I_a 表示电枢电流,I_f 表示励磁电流,I 为经过负载或电源供给电动机的总电流。

(1)他励式。励磁绕组与电枢绕组无连接关系,而由其他直流电源对励磁绕组供电的直流电动机称为他励直流电动机,接线如图4-11a)所示。图中 M 表示电动机。

(2)并励式。并励直流电动机的励磁绕组与电枢绕组并联,接线如图4-11b)所示。作

为并励发电机来说,其是由发电机本身发出来的端电压为励磁绕组供电;作为并励电动机来说,励磁绕组与电枢共用同一个电源,从性能上讲与他励直流电动机相同。并励式直流电动机的电流满足关系:$I = I_a + I_f$。

(3) 串励式。串励直流电动机的励磁绕组与电枢绕组串联后,再接于直流电源,接线如图4-11c)所示。这种直流电动机的励磁电流就是电枢电流,电流满足关系:$I = I_f = I_a$。

(4) 复励式。复励直流电动机有并励和串励两个励磁绕组,接线如图4-11d)所示。若串励绕组产生的磁通势与并励绕组产生的磁通势方向相同称为积复励。若两个磁通势方向相反,则称为差复励。

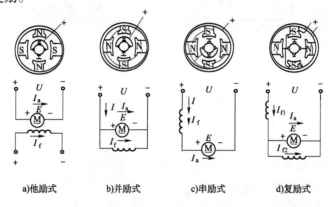

图4-11 直流电动机的励磁方式

不同励磁方式的直流电机有着不同的特性:一般情况直流电动机的主要励磁方式是并励式、串励式和复励式;直流发电机的主要励磁方式是他励式、并励式和和复励式。

四、直流电动机的工作特性与铭牌

1. 直流电动机的工作特性

直流电动机是将直流电能转换为机械能输出的一种旋转机械,因此需要掌握它的转速 n 与输出转矩 T 之间的关系。当电源电压为额定值,励磁电路电阻为常数时,电动机的电磁转矩 T 与转速 n 之间的关系,称为直流电动机的工作特性。下面分析不同励磁方式下直流电动机的工作特性。

①永磁式:由于磁通保持不变,电枢电流增大(电动机负载增加),使电磁转矩增大时,电动机转速下降并不明显,电动机的这种特性称为硬特性。

②他励式:由于流过电枢的电流不变,因此产生的磁通也保持不变,其工作特性与永磁式类似。

③串励式:当负载转矩增大时,流过电枢的电流增大,使磁极接近饱和,磁通增加较慢,转速随转矩的变化而急剧变化,电动机的这种特性又称为软特性。轻载时转速高,重载时转速低,对汽车起动发动机十分有利。

④并励式:当负载增加时,转矩随之增加,但由于电枢电阻较小,使得电动机转速下降不显著。

⑤复励式:工作特性介于串励和并励之间。

由于一般情况下,并励式直流电动机的励磁绕组与电枢绕组是并联在同一电源上,当外电压不变、励磁电阻不变时,每极磁通也基本不变,故永磁式、并励式、他励式直流电动机转速与转矩的关系基本相同,电动机转速随转矩的增加而近似按线性规律下降,但下降很慢,即特性较硬。

由相关理论可以推导出式(4-1)和式(4-2):

$$T = C_T \Phi I_a \tag{4-1}$$

式(4-1)中,T 为电磁转矩;Φ 为主磁通(每极);C_T 为电机转矩常数,与电动机结构有关。

$$n = \frac{E}{C_e \Phi} = \frac{U - I_a R_a}{C_e \Phi} \tag{4-2}$$

式(4-2)中,C_e 为电动势常数,与电动机结构有关;R_a 为电枢电阻。

图 4-12 表示的是不同励磁方式下直流电动机的工作特性。表 4-2 归纳了不同的励磁方式的特点特性及其在汽车上的应用。

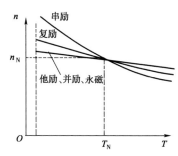

图 4-12 直流电动机的工作特性

例 4.2 在起动机起动的瞬间,因发动机的阻力矩很大,起动机处于完全制动状态。此时电枢转速为零,电枢电流达到最大值,转矩也相应地达到最大值。转矩与电枢电流的平方成正比,所以制动电流所产生的转矩很大,足以克服发动机的阻力矩,使发动机的起动变得很容易。这就是汽车起动机采用串励式电动机的主要原因之一。

不同的励磁方式的特点特性　　　　表 4-2

励磁方式	永磁式	他励式	并励式	串励式	复励式
接线方式	永久磁铁	励磁绕组独立	励磁绕组与电枢绕组并联	励磁绕组与电枢绕组串联	励磁绕组的一部分与电枢绕组串联,一部分与电枢绕组并联
特点特性	永磁式起动机结构简单、体积小,起动制动快,起动制动转矩大,适用于空间较小的汽车上,但易失磁	他励(或并励)电动机在运行时若负载较小,则会造成"飞车"事故	不能产生高转矩,故不能用它作为起动机。输出转矩不随转速升高而下降	起动转矩大,输出转矩随着电动机转速升高而下降。轻载时转速高,重载时转速低。短时间能输出最大功率。适用于负载转矩经常大幅度变化的负载。不允许轻载或空载起动	空载时与并励相似。加载后与串励相似。防止轻载时转速过高造成"飞车"。发挥好的起动转矩和恒定的运行速度。可以克服单独并励式或单独串励式电动机的缺点
在汽车上的应用	小型电动机(刮水器电动机、洗涤泵电动机、电动车窗电动机、鼓风电动机、电动调节后视镜电动机)	汽车上较少使用	常用于减速型起动机(刮水器电动机、电动车窗电动机、电动座椅电动机)	应用于大多数直接驱动式起动机	大功率起动机多采用复励式,啮合起动机

例4.3 串励式电动机具有轻载转速高,重载转速低的特性,对保证起动安全可靠是非常有利的,是汽车上采用串励式起动机的又一个重要原因。但是,轻载或空载时的高转速,容易使串励式电动机发生"飞车"事故。所以功率较大的串励式电动机不可在轻载或空载情况下使用;汽车起动机功率较小,不可在轻载或空载状态下长时间运行。

2. 直流电动机的型号、额定值

1) 型号

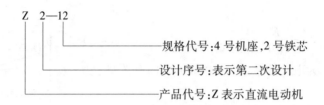

2) 额定值

额定值是制造厂对各种电气设备(本课题中指直流电动机)在指定工作条件下运行时所规定的一些量值。在额定状态下运行时,电动机能可靠地运行,并具有优良的性能。额定值也是制造厂和用户进行产品设计或正确使用电动机的依据。额定值通常标在各电气设备的铭牌上,故又叫铭牌值。表4-3就是一台直流电动机的铭牌。

直流电动机铭牌　　　　　　　　　　表4-3

型号	Z2-11	产品编号	0537
结构类型	卧式	励磁方式	并(他)励
额定功率	0.4kW	励磁电压	220V
额定电压	220V	工作方式	连续
额定电流	2.64A	绝缘等级	定子B 电枢B
额定转速	1500r/min	质量	30kg
标准编号	JB1104.1.68	出厂日期	
制造厂家			

直流电动机的主要额定值有:

①额定功率 P_N:指电动机在铭牌规定的额定状态下运行时,电动机的转轴上输出的机械功率,单位:W 或 kW。$P_N = U_N I_N \eta_N$,其中 η_N 表示额定效率。

②额定电压 U_N:指额定状态下电枢出线端的电压,单位:V。

③额定电流 I_N:指电动机在额定电压、额定功率时的电枢电流值,单位:A。

④额定转速 n_N:指额定状态下运行时转子的转速,单位:r/min。

⑤额定励磁电流 I_f:指电动机在额定状态时的励磁电流值,单位:A。

⑥绝缘等级:按电动机绕组所用的绝缘材料在使用时允许的极限温度进行分级。

⑦极限温度:是指电动机绝缘结构中最热点的最高允许温度,其技术数据见表4-4。

极　限　温　度　　　　　　　　　　表4-4

绝缘等级	Y	A	E	B	F	H	C
极限温度(℃)	90	105	120	130	155	180	>180

⑧工作方式:反映异步电动机的运行情况,可分为三种基本方式:连续运行、短时运行和断续运行。

五、直流电动机的制动

在工业生产或生活过程中,经常需要采取一些措施使直流电动机尽快停转,或者从某高速降到某低速运转,或者限制位能性负载在某一个转速下稳定运转,这就是电动机的制动问题。制动就是加一个与电动机转向相反的转矩。实现制动有两种方法:机械制动和电气制动。常见的直流电动机的电气制动类型有能耗制动、反接制动和回馈制动。

由式(4-1)可知电动机的转矩取决于磁通 Φ 与电枢电流 I_a 的相互作用。故改变电磁转矩的方向从而实现直流电动机的制动和反转的方法有两种:一种是改变磁通(即励磁电流)的方向;另一种是改变电枢电流的方向。但若同时改变磁通的方向和电枢电流的方向,则直流电动机的转向维持不变。

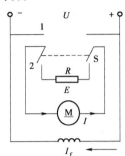

图 4-13 并励电动机的能耗制动电路图

1. 能耗制动

图 4-13 是并励电动机的能耗制动电路图。将电动机的电枢绕组从电源上切除后,主磁极绕组仍接在电源上,主极磁通 Φ 不变,电动机依靠惯性继续转动,当开关 S 从 1 位接到 2 位时,脱离电源后的电枢绕组被接到制动电阻 R 上,此时电机处于发电状态,将转子动能转化为电能消耗在制动电阻上。此时电枢电流与电动机状态时的电流方向相反,产生的电磁转矩是制动转矩,从而使电动机迅速停止转动。

特点:所需制动设备简单,成本低,制动平稳可靠,但能量白白浪费且制动时间长。对于要求准确停车的系统,采用能耗制动较为方便。

2. 回馈制动(又称再生制动、发电制动)

当电动机车下坡或吊上重物下降时,可能出现电动机的转速高于空载转速,此时电动机作发电机运行,电动机将机械能转换成电能,反送回电网,并产生制动转矩来限制电动机的转速。

特点:能将产生的电能回馈到电网中,节能明显,但只能发生在转速大于理想空载转速的情况下,能降低转速但不能制动到停止状态。

3. 反接制动

改变励磁电流 I_f 的方向或改变电枢电流 I_a 的方向,使电动机得到反向转矩,从而产生制动作用。在电动机转速降低至零附近时应断开电源,否则电动机将反转。

图 4-14 为他励直流电动机的电枢反接的反接制动电路,制动时使 S1 断开、S2 闭合,使电枢电源反接的同时串入一个制动电阻 R_a,这时由于 U 反向,电流反向,产生的转矩 T 反向,进入制动状态。

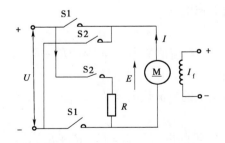

图 4-14 电枢反接的反接制动电路图

特点:所需设备简单,操作简单,制动迅速,但对电网冲击大,需从电网吸收大量电能,制动准确度难控制。适用于要求快速停车的拖动系统,对于要求快速并立即反转的系统更为理想。

六、直流电动机的调速

在生产或工作过程中,往往需要根据工艺或设备的具体情况调整直流电动机的运行速度。通过人为的方法改变电动机的速度,称为调速。下面以他励电动机为例说明直流电动机的调速方法。

由式(4-2)可知他励直流电动机的调速有以下3种方法:

①改变电枢电压调速;

②改变电枢回路电阻调速;

③改变主磁通(励磁回路电阻调速)。

一般而言,调压调速的稳定性和平滑性较好,但只能用于减速;改变电枢回路电阻调速则操作简单,平滑性较差,也只能用于减速;改变主磁通则只能调高转速且调速范围窄,但速度变化较平滑,控制方便。实际应用时电动机的调速往往是将以上几种方法结合起来。

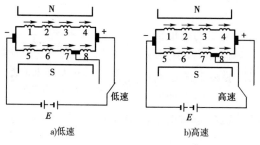

图4-15 三刷式电动机变速原理

例4.4 汽车的风窗玻璃刮水器通常是一个两速的电动机,它利用三刷永磁电动机的不同电刷组合使蓄电池同电动机的内部绕组连接达到调速目的。三刷式电动机变速原理图如图4-15所示。

工作原理:刮水器的不同工作速度是通过控制电动机的高、低转速实现的。刮水器电动机的高、低转速通常是利用三刷永磁电动机的不同电刷组合得到的。如雨较小时,刮水器变速开关接通到"低速"挡,两个电刷之间的8个电枢绕组构成两条并联支路,每个支路中各绕组的反电动势相加,两支路反电动势相等,当反电动势与电动机内部电压降之和与电源电压相等时,电动机稳定在某一个较低转速下运行。如雨较大时,刮水器变速开关接到"高速"挡,两个电刷之间的8个电枢绕组形成不对称的两条并联支路,一路是5个绕组串联,另一路是3个绕组串联,第一个支路中有1个绕组与另4个绕组反电动势方向相反,互相抵消,电动机转子绕组支路上串联的有效绕组匝数减少。因此正负电刷间的反电动势减小,电枢电流增大,引起电动势的转矩增大,负载不变时得到高速。

例4.5 汽车鼓风机是一个四速电动机,它也是通过改变电枢回路电阻调速达到调速目的,促进车内气流的流动。图4-16是典型的四速鼓风机调速电路。

工作原理:

①当风机变速开关接通到"低速"挡时,流经电枢绕组的电流值最小,$i_a = U/(3R_i + R_a)$。其中 R_i 为 AB、BC、CD 间的阻值,R_a 为电动机电枢的阻值,鼓风机以低速运转。

②当风机变速开关接通到"中低速"挡时,流经电枢绕组的电流值 $i_a = U/(2R_i + R_a)$,鼓风机以中低速运转。

③当风机变速开关接通到"中高速"挡时,流经电枢绕组的电流值 $i_a = U/(R_i + R_a)$,鼓风机以中高速运转。

④当风机变速开关接通到"高速"挡时,高速鼓风机继电器吸合,流经电枢绕组的电流值 $i_a = U/R_a$,处于最大状态,鼓风机以高速运转。

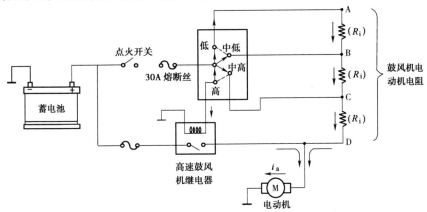

图 4-16　四速鼓风机调速电路

七、直流电动机的使用与维护

1. 电动机使用前的检查

(1)检查其绝缘电阻,用兆欧表测量绕组对机座的绝缘电阻,测量值应大于 $0.5\mathrm{M}\Omega$。

(2)检查电动机的机械传动部分,旋转转子看有无擦碰定子的现象,看轴承润滑情况是否良好。

(3)检查电动机各部件装配是否完好,各处紧固螺钉有无松动,以及外电路各电器、接线的正常情况。

(4)若是久未使用的直流电动机则在使用前还应做如下检查:

①用压缩空气吹净电动机内部灰尘、电刷粉末等,清除污垢杂物。

②拆除与电动机连接的一切接线,应进行烘干处理,测量合格后再将拆除的接线恢复。

③检查换向器的表面是否光洁。

④检查电刷是否损坏严重,刷架的压力是否适当,刷架的位置是否符合规定的标记。

⑤根据电动机铭牌检查直流电动机各绕组之间的接线方式是否正确,电动机额定电压与电源电压是否相符,电动机的起动设备是否符合要求,是否完好无损。

2. 电动机运行中的检查

(1)接通电源后,观察电动机能否正常起动,如果电动机不转动或转动很慢,应立即断电检查。

(2)电动机运行时监听各部位声音有无异常:若轴承损坏,转动时会出现杂音;若电动机过载,会发出"嗡嗡"声;电动机正常运转时声音是很均匀的。

(3)注意电动机运行时的温度。

3. 电动机的日常维护

(1)保持直流电动机的清洁,尽量防尘、防潮、防止杂物进入电动机内部。

(2)应保持轴承润滑良好。

(3)注意对电刷与换向器的维护。

习题一

1. 直流电动机的基本结构是什么？各部分分别起什么作用？
2. 直流电动机的调速方法有哪几种？各有什么特点？
3. 试分析不同励磁方式下直流电动机的特点。
4. 直流电动机的能量转换形式是怎样的？并简述直流电动机的工作原理。
5. 为什么他励式直流电动机具有较硬的机械特性，而串励式直流电动机具有较软的机械特性？
6. 为什么他励式直流电动机的励磁回路不允许开路？为什么串励式直流电动机不能轻载或空载？
7. 试分析换向期在直流电动机中的作用。
8. 从励磁角度来说明什么叫并励直流电动机、什么叫串励直流电动机？
9. 常见的直流电动机的电气制动类型有哪些？各自的特点是什么？

课题二　三相交流异步电动机

预备知识：电磁感应、左手定则、右手定则、交流电路、变压器。

三相交流异步电动机是一种将电能转化为机械能的电力拖动装置。目前全世界电能约70%是消耗在电动机上，在工业应用上三相异步电动机占有十分重要的地位。它具有结构简单、价格低廉、可靠性高、使用维护方便、可在恶劣环境下使用等优点。在厂矿企业、交通工具、娱乐、科研、农业生产、日常生活都可以见到三相异步电动机的身影。如日常生活中经常乘坐的电梯，在汽车维修过程中经常使用的升降机、钻床等使用的都是三相交流异步电动机。

一、三相异步电动机的构造

三相异步电动机的外形分别如图4-17a)、b)所示。

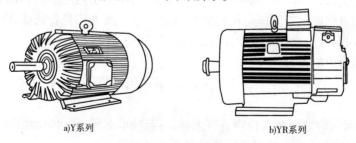

a) Y系列　　　　　　　　b) YR系列

图4-17　三相异步电动机

三相异步电动机主要由定子(固定部分)和转子(旋转部分)两个基本部分组成。定子和转子之间有 0.25～2mm 的气隙。它的结构如图4-18所示。

1. 定子部分

三相异步电动机的定子构成：由机座和装在机座内的圆筒形定子铁芯以及其中的三相定子绕组组成。

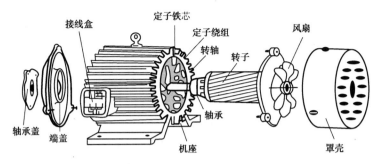

图 4-18　三相异步电动机的构造

交流电动机定子铁芯是电动机磁路的一部分,并用来安置定子绕组。为了减少定子铁芯中的损耗,铁芯一般用 0.35~0.5mm 厚表面有绝缘层的硅钢片冲片叠装而成,铁芯片的内圆冲有均匀分布的槽,用以安放定子绕组,如图 4-19 所示。

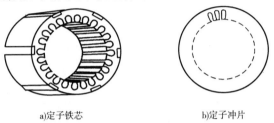

a)定子铁芯　　　　　　b)定子冲片

图 4-19　定子铁芯及冲片示意图

定子绕组的作用是通入三相交流电,产生旋转磁场。小型电动机定子绕组常用高强度漆包线绕成线圈后再嵌入定子铁芯槽内。三相定子绕组 6 个出线端引到电动机机座的接线盒内,标有 U_1、V_1、W_1、U_2、V_2、W_2。其中:U_1、U_2 是第一相绕组的两端,V_1、V_2 是第二相绕组的两端,W_1、W_2 是第三相绕组的两端。如果 U_1、V_1、W_1 分别为三相绕组的始端(头),则 U_2、V_2、W_2 是相应的末端(尾),三相绕组可以按照需要接成星形(Y)接法或三角形(△)接法,具体连接方式如图 4-20 所示。

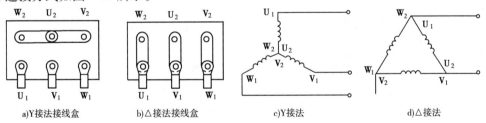

a)Y接法接线盒　　b)△接法接线盒　　c)Y接法　　d)△接法

图 4-20　定子三相绕组的星形连接和三角形连接

机座的作用是固定定子铁芯,并通过两个端盖支撑转子,同时保护整个电动机的电磁部分和散发电动机运行时产生的热量。

端盖装在机座两端并通过端盖中的轴承支撑转子,将定转子连为一体。同时端盖对电动机内部还起到防护的作用。

2. 转子部分

转子是电动机的旋转部分,由转子铁芯、转子绕组、转轴、风扇组成。转子铁芯根据构造的不同可分为鼠笼式和绕线式两种。

1) 转子铁芯

转子铁芯是圆柱状的,是用 0.5mm 的硅钢片冲制叠压而成,表面冲有分布均匀的槽孔,用来放置转子绕组。定子铁芯与转子铁芯之间为气隙,其位置关系如图 4-21 所示。转子铁芯装在转轴上,转轴上加机械负载。

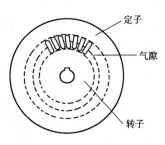

图 4-21 定子和转子的铁芯位置图

2) 转子绕组

转子绕组的作用:与定子磁场相互切割磁场,产生感应电动势和电流,并在旋转磁场的作用下产生电磁力矩而使转子转动。转子绕组根据构造的不同可分为鼠笼式和绕线式两种。

(1) 鼠笼式异步电动机若去掉转子铁芯,嵌放在铁芯槽中的转子绕组,就像一个"鼠笼",它一般是用铜或铝铸成。鼠笼式异步电动机因此而得名。鼠笼型转子如图 4-22 所示。

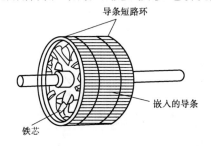 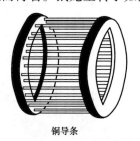

a) 未拆转子铁芯的鼠笼型转子   b) 已拆转子铁芯的鼠笼型转子

图 4-22 鼠笼型转子

(2) 绕线式异步电动机的转子绕组同定子绕组一样也是三相的,它连接成星型。每相绕组的始端连接在 3 个彼此绝缘的铜制滑环上,滑环固定在转轴上。环与转轴之间都是互相绝缘的。在环上用弹簧压着炭质电刷。起动电阻和调速电阻是借助于电刷同滑环和转子绕组连接。具体结构如图 4-23 所示。

3) 转轴

转轴的作用是传递转矩及支撑转子的重量。

3. 气隙

定子与转子之间的间隙称为气隙。气隙很小,为 0.2～1mm。尽管气隙只是定子与转子之间的间隙,但它对电动机的性能影响很大,如果气隙不均匀会造成电动机运转不平稳,运行性能变差。

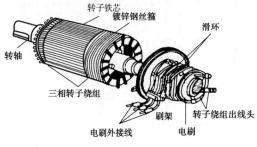

图 4-23 绕线式异步电动机转子

三相异步电动机的组成及各部分的主要作用如表 4-5 所示。

交流电动机组成与各部分作用   表 4-5

类别	部件名称	作用	主要属于	材料
定子(产生主磁场和机械支撑)	定子铁芯	安装定子绕组,导磁	电磁部分	0.35～0.5mm 硅钢片冲片叠制,降低涡流损耗
	定子绕组	通入三相交流电,产生旋转磁场	电磁部分	整块钢或 1～1.5mm 钢片叠制

续上表

类别	部件名称	作用	主要属于	材料
定子(产生主磁场和机械支撑)	机座	固定定子铁芯,运行时散热	电磁部分;机械部分	铸钢、铝(小型电动机),厚钢板焊接(大中型电动机)
	端盖	支撑转子,对电动机内部还起防护作用	机械部分	铸铁件
	轴承	支撑转轴,使轴运转灵活	机械部分	
转子(产生电磁转矩、产生感应电势)	转子铁芯	构成磁路、嵌放电枢绕组	电磁部分	铝液浇制而成或铜条焊接而成
	转子绕组	感应电势,承载电流,产生转矩	电磁部分	圆截面铜线或扁导线、空心导线
	风扇	对运行中的电动机降温	机械部分	合金钢锻压
	转轴	传递转矩	机械部分	中碳钢或合金钢
气隙		耦合磁场	电磁部分	

二、交流异步电动机的工作原理

图 4-24 为鼠笼式异步电动机工作原理的演示实验图。在装有手柄的蹄形磁铁的 N、S 两极之间放置一个可以自由转动的轻型金属鼠笼型转子。磁铁与鼠笼之间没有任何机械的联系。当缓慢转动手柄时,会发

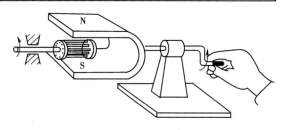

图 4-24　旋转磁场带动鼠笼转子旋转

现鼠笼会跟着开始旋转,而且旋转方向是一样的。当手柄转动速度加快或减缓时,鼠笼的旋转速度跟着加快或减缓;当手柄反转时,鼠笼也跟着反向旋转。此现象可以用图 4-25 来解释:当磁场旋转时,磁铁与鼠笼发生相对运动,鼠笼中的金属导条与磁场相互作用形成电磁力矩,从而带动鼠笼随磁极一起转动。实际中的三相鼠笼异步电动机就是利用通入定子绕组中的三相交流电产生旋转磁场的。下面分析三相异步电动机旋转磁场的产生过程。

三相异步电动机的定子绕组就是用来产生旋转磁场的,它嵌放在定子铁芯槽内,按一定规律连接成三相对称结构。相电源相与相之间的电压在相位上是相差 120°,三相绕组 U_1U_2、V_1V_2、W_1W_2 在空间彼此相隔 120°,它可以连接成星形,也可以连接成三角形。图 4-26 为简化的三相绕组分布图、三相绕组按星形连接时接入三相对称电源时绕组和电流的示意图。

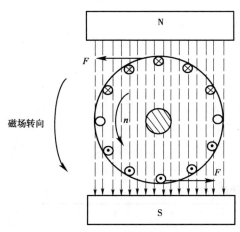

图 4-25　通电导体受力情况

图 4-26 中:

$$\left.\begin{aligned} i_u &= I_m \sin\omega t \\ i_v &= I_m \sin(\omega t - 120°) \\ i_w &= I_m \sin(\omega t + 120°) \end{aligned}\right\} \quad (4\text{-}3)$$

式(4-3)中,I_m 为每相电流的最大值,单位:A;ω 为交变电动势的角频率,$\omega = 2\pi f$,其中 f 为电动

势的频率,单位:Hz。

下面以 7 个较为特定的时刻来描述旋转磁场的产生过程,同理可以类推其他任意时刻的磁场情况。规定电流流进用符号⊗表示,电流流出用⊙表示。

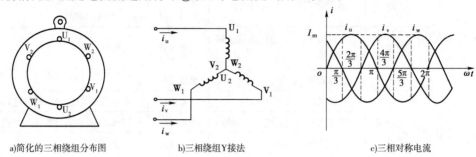

a)简化的三相绕组分布图　　b)三相绕组Y接法　　c)三相对称电流

图 4-26　三相绕组中通入三相对称电流

① $\omega t=0$ 时:$i_u=0$,U_1U_2 绕组中没有电流;$i_v<0$,实际方向与参考方向相反,即从末端 V_2 流入,从 V_1 流出;$i_w>0$,即从 W_1 流进,W_2 流出。

② $\omega t=\pi/3$ 时:$i_w=0$,W_1W_2 绕组中没有电流;$i_v<0$,实际方向与参考方向相反,即从末端 V_2 流入,从 V_1 流出;$i_u>0$,即从 U_1 流进,U_2 流出。

③ $\omega t=2\pi/3$ 时:$i_v=0$,V_1V_2 绕组中没有电流 $i_u>0$,从首端 U_1 流入,从 U_2 流出;$i_w<0$,即从末端 W_2 流进,W_1 流出。

同理可以做出 $\omega t=\pi$、$4\pi/3$、$5\pi/3$ 和 2π 时的合成磁场。旋转磁场的形成如图 4-27 所示。由分析可知,当定子绕组中通入三相电流后,当三相电流不断地随时间变化时,它们共同产生的合成磁场也随着电流的变化而在空间不断地旋转着(在定子绕组内部磁场方向是由 N 极指向 S 极的),这就是旋转磁场。这个旋转磁场同演示实验中磁铁在空间旋转所产生的旋转磁场作用是一样的(其区别在于定子磁场的强度是不断变化的)。

由此可见,每当时间经过 1 个周期,三相交流电流改变 2π 相位角,而由三相交流电流产生的旋转磁场也在空间位置旋转了 2π 弧度。依此类推,若交流电流的频率为 f(单位:Hz),则旋转磁场的转速 n_0 为:

$$n_0=60f$$

以上讨论的是两极的旋转磁场(即磁极对数 $p=1$),若将定子绕组数增加一倍,则产生 4 极的旋转磁场,通过分析可知旋转磁场的转速将下降一半。即 n_0 与 p 成反比,因此旋转磁场的转速公式为:

$$n_0=60f/p \tag{4-4}$$

式(4-4)中,n_0 是同步转速又称旋转磁场转速,单位是 r/min;f 为电源频率,单位是 Hz;p 是磁场的磁极对数。

由于我国电力网电源频率 $f=50$Hz,故当电动机磁极对数 p 分别为 1、2、3、4 时,由式(4-4)可得对应的同步转速 n_0,如表 4-6 所示。

磁极对数与旋转磁场转速的关系　　表 4-6

磁极对数 p	1	2	3	4	5
旋转磁场转速 n_0(r/min)	3000	1500	1000	750	600

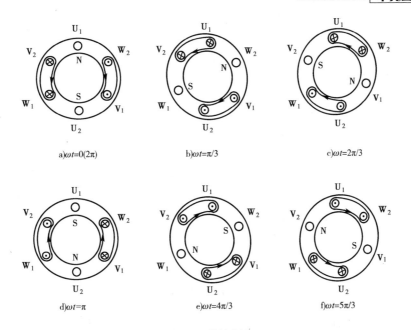

图 4-27 旋转磁场

由式（4-4）知道，电动机的转速与磁极数和使用电源的频率有关，因此调节交流电动机的转速有两种方法：改变磁极法和变频法。

观察图 4-26 还可以发现，旋转磁场的旋转方向与绕组中电流的相序有关。当相序 U、V、W 按顺时针排列时，磁场也按顺时针方向旋转，若把三根电源线中的任意两根对调，例如将 U 相电流通入 V 相绕组中，则相序变为 V、U、W，磁场就按逆时针方向旋转，电动机随之反转。利用这个特性我们可以很方便地改变三相电动机的旋转方向。

三、异步电动机的运转原理

如图 4-28 所示，定子绕组中通有三相对称电流，它的磁场以转速 n_0 顺时针方向旋转。此时，转子上的导体与旋转的磁感线相切割，相当于转子导体逆时针方向旋转而切割磁感线；因转子各导体短路，故在转子各导体中产生感应电流。感应电流的方向可用右手定则确定。

转子导体中感应电流与定子电流的磁场相互作用，结果使转子各导体受到电磁力 F，其方向用左手定则确定。这个力对转子的轴形成了一个电磁转矩，使转子沿着磁场旋转方向旋转，从而可以克服机械负载对转轴的阻转矩，输出机械功率。

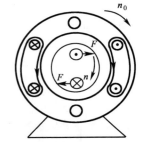

图 4-28 三相异步电动机的转动原理

一般情况下，电动机的实际转速 n_1 低于旋转磁场的转速 n_0。因为假设 $n_0 = n_1$，则转子导条与旋转磁场就没有相对运动，就不会切割磁力线，也就不会产生电磁转矩，所以转子的转速 n_1 必然小于 n_0。为此我们称三相电动机为"异步"电动机。又因为产生电磁转矩的转子电流是由感应所产生的，因此又称为"感应电动机"。

当转子获得的电磁转矩 T 与轴上机械负载的阻转矩 T_L 相平衡，即 $T = T_L$ 时，电动机就以某转速稳定运转。如果机械负载发生变化,电动机的转速亦将发生相应的变化。当 $T_L >T$ 时,电动机减速;当 $T_L < T$ 时,电动机加速。

四、机械特性曲线

三相异步电动机的转速 n 与转矩 T 之间的关系 $n = f(T)$ 称为电动机的机械特性,其曲线如图 4-29 所示。图 4-29 中,A 点为同步转速点,B 点为最大转矩点,C 点为起动点,M 点为额定工作点。在机械特性图中,存在两个工作区:稳定运行区和不稳定运行区。在机械特性曲线的 AB 段,当作用在电动机轴上的负载转矩发生变化时,电动机能适应负载的变化而自动调节达到稳定运行,故为稳定区。机械特性曲线的 BC 段,因电动机工作在该区段时其电磁转矩不能自动适应负载转矩的变化,故为不稳定区。

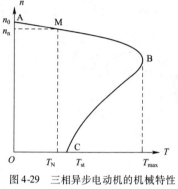

图 4-29 三相异步电动机的机械特性曲线

五、三相异步电动机的铭牌

三相异步电动机的额定值刻印在每台电动机的铭牌上,铭牌形式如表 4-7 所示。

三相异步电动机的铭牌 表 4-7

三相异步电动机					
型号	Y90-4	电压	380V	接法	Y
容量	1.5kW	电流	3.7A	工作方式	连续
转速	1400r/min	功率因数	0.79	温升	75℃
频率	50Hz	绝缘等级	B	出厂日期	
制造厂家		产品编号		质量	kg

(1)型号。为了适应不同用途和不同工作环境的需要,电动机制成不同的系列,每种系列用各种型号表示。例如:

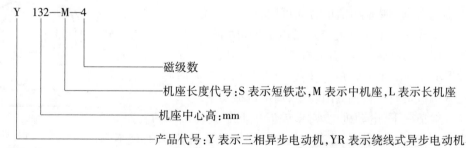

(2)额定功率 P_N。电动机在额定运行时轴上输出的机械功率,单位:kW。

(3)额定电压 U_N。额定运行时在规定的接法下加在定子绕组上的线电压,单位:V。

(4)额定电流 I_N。电动机定子绕组加额定电压,轴上输出额定功率时加在定子绕组上的线电流,单位:A。

(5)额定转速 n_N。电动机在额定电压、额定频率下,输出端有额定功率输出时的转速,单位为 r/min。由于生产机械对转速的要求不同,需要生产不同磁极数的异步电动机,因此有不同的转速等级。最常用的是 4 个极的异步电动机($n_0 = 1500 \text{r/min}$)。

(6)额定频率 f_N。我国规定的电源频率(50Hz),单位:Hz。

(7)额定效率 η_N。指电动机在额定情况下运行时的效率,是额定输出功率与额定输入功率的比值。异步电动机的额定效率 η_N 为 75% ~ 92%。

(8)$\cos\varphi_N$。电动机在额定负载时,定子边的功率因数。三相异步电动机的功率因数较低,在额定负载时约为 0.7 ~ 0.9 之间,而在轻载和空载时更低,空载时只有 0.2 ~ 0.3。

对三相异步电动机,其额定功率:$P_N = \sqrt{3} U_N I_N \eta_N \cos\phi_N$,式中 η_N 和 $\cos\phi_N$ 分别为额定情况下的效率和功率因数。

(9)接法。指定子三相绕组的接法。通常三相异步电动机自 3kW 以下者,连接成星形;4kW 以上者,连接成三角形。

(10)绝缘等级。它是按电动机绕组所用的绝缘材料在使用时容许的极限温度来分级的。

(11)极限温度。指电动机绝缘结构中最热点的最高允许温度,其技术数据见表4-8。

电动机的绝缘等级与极限温度　　　　　　　　　　表 4-8

绝缘等级	Y	A	E	B	F	H	C
极限温度(℃)	90	105	120	130	155	180	>180

(12)工作方式。反映异步电动机的运行情况,可分为三种基本方式:连续运行、短时运行和断续运行。

习题二

1. 什么叫旋转磁场?旋转磁场产生的条件是什么?如何改变旋转磁场的方向?
2. 三相鼠笼式异步电动机主要由哪些部分组成?各部分的作用分别是什么?
3. 三相异步电动机的铭牌起什么作用?铭牌上最主要的参数有哪些?
4. 若同时改变三相定子绕组接三相交流电源的三条接线,则旋转磁场的方向是否发生变化?为什么?
5. 简单说明三相异步电动机的工作原理,异步电动机为什么又称"感应"电动机?
6. 一台三相六极异步电动机,接在频率为 50Hz 的电源上,则它的旋转磁场的同步转速是多少?
7. 三相异步电动机在使用前和过程中,要做好哪些维修和维护工作?
8. 判断题。

(1)旋转磁场的同步转速与外加电压大小有关,与电源频率无关。(　　)

(2)旋转磁场的转向的变化并不会影响交流电动机的转子旋转方向。(　　)

(3)三相异步电动机的同步转速就是它的额定转速。(　　)

(4)三相异步电动机的气隙尽管是空气,但对电动机运行影响很大。(　　)

课题三　三相交流同步发电机

预备知识：电磁感应、交流电路。

电力是现代工业中使用的主要动力形式，而工业和民用的电能绝大部分都是由三相电源供给的。目前三相电源主要是由各类发电厂利用三相同步发电机发电产生的。目前我国主要的发电形式有火力发电、水力发电和核能发电。汽车作为一种移动的交通工具，无法使用普通的三相电源来提供电能，因此汽车（电车除外）就需要有自己的电源系统。汽车电源系统主要由蓄电池、发电机和调节器组成。在汽车装备的两个直流电源中发电机是主要电源，蓄电池是辅助电源，调节器是在发电机转速变化时自动调节发电机的输出电压并使之保持稳定。

汽车发电机有直流发电机和交流发电机两类。由于直流发电机换相时存在的干扰现象，现代高速发动机主要采用交流发电机。对汽车电器而言，正常情况下除起动机外的用电设备供电主要是由交流发电机完成的，并向汽车蓄电池充电。由于汽车交流发电机采用二极管整流，将三相交流电整流为直流电，故又称为硅整流发电机。硅整流发电机包括一个三相同步交流发电机和若干个整流二极管。

一、三相同步发电机的构造

同步发电机的结构形式有两种，一种是旋转电枢式，它将三相绕组安装在转子上，磁极装在定子上，另一种是旋转磁极式，它将磁极装在转子上，三相绕组装在定子上。大容量的同步发电机往往采用旋转磁极式。

在旋转磁极式同步发电机中，按照磁极的形状可以分为隐极式转子和凸极式转子两种。隐极式的转子上没有明显凸出的磁极，其气隙是均匀的，转子成圆柱形的，其外形如图4-30a）所示，常用作汽轮发电机的转子。凸极式的转子上有明显凸出的磁极，气隙不均匀，其外形如图4-30b）所示，水轮发电机等转速较低的同步发电机一般都采用凸极式转子。汽车整体式交流发电机零部件组成如图4-31所示，它属于隐极式同步发电机。

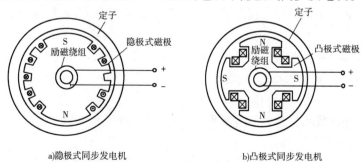

a) 隐极式同步发电机　　b) 凸极式同步发电机

图4-30　同步电机

同步发电机一般多采用汽轮机或水轮机作为原动机来拖动，前者称为汽轮发电机，后者称为水轮发电机。其中汽轮发电机的转速较高，而水轮发电机的转速较低。

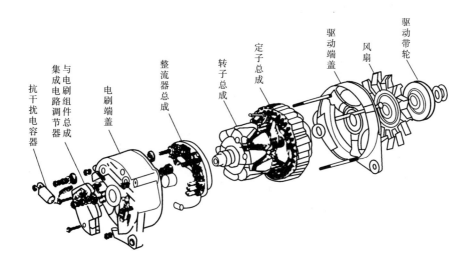

图 4-31 整体式交流发电机零部件组成

同步发电机和其他类型的旋转发电机一样,主要由固定的定子和可旋转的转子两大部分组成。

1. 定子

电枢又称定子,是发电机的固定部分。定子由定子铁芯和定子绕组组成。定子铁芯和定子绕组又称为电枢铁芯和电枢绕组。定子铁芯的内圆周表面冲有槽,用来放置三相对称绕组。绕组的排列和接法与三相异步电动机的定子绕组相同。

2. 转子

磁极是转动的,又称转子。转子由转子铁芯和转子绕组组成。转子铁芯上装有制成一定形状的成对磁极,磁极上绕有励磁绕组,通以直流电流时,将会在电机的气隙中形成极性相间的分布磁场,称为励磁磁场(也称主磁场)。由于是直流励磁,故不会产生涡流和磁滞损耗。

3. 气隙

气隙处于电枢内圆和转子磁极之间,为 0.2~1mm,气隙层的厚度和形状对发电机内部磁场的分布和同步发电机的性能有重大影响。

二、三相同步发电机的工作原理

主磁场的建立:励磁绕组通以直流励磁电流,建立极性相间的励磁磁场,即建立起主磁场。

载流导体:三相对称的电枢绕组充当功率绕组,成为感应电势或者感应电流的载体。

切割运动:原动机拖动转子旋转(给电机输入机械能),极性相间的励磁磁场随轴一起旋转并顺次切割定子各相绕组(相当于绕组的导体反向切割励磁磁场)。

交变电势的产生:当转子由原动机如水轮机、汽轮机带动沿顺时针方向恒速转动时,由于电枢绕组与主磁场之间的相对切割运动,定子三相绕组切割转子磁极的磁力线,电枢绕组中将会感应出频率相同、幅值相等、相位相差 120°的按周期性变化的三相对称交变电动势。

通过引出线,即可向外提供交流电源。图 4-32a)中用 U_1U_2、V_1V_2、W_1W_2 3 个在空间错开 120°分布的线圈代表三相对称交流绕组。感应电动势输出波形如图 4-32b)所示。

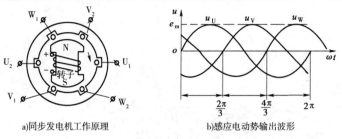

a)同步发电机工作原理　　　　b)感应电动势输出波形

图 4-32　同步发电机

感应电动势:

$$\left.\begin{array}{l}e_U = E_m\sin\omega t \\ e_V = E_m\sin(\omega t - 120°) \\ e_W = E_m\sin(\omega t + 120°)\end{array}\right\} \quad (4\text{-}5)$$

三相电动势的频率由发电机的磁极数和转速决定:当转子为一对磁极时,转子旋转一周,绕组中的感应电动势变化一个周期;当电机有 p 对磁极时,则转子转过一周,感应电动势变化 p 个周期。设转子每分钟转速为 n,则电动势的频率 f 为:

$$f = \frac{pn}{60} \quad (4\text{-}6)$$

满足式(4-6)的发电机就称为同步发电机。

我国规定工业交流电的频率为 50Hz,故应用于工业上的同步发电机存在:

$$n = \frac{60f}{p} = \frac{3000}{p} \quad (4\text{-}7)$$

要使得发电机供给电网 50Hz 的工频电能,发电机的转速必须为某些固定值,这些固定值称为同步转速。由式(4-7)可得两极电机的同步转速为 3000r/min,四极发电机的同步转速为 1500r/min,依次类推。只有运行于同步转速,同步发电机才能正常运行,这也是同步发电机名称的由来。

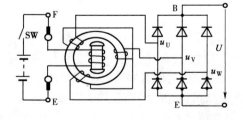

图 4-33　汽车交流发电机的工作原理

汽车交流发电机的基本结构为定子、转子、整流器和端盖四部分组成。其中整流器的作用是将三相定子绕组产生的交流电变为直流电。汽车交流发电机电路如图 4-33 所示。整流器的整流原理在整流电路课题中详细的介绍。

汽车用交流发电机与一般工业交流发电机的主要区别在于它的转速变化范围很大、功率较小,且汽车发电机发出的交流电主要考虑的是输出电压和电流,对输出频率没有要求,相比之下输出电流也较小。汽车用交流发电机的输出电压和电流取决于下面几个因素:

①发电机的旋转速度。输出随发电机转速增加而增加,直到发电机输出达到最大值。汽车发电机的转速以比发动机转速快2~3倍的速度旋转(取决于皮带轮的大小)。

②转子的磁场强度。磁场越强则输出值会增加。

③定子绕组的圈数。绕组的圈数越多则输出值会增加。

习题三

1. 异步发电机为什么称为"异步",而同步发电机又称为"同步",同步发电机有什么主要特点?
2. 汽车发电机的转速一般不会固定在某一特定值,为什么也称为同步发电机?
3. 汽车用交流发电机与一般工业交流发电机的主要区别是什么?

课题四 步进电动机

预备知识:电磁感应、电机结构。

控制电动机是在普通旋转电动机基础上产生特殊功能的小型旋转电动机,在工作原理上与普通电动机没有本质区别。但普通电动机功率大,侧重于电动机的起动、运行、制动等方面的性能指标,而控制电动机输出功率较小,侧重于电动机控制精度和响应速度。

步进电动机是将电脉冲信号转换成角位移或直线位移的控制电动机,在自动控制系统中用作执行元件。当给步进电动机输入一个电脉冲信号时,它就转过一定的角度或移动一定的距离。由于其输出的角位移或直线位移可以不是连续的,因此称为步进电动机。步进电动机的精度高、惯性小,步距角和转速大小不受电压波动、负载变化的影响,也不受各种环境条件诸如温度、压力、振动、冲击等的影响,而仅仅与脉冲频率成正比,通过改变脉冲频率的高低就可以大范围地调节电动机的转速,并能实现快速起动、制动、反转,且具有自锁的能力,不需要机械制动装置,没有减速器也可获得低速运行,加之步进电动机具有结构简单、可靠性高和成本低的特点,因此广泛用于数控机床、计算机外围设备等控制系统中。

根据励磁方式的不同,步进电动机分为反应式步进电动机、永磁式步进电动机、感应子式(又叫混合式)步进电动机和单相式步进电动机等。反应式步进电动机的转子上没有绕组,依靠变化的磁阻生成磁阻转矩工作,反应式步进电动机应用最为广泛。它有两相、三相、多相之分,也有单段、多段之分。下面主要讨论单段式三相反应式步进电动机的结构和工作原理。

一、结构

单段三相反应式步进电动机的结构分成定子和转子两大部分,如图4-34所示。定、转子铁芯由软磁材料或硅钢片叠成凸极结构,定、转子磁极上均有均匀的小齿,定、转子的齿数相等。定子磁极上套有按星形连接的三相控制绕组,每两个相对的磁极为一相,转子上没有绕组。

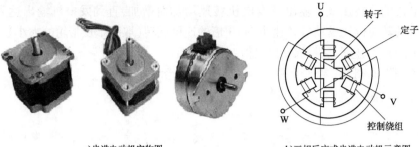

a) 步进电动机实物图 b) 三相反应式步进电动机示意图

图 4-34 步进电动机

二、基本工作原理

单段三相反应式步进电动机的工作原理可以由图4-35来分析说明。磁力线总是试图通过磁阻最小的路径,并形成闭合回路,因此当磁力线发生扭曲时会产生切向力而形成磁阻转矩,使转子转动,这就是反应式步进电动机旋转的工作原理。

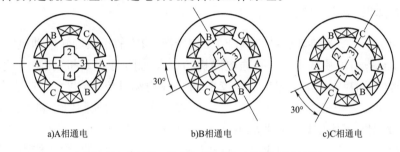

a) A相通电 b) B相通电 c) C相通电

图 4-35 三相单三拍反应式步进电动机的工作原理图

在步进电动机的三相绕组中以 A→B→C→A 的顺序轮流通入直流电流,下面分析通电情况下转子的运动情况。

① 当 A 相绕组通电时,气隙中生成以 A-A 为轴线的磁场。在磁阻转矩的作用下,转子转到使1、3两个转子齿与磁极 A-A 对齐的位置上。如果 A 相绕组不断电,1、3两个转子齿就一直被磁极 A-A 吸住而不改变其位置,即转子具有自锁能力。

② 当 A 相绕组断电、B 绕组通电时,气隙中生成以 B-B 为轴线的磁场。在磁阻转矩的作用下,转子又会转动,使距离磁极 B-B 最近的2、4两个转子齿转到与磁极 B-B 对齐的位置上(此时所需转矩最小)。转子转过的角度为:

$$\theta_b = \frac{360°}{NZ_r} = \frac{360°}{3 \times 4} = 30° \quad (4\text{-}8)$$

式(4-8)中,θ_b 为步距角,即控制绕组改变一次通电状态后转子转过的角度;N 为拍数,即通电状态循环一周需要改变的次数;Z_r 为转子齿数。

同理,当 B 相绕组断电、C 相绕组通电时,会使3、1两个转子齿与磁极 C-C 对齐,转子转过的角度也为30°。

可见,当步进电动机的3个控制绕组以 A→B→C→A 的顺序不断地轮流通电时,步进电动机的转子就会沿 ABC 的方向一步一步地转动。改变控制绕组的通电顺序,如改为 A→C→B→A 的通电顺序,则转子转向相反。

以上通电方式中,通电状态循环一周需要改变3次,每次只有单独一相控制绕组通电,称之为三相单三拍运行方式。由于单独一相控制绕组通电时容易使转子在平衡位置附近来回摆动,形成振荡,从而使运行不稳定,因此实际上很少采用三相单三拍的运行方式。

除此之外,还有三相双三拍运行方式和三相六拍运行方式。三相双三拍运行方式的每个通电状态都有两相控制绕组同时通入直流电,通电状态切换时总有一相绕组不断电,因此转子不会在平衡位置来回摆动。

步进电动机的三相绕组以 AB→BC→CA→AB 的顺序通电时即为三相双三拍运行方式,工作原理如图4-36所示,下面分析转子的具体运动过程:

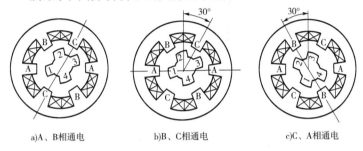

a) A、B相通电　　b) B、C相通电　　c) C、A相通电

图4-36　三相双三拍反应式步进电动机的工作原理图

① 当A、B两相通电时,两磁场的合成磁场轴线上与未通电的C-C相绕组轴线重合,转子在磁阻转矩的作用下转动到使转子齿2、3之间的槽轴线与C-C相绕组轴线重合的位置上。

② 当B、C两相通电时,转子转到使转子齿3、4之间的槽轴线与A-A相绕组轴线重合的位置,转子转过的角度为30°。

同理,C、A两相通电时,转子又转过30°。可见,双三拍运行方式和单三拍运行方式的原理相同,步距角也相同。

三相六拍运行方式的通电顺序为 A→AB→B→BC→C→CA→A,其原理与单三拍、双三拍运行方式的原理类似。只是其通电状态循环一周需要改变的次数增加了一倍($N=6$),步距角因此也相应减为原来的一半($\theta_b=15°$)。

当步距角一定时,通电状态的切换频率(即脉冲频率)越高时,步进电动机的转速也越高;而当脉冲频率一定时,步距角越大,即转子旋转一周所需的脉冲数越少时,步进电动机的转速也越高。

由以上分析可以得出步进电动机的转速为:

$$n = \frac{60f}{NZ_r} \tag{4-9}$$

式(4-9)中,n为步进电动机的转速,单位为 r/min;NZ_r为转子旋转一周所需的脉冲数;f为脉冲频率,单位为 Hz;

实际步进电动机的定、转子齿数要比三相单三拍和三相双三拍运行方式的定、转子齿数要多许多,如永磁式步进电动机的步进角一般为7.5°或15°,某些步进电动机的最小步进角甚至可小至0.5°。

汽车上许多电子式汽车仪表,如车速传感器、转速传感器、冷却液温度传感器及油量传感器采样后的信号经控制后都是利用指针驱动电动机即步进电动机来驱动对应车速表、转速表、温度表、油量表指示。汽车上应用步进电机最典型的是怠速步进电动机控制。

例 4.6 凌志 LS400 发动机的怠速由步进电动机的怠速控制阀控制。步进电动机与怠速控制阀做成一体，步进电动机为永磁式，其转子是一个两极的永久磁铁，定子有两对独立绕组。LS400 的怠速控制阀由 4 个线圈、磁性转子、阀轴和阀等组成。电脑(ECU)可以通过控制步进电动机的转动方向和转角，控制阀芯关小或开大旁通气道，从而达到调整怠速进气量的目的。ISC 阀有 125 种可能开启的位置。线圈每通一次电，转子大约转过 11°。它的怠速转速调整范围很大，无须设置附加空气阀，就可以单独完成冷车快怠速和热车后正常怠速的自动控制。

虽然步进电动机目前被广泛应用，但步进电动机并不能像普通的直流电动机和交流电动机那样能在常规条件下使用，它必须由双环形脉冲信号、功率驱动电路等组成控制系统才可使用。

习题四

1. 步进电动机由哪几部分组成？它具有哪些特点？
2. 根据励磁方式的不同，步进电动机分为哪几类？
3. 请简述单段三相反应式步进电动机的工作原理。
4. 步进电动机的转速是由哪几个因素决定的？转速是否随电压波动和负载变化而变化？为什么？

单元小结

1. 电机是实现机电能量转换或信号转换的电磁机械装置，具有电能的产生、传输和使用或作为电量之间、电量与机械量之间变换器的功能。

2. 电机的常见分类方式有两种，即根据电流分类和按功能分类。

3. 各类电机都是由定子、转子、气隙三大部分组成。其中气隙尽管只是定子和转子之间的空隙，但它起到耦合定子部分与转子部分磁场的作用，气隙是否对称平衡直接影响到电机性能的好坏。

4. 直流电动机由直流电驱动旋转，按照励磁方式可以分为他励和自励两大类，其中自励又可分为串励、并励和复励三类，在汽车中串励和并励使用较多。

5. 直流电动机具有良好的调速性能和起动性能。他励电动机可以通过改变电枢电压、改变电枢回路电阻和改变主磁通调速。

6. 三相异步电动机的定子由定子铁芯和定子绕组(又称一次绕组，是交流绕组)组成；转子由转子铁芯和转子绕组(又称二次绕组，是闭合绕组，也是交流绕组)组成。

7. 三相异步电动机在三相对称的定子绕组中通入三相对称交流电，从而产生旋转磁场，旋转磁场使转子导体切割磁力线产生感应电流，带电的转子导体受磁力线产生的电磁转矩作用后转动。转子转动方向与旋转磁场旋转方向一致。三相异步电动机的转子转速低于旋转磁场的转速。

8. 三相异步电动机常用的调速方法有变极、变频、变压。

9. 改变三相异步电动机的转向方法是把三根电源线中的任意两根对调。

10. 三相同步发电机的定子由定子铁芯和定子绕组(又称电枢绕组,是交流绕组)组成;转子由转子铁芯和转子绕组(又称励磁绕组,是直流绕组)组成。

11. 步进电动机是将电脉冲信号转换成角位移或直线位移的控制电动机,在自动控制系统中用作执行元件。其转速仅与脉冲频率以及转子旋转一周所需的脉冲数有关,不受外部环境影响。

实训一 直流电动机的调速

一、实验目的

熟悉并掌握调节直流电动机的转速的方法。

二、实验器材

(1)直流电动机(185W,220V,1.15A,1600r/min)1台。
(2)可变电阻2只。
(3)电压表、电流表、转速表各1只。
(4)直流电压调节器1台。
(5)连接导线若干。
(6)带闸刀配电板1块。

三、实验原理

由式(4-1)可知,并励电动机的调速方法有以下3种:
①改变电枢电压调速;
②改变电枢回路电阻调速;
③改变主磁通(励磁回路电阻调速)。

四、实验步骤

(1)改变电枢电路电阻调速(其接线图如图4-37所示)。
①起动电动机,在电枢回路所串电阻为0时,调节励磁电阻,使电动机的转速 $n = n_N$。
②保持励磁电阻不变,然后增加电枢回路电阻 R,使转速 n 下降,直至 $n = n_N/3$ 时为止,多次测量转速、电枢两端电压值,记录于表4-9中。

(2)改变励磁电流调速。
①重复步骤(1)中第①项的内容,保持 $R = 0$,缓慢增加励磁回路电阻 R_f,因为励磁电流 I_f 的微小变化都将引起转速 n 的较大变化。

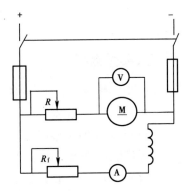

图4-37 并励电动机的调速接线图

改变电枢电路电阻调速数据　　　　　　　　　　表 4-9

序　号	转速 n(r/min)	电枢电压 U_a(V)
1	n_N	
2	$2n_N/3$	
3	$n_N/2$	
4	$n_N/3$	

②随着励磁电流的减小,电动机的转速逐步升高,直至 $n=1.2n_N$ 时为止,读取多组励磁电流及转速值并记录于表 4-10 中。注意由于电磁惯性和机械惯性,每次调速都要在达到新的稳定值后才能进行读数。

改变励磁电流调速数据　　　　　　　　　　表 4-10

序　号	转速 n(r/min)	励磁电流 I_f(A)
1	n_N	
2	$1.05n_N$	
3	$1.1n_N$	
4	$1.15n_N$	
5	$1.2n_N$	

五、实验报告

(1)用改变电枢回路电阻调速所测得的数据,绘制 $n=f(U_a)$ 曲线。

(2)用改变励磁回路电阻调速所测得的数据,绘制 $n=f(I_f)$ 曲线。

实训二　三相异步电动机的控制与检测

一、实验目的

(1)学习并掌握三相鼠笼式异步电动机常见的几种起动方法。

(2)用钳形表粗略测量各种起动方法起动电流的大小。

(3)掌握三相异步电动机反转的方法。

(4)学习使用兆欧表判断三相异步电动机各绕组及对地绝缘情况,并判断电动机的好坏。

二、实验器材

(1)十字螺丝刀、剥线钳各 1 把。

(2)5050 型兆欧表。

(3)T301-A 型钳形电流表。

(4)控制电路板 1 块。

(5)Y100L1-4 三相异步电动机 1 台。

(6)HZ3-132 组合开关(3 极 500V、10A)1 个。

(7) RC1A-30/15 熔断器 3 只。

(8) 连接导线若干。

三、实验步骤

(1) 根据被测电动机的额定电压确定选用的兆欧表的型号,将一台异步电动机接线盒打开,拆下三相绕组之间的连接片,使三相绕组互相独立,分别测量电动机三相对地的绝缘电阻和相间绝缘电阻值,并填入表 4-11 中。

电动机绝缘电阻测量记录表　　　　　　　表 4-11

项目	U 相对地	V 相对地	W 相对地	U、V 相间	V、W 相间	W、U 相间
绝缘电阻(MΩ)						

(2) 根据所测绝缘电阻值,判断电动机的好坏。

(3) 按图 4-38 接线,实验三相异步电动机直接起动的起动方法。按电动机铭牌接线,检查无误后可通电试运行。

(4) 选择钳形电流表的量程,用钳形表粗略测量直接起动方法时电流的大小。正确使用钳形电流表测量电动机的起动电流和空载电流,并填入表 4-12 中。

(5) 在图 4-38 的基础上再按图 4-39 接线,连接倒顺开关至电动机的导线(电动机及倒顺开关要可靠搭铁),经确认无误后,通过操作倒顺开关实现三相异步电动机正反转控制的电路图,观察电动机在倒顺开关操作后的反转情况。

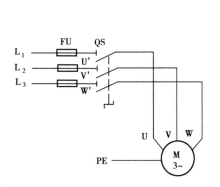

图 4-38　电动机组合开关控制直接起动　　　图 4-39　倒顺开关正反转控制电路图

电动机起动电流和空载电流测量记录表　　　　　　　表 4-12

钳形电流表		起动电流(A)		空载电流(A)		导线在钳口绕两匝后的空载电流(A)	
型号	规格	相序	读数	相序	读数	相序	读数
		U 相		U 相		U 相	
		V 相		V 相		V 相	
		W 相		W 相		W 相	

单元五
晶体二极管和晶闸管及其应用

用半导体材料制成的晶体二极管,具有体积小、质量轻、耗电少、工作可靠、使用寿命长等优点,在汽车硅整流发电机、电压调节器、倒车语音报警器、电子控制燃油喷射装置、晶体管点火系统等地方有广泛的应用。

本单元从半导体材料的特点入手,讨论晶体二极管的特性,研究晶体二极管整流和稳压电路;介绍晶闸管及晶闸管在可控整流和交流调压方面的应用。

课题一 晶体二极管及整流电路

😊 **预备知识**:直流电路的规律;描述正弦交流电的基本物理量。

整流电路是利用半导体二极管的单向导电性,把交流电转化为脉动直流电的电路。本课题介绍半导体的基础知识,研究晶体二极管的特性;讨论单相半波整流、单相桥式整流和汽车用硅整流发电机中的三相桥式整流电路及其工作原理。

一、晶体二极管

晶体二极管(crystal diode)是用半导体材料锗、硅及化合物半导体制作的电子元件。晶体二极管可用来产生、控制、接收、变换、放大信号和进行能量转换等。

1. 半导体基本知识

自然界中存在的物质,按其导电性能的不同,大致可分为导体、绝缘体和导电性能介于导体和绝缘体之间的半导体,如图 5-1 所示。常用的半导体材料有硅(Si)、锗(Ge)、硒(Se)和砷化镓(GaAs)等。

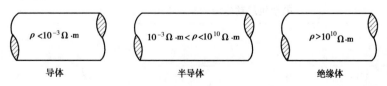

导体　　　　　　半导体　　　　　　绝缘体

图 5-1　材料按导电性分类图

半导体具有一些特殊的特性,如当半导体受到外界光和热的刺激时,其导电能力将发生显著的变化;在纯净的半导体中掺入微量杂质(如磷或硼),其导电能力成千成万倍增加。半导体之所以具有这些特性,是由于它的原子结构不同于导体和绝缘体的缘故。

图 5-2a)、图 5-2b)为半导体材料硅和锗的原子结构示意图。硅和锗的原子核外分别有

14个和32个电子,最外层的4个电子,离原子核较远,受到原子核的束缚力较小,活动性较大,叫价电子,锗和硅的原子都有4个价电子,叫作四价元素。原子的内层电子受原子核的束缚力较大,不易活动,所以它们和原子核结合成为稳定的整体,称为惯性核,对外呈现+4个电子电量。为了讨论方便,常把硅和锗原子结构用惯性核和价电子简化表示,如图5-2c)所示。

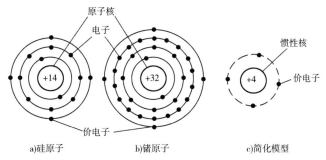

图5-2 硅和锗原子结构

制作半导体器件时,用得最多的半导体材料是单晶硅和单晶锗,它们的原子在空间按一定的规则整齐地排列,形成晶格。如图5-3a)所示,每一个原子处于正四面体的中心,而4个其他原子位于四面体的顶点。硅(Si)和锗(Ge)的每个原子最外层价电子与邻近4个原子的价电子互相手拉手似地连接在一起,组成4个共价键,共价键像纽带一样地将原子紧紧地连接成为一个整体,构成稳定的原子结构,如图5-3b)所示。

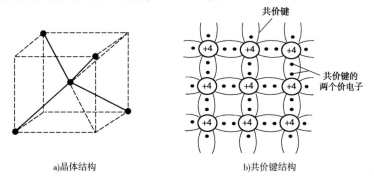

图5-3 硅和锗的结构

1)本征半导体

纯净的不含杂质、晶体结构排列整齐的半导体单晶体称为本征半导体。本征半导体在绝对零度(-273.15℃)和无外界因素影响时,每个价电子都被束缚在共价键中,不能挣脱束缚成为晶体中的自由电子,这时的半导体相当于绝缘体。但半导体中的价电子不像绝缘体中的价电子那样被紧紧束缚着,在常温下,共价键中的少数价电子因受热或光激发等获得足够能量,会克服共价键的束缚成为自由电子,同时在原来共价键位置处留下相同数量的空位,叫空穴。在本征半导体中,当受热激发产生一个自由电子时,必然同时产生一个空穴,电子和空穴总是成对出现的,称为电子—空穴对,这种现象称为本征激发,如图5-4所示。

本征激发的出现,使原来呈电中性的原子因失去电子而成为带正电的离子,这种正离子固定在晶格中,是不能移动的。在正离子的电场作用下,邻近位置上的价电子就很容易跳过来填补这个原子的空穴(称为复合),成为该原子的价电子。与此同时,失去价电子的原子的共价键处又留下新的空穴,好似空穴移动到邻近的这个原子上去了,如图5-5所示。这样价电子依次填充空穴,形成了空穴的运动。这种价电子依次填充空穴的运动与带正电荷的粒子作反向运动的效果相同,因此,可把空穴看作运载正电荷的粒子——载流子,它所带的电量与电子电量相等,符号相反。

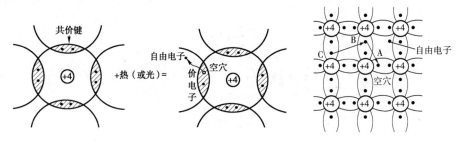

图5-4 本征激发产生电子—空穴对　　　　图5-5 空穴的运动

上述分析表明,本征半导体中存在自由电子和空穴两种载流子。常温下,本征半导体中的载流子数量很少,因此导电能力差。但随着温度的升高,本征激发的载流子数目会按指数规律增加,导电能力迅速增强,所以温度是影响半导体导电性能的一个重要因素。

2)杂质半导体

本征半导体的导电能力差,没有多大实用价值。但在本征半导体中掺入微量有用元素(称为杂质),可形成导电性能增加几十万至几百万倍的杂质半导体,它是制造半导体器件的基本材料。按掺入的元素不同,杂质半导体可分为N型半导体和P型半导体。

(1)N型半导体。

在本征半导体硅(或锗)中,掺入微量五价元素(如磷)后,形成的半导体称为N型半导体,如图5-6所示。

在这种半导体中,由于磷原子的数量比硅原子少得多,只是某些位置上的硅原子会被磷原子取代,因此整个晶体结构基本不变。这样磷原子以自己的价电子和相邻硅(或锗)原子组成4个共价键外,还多余一个价电子。在常温下,磷原子的这些不受共价键束缚的"多余"价电子,几乎全部被激发形成自由电子。

在N型半导体中,杂质原子多余的价电子产生自由电子,但不产生空穴,而本征激发产生的电子—空穴对数量很少。因此,在这种杂质半导体中,自由电子数目远远超过空穴数,空穴称为少数载流子,电子称多数载流子。这种半导体主要靠电子导电,故称为电子型半导体,简称N型半导体。磷原子给出了一个多余的电子而成为不能够移动的正离子,称磷原子为施主杂质或N型杂质。

(2)P型半导体。

在硅(或锗)本征半导体中,掺入微量三价元素(如硼)后,就形成P型半导体,如图5-7所示。

由于硼原子只有3个价电子,这3个价电子同相邻的4个硅(或锗)原子形成共价键时,其中1个共价键上必然缺少1个价电子而留下空位。因此,周围共价键上的电子只要受到一点热或光刺激,获得较小的能量,就很容易脱离共价键的束缚,去填补这个空位,使硼原子成为不能移动的负离子,称为受主杂质或P型杂质。失去价电子的硅原子的共价键因缺少1

个电子而产生1个空穴。常温下,这种杂质半导体会产生几乎与硼原子数量相等的空穴。因此,硼元素的掺入使半导体产生的空穴数远远多于本征激发产生的电子—空穴对数,电子是少数载流子,空穴是多数载流子,称这种杂质半导体为空穴型半导体,简称P型半导体。

值得注意的是,在半导体器件的制造中,经常给半导体既掺P型杂质又掺N型杂质。例如在浓度较低的P型半导体中,掺入浓度较高的N型杂质,P型半导体就转化为N型半导体。如果再掺入浓度更高的P型杂质,N型又转化为P型,这叫杂质补偿原理。在制造平面管和集成电路工艺中广泛使用。

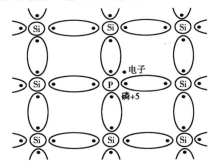

图5-6 掺入磷形成N型半导体　　　　图5-7 掺入硼形成P型半导体

3) PN结的形成及其单向导电性

(1) PN结的形成。

当P型和N型半导体用特殊的工艺结合在一起时,由于两块半导体中自由电子和空穴的浓度相差很大,P型半导体中的空穴将向N型半导体中扩散,N型半导体中的电子将向P型半导体中扩散,如图5-8a)所示。结果在接触面两侧一个很窄的区域里,电子和空穴因发生复合,只留下不能移动的正负离子,把这个空间电荷区称PN结。PN结的两层正、负电荷会形成一个内电场,方向由N区指向P区。PN结的电场对多数载流子的扩散运动起阻碍作用,但能使少数载流子即P区的电子和N区的空穴顺利地通过PN结。内电场对少数载流子的这种作用叫漂移作用,而少数载流子因漂移而形成的电流叫漂移电流。当PN结开始形成时,扩散运动大于漂移运动。随着扩散的进行,PN结越来越宽,内电场对扩散运动阻碍作用越来越强,使漂移运动得到加强。当扩散过PN结的多数载流子和漂移过PN结的少数载流子数量相等时,这两种运动达到了动态平衡,阻挡层的厚度保持不变,便形成了稳定的PN结,如图5-8b)所示。

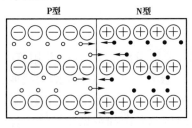

a) 扩散运动　　　　　　　　　　b) PN结

图5-8 PN结的形成

(2) PN 结的单向导电性。

PN 结的基本特性就是单向导电性。正是这种特性，使半导体得到了广泛的应用，而 PN 结的单向导电性只有在外加电压时才表现出来。

① 外加正向电压时，PN 结导通。将外电源 E 的正极与 PN 结的 P 区相连，负极与 N 区相连，叫作加正向电压，也叫正向偏置，简称正偏，如图 5-9a) 所示。

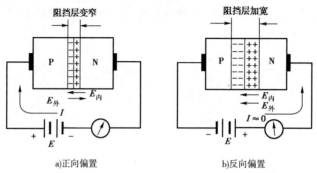

a) 正向偏置　　　　　　　　b) 反向偏置

图 5-9　PN 结的单向导电性

PN 结正偏时，由于外加电源所产生的外加电场与内电场方向相反，因此使内电场削弱，扩散运动加强，这相当于阻挡层变窄。于是多数载流子在外电场作用下顺利通过 PN 结，在电路中形成较大的电流，该电流叫正向电流，此时的 PN 结处于正向导通状态。在这种情况下，PN 结呈现出的正向电阻较小。

② 外加反向电压时，PN 结截止。将外电源 E 的正极与 PN 结的 N 区相连，负极与 P 区相连，叫作在 PN 结加反向电压，也叫反向偏置，简称反偏，如图 5-9b) 所示。

PN 结反偏时，由于外加电源所产生的电场与内电场方向相同，因此，使内电场加强，即阻挡层加宽。于是多数载流子受到的阻碍作用加强而无法通过 PN 结形成电流，少数载流子受外加电场作用能够通过阻挡层，但因数量很少，只能产生微弱的电流，其影响可以忽略。在这种情况下，PN 结呈现出的反向电阻很大，可认为 PN 结处于截止状态。

综上所述，PN 结正偏时导通，PN 结反偏时截止，这就是 PN 结的单向导电性。

(3) PN 结结电容。在 PN 结两侧的 P 区和 N 区，存在很多载流子，其导电性较好，相当于两块金属极板；PN 结中的阻挡层没有载流子，不导电，相当于介质。因此，PN 结就相当于一个电容器，称作结电容。PN 结结电容很小，通常只有几皮法。

2. 晶体二极管

1) 晶体二极管的结构和分类

(1) 结构。

在形成 PN 结的 P 型半导体和 N 型半导体上，分别引出电极引线，并用管壳封装，制成的元器件叫半导体二极管，也叫晶体二极管，简称二极管。从 P 区引出的引线叫二极管的正极，也叫阳极，用符号 a 表示；从 N 区引出的引线叫二极管的负极，也叫阴极，用符号 k 表示。二极管的文字符号为 VD（或 V），电路符号、内部结构示意图和常见二极管的外形如图 5-10 所示。

(2) 二极管的类型。

按所用材料分，主要有锗管和硅管等；按用途分类，主要有普通二极管、整流二极管、稳压二极管、发光二极管、光电二极管、变容二极管、开关二极管和激光二极管等;按 PN 结的结构分类,主要有点接触型、面接触型和平面型,如图 5-11 所示。国产检波二极管 2AP 系列和开关二极管 2AK 系列属于点接触型二极管,这类二极管由一根很细的金属丝热压在 N 型锗片上制成的,结电容很小,允许通过的电流也很小(几十毫安以下),适用于高频检波、变频和高频振荡等场合。国产 2CP 和 2CZ 系列属于面接触型二极管,这类二极管结电容大,允许通过的电流也较大,适用于工作频率较低的场合,一般用作整流器件。

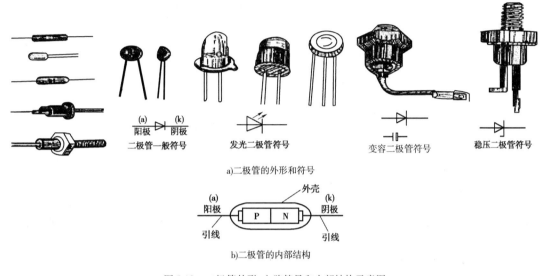

图 5-10 二极管外形、电路符号和内部结构示意图

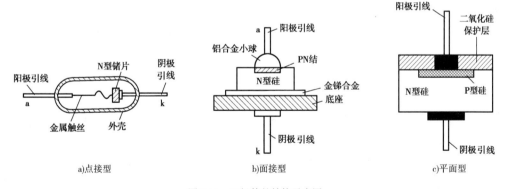

图 5-11 二极管的结构示意图

(3)汽车用硅整流二极管。

汽车发电机用硅整流二极管可分为正极二极管和负极二极管两种,如图 5-12 所示。正极二极管的中心引线为二极管的正极,外壳为负极,管壳底部一般标有红色标记。负极二极管的中心引线为二极管的负极,外壳为正极,管壳底部一般有黑色标记。

2)晶体二极管的伏安特性

晶体二极管的伏安特性是指加到二极管两端的电压与流过二极管的电流之间的关系。通常用横坐标表示电压 U,用纵坐标表示电流 I,将伏安特性用曲线形象地表示出来,称为二极管伏安特性曲线,如图 5-13 所示。

(1)正向特性。

①O点：二极管端电压$U=0$时，$I=0$。这是因为二极管的PN结在没有外加电压时，在内电场的作用下，扩散和漂移运动达到动态平衡，所以无电流。

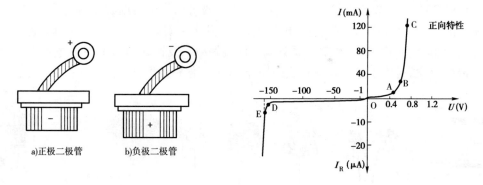

图5-12　汽车用整流二极管　　　　　图5-13　二极管伏安特性曲线

②OA段：由于外加正向电压较小，外电场不足以克服内电场对载流子扩散运动所造成的阻力，PN结呈现出较大的正向电阻，故正向电流接近零，把这个区域称死区。死区电压的最大值即A点对应的电压值称二极管的门限电压，用U_{th}表示。常温时，硅管的门限电压为0.5V，而锗管的门限电压为0.1~0.2V。

③AB段：曲线AB段称为"缓冲带"，正向电压超过门限电压后，内电场被明显削弱，正向电流随电压的增大近似平方律增大。

④BC段：曲线BC段称为"正向导通区"，电压稍有增加，电流就急剧增加，二极管的特性曲线几乎是一条直线。处于正向导通状态的二极管两端电压称为二极管的正向管压降，用U_F表示，硅管U_F为0.5~0.7V，一般取0.7V；锗管U_F为0.1~0.3V，一般取0.3V。

（2）反向特性。

如图5-13中OD段，二极管反向偏置时，随着反向电压的逐渐增大（约0~-1V），扩散运动受阻而漂移运动加强，参与导电的少数载流子数量也逐渐增加，反向电流随反向电压增大。反向电压超过1V后，外电场使扩散电流无法通过PN结，而少数载流子已全部参与导电，因此反向电流不再随反向电压的增大而增大。这时的反向电流叫反向饱和电流，常温下，硅管约一至几十微安，锗管几十至几百微安。

二极管反偏时，呈现很高的反向电阻，处于截止状态，在电路中相当于开关处于关断状态。

（3）反向击穿特性。

如图5-13所示，当由D点继续增加反偏电压时，反向电流在E处急剧上升，这种现象称为反向击穿，发生击穿时的电压称为反向击穿电压U_{BR}。这时反向电压稍有增加，反向电流就会急剧增大。

值得注意的是，不同的材料、不同的结构和不同的工艺制成的二极管，其伏安特性有一定差别，但伏安特性曲线的形状基本相似，是非线性的。所以二极管是非线性器件。

3）晶体二极管的主要参数

电子器件的参数是指反映器件性能和适用范围的数据，是正确选择和使用电子器件的主要依据。二极管的参数可从电子器件手册上查到，常用的主要参数包括如下方面。

(1) 最大整流电流 I_F。

最大整流电流指二极管长期工作时,允许通过的最大正向电流。在实际使用时,二极管的工作电流不能超过此值,否则,二极管会因过热而损坏。

(2) 最高反向工作电压 U_{RM}。

最高反向工作电压指二极管工作时所能承受的最高反向电压(反向峰值)。在使用时,二极管所承受的最大反向电压超过此值管子易被击穿。一般规定 U_{RM} 为反向击穿电压 U_{BR} 的一半。

(3) 反向电流 I_R。

反向电流指在室温下,二极管未击穿时的反向电流值。其值越小,二极管的单向导电性能越好。

(4) 最高工作频率 f_M。

二极管的工作频率若超过一定值,就可能失去单向导电性,这个频率称为最高工作频率,它主要由 PN 结的结电容大小来决定。点接触型二极管结电容小,f_M 可达几百兆赫;面结型二极管结电容较大,f_M 只能达到几十兆赫。

此外,晶体二极管还有反向饱和电流和最大允许耗散功率等参数。

4) 晶体二极管的简易判断

一般在二极管管壳上都印有二极管电路符号,有的注有二极管的阳极和阴极的识别标记。对于塑料或玻璃封装外壳的二极管,有色点或黑环一端为阴极。对于管材、好坏和极性不明的二极管,可用万用表简易判断。

(1) 用指针万用表。

可用万用表 R×100(或 R×1k)挡测量普通二极管的正向电阻和反向电阻,如图 5-14 所示。若测得阻值为零,则二极管内部电极短路;若正、反测,万用表指针都不动($R→∞$),则二极管内部断路。这两种情况表示二极管已坏,不能使用。若用 R×100(或 R×1k)挡测量时,测得电阻在 100～500Ω(3kΩ)之间,反测在几十千欧左右,为锗管;测得电阻在 900～2kΩ(10kΩ)之间,反测在几百千欧左右,为硅管。正、反向电阻差值越大,二极管单向导电性越好,质量越好,且测得阻值小的那次与黑表笔相接的为二极管的正极,与红表笔相接的为二极管的负极。

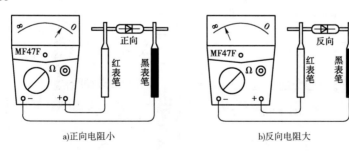

a) 正向电阻小　　　　　　　　　b) 反向电阻大

图 5-14　用模拟式万用表检测二极管

对汽车用整流二极管,用 R×1 挡测量,测得电阻为 10Ω 左右时,与黑表笔相接的为二极管的正极,与红表笔相接的为二极管的负极。

(2) 用数字万用表。

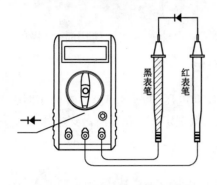

如图 5-15 所示,用万用表的二极管测试挡测量二极管的正向管压降。若正、反测显示器最高位均显示"1",则二极管内部断路;若蜂鸣器响,表示二极管内部短路。这两种情况都表示二极管已坏。若测量时显示"1",调换表笔测试时显示值约 100~400mV(或 500~800mV),表示二极管为锗管(硅管),此时与红表笔相接的电极为二极管的正极,与黑表笔相接的为负极。

二、二极管整流电路

图 5-15 用数字万用表检测二极管

汽车用电的特点是低压直流,而汽车发电机产生的是交流电,这就需要将交流电转化为直流电。整流电路就是利用半导体二极管的单向导电性,把周期性变化的交流电转化为方向不变、大小随时间变化的脉动直流电的电路。应用较广泛的整流电路有单相半波整流电路、单相桥式整流电路和三相桥式整流电路。

1. 单相半波整流电路

(1)电路组成。

如图 5-16a)所示,电路由电源变压器 T 和整流二极管 VD 组成,R_L 为负载电阻。

(2)工作原理。

当变压器的初级输入正弦交流电压 u_1,则在变压器次级可得一个所需的同频交流电 u_2,设 $u_2 = \sqrt{2}U_2\sin(\omega t)$,波形如图 5-16b)所示。在 u_2 的正半周期,变压器二次绕组电压瞬时极性上端 a 为正,下端 d 为负,整流二极管 VD 正偏导通,二极管和负载上有电流流过,方向如图 5-16a)所示。若忽略二极管的正向管压降,则负载两端的电压 $u_o = u_2$。在 u_2 的负半周期,变压器二次绕组的瞬时极性上端 a 为负,下端 d 为正,二极管 VD 反偏截止,所以电路中没有电流,负载电压为零,二极管上反偏电压 $u_D = u_2$。

如图 5-16c)所示,正弦交流电 u_2 通过该整流电路后,负载只能得到半个正弦波的脉动直流电,故称半波整流电路。

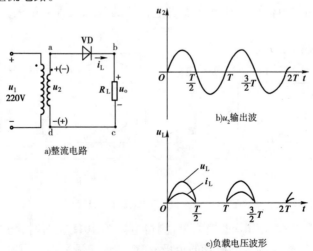

图 5-16 单相半波整流电路及整流波形图

(3) 负载电压和电流。

负载上的直流电压是半波脉动电压。把半个周期的脉动电压在整个周期内的平均值叫作它的直流电压 $U_{o(AV)}$。经数学计算可得负载两端的直流电压 $U_{o(AV)}$ 为：

$$U_{o(AV)} = \frac{\sqrt{2}}{\pi}U_2 \approx 0.45U_2 \tag{5-1}$$

式(5-1)中，U_2 为变压器二次侧交流电 u_2 的有效值。

根据欧姆定律，可得流过负载的直流电流平均值 $I_{L(AV)}$ 为：

$$I_{L(AV)} = \frac{U_{o(AV)}}{R_L} \approx 0.45\frac{U_2}{R_L} \tag{5-2}$$

(4) 整流二极管的选择。

由前面的讨论可知，流过整流二极管的平均电流 I_D 等于负载的直流电流 $I_{L(AV)}$。二极管承受的最大反向电压 U_{DM} 等于变压器次级电压的最大值，即 $U_{DM} = \sqrt{2}U_2$。根据 I_D 和 U_{DM} 就可以选择整流二极管了。但考虑到电网电压的波动和其他因素，在选择二极管时必须使它的最大整流电流 $I_F \geq I_D$，其反向电压必须大于 $U_{RM} \geq U_{DM}$。

半波整流电路使用元件少，电路简单，但输出直流电压小且波动大，电源利用率很低。一般只适用于小电流及对脉动要求不高的地方。

2. 单相桥式整流电路

(1) 电路的组成。

如图 5-17 所示，电路由变压器 T 和 4 个整流二极管组成，其电路接成电桥形式，故称为桥式整流电路。

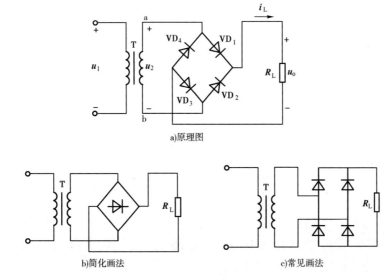

图 5-17 单相桥式整流电路

(2) 工作原理。

设电源变压器二次绕组电压 u_2 正半周期时，极性上端 a 为正，下端 b 为负，整流二极管 VD_1、VD_3 正偏导通，VD_2、VD_4 承受反偏电压 u_2 而截止。导电回路为 a→VD_1→R_L→VD_3→b，负载得到一个上正下负的半波整流电压。在 u_2 的负半周期时极性 a 端为负，b 为正，整流

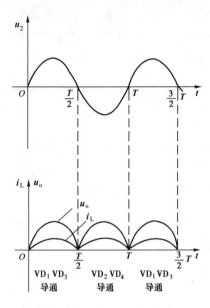

图 5-18 单相桥式整流电路波形图

二极管 VD_2、VD_4 正偏导通 VD_1、VD_3 承受反偏电压 u_2 截止。导电回路为 b→VD_2→R_L→VD_4→a，负载同样得到一个上正下负的半波整流电压。可见，u_2 经桥式整流电路后，负载得到了一个全波直流电压，因此，桥式整流电路是一个全波整流电路。u_2、i_L 和 u_o 波形如图 5-18 所示。

(3) 负载上电压和电流。

桥式整流中，由于交流电在每一个周期的正、负两个半周期内都通过负载，所以负载上得到的直流电压的平均值 $U_{o(AV)}$ 和直流电流的平均值 $I_{L(AV)}$ 是半波整流的两倍，即：

$$U_{o(AV)} = 2 \times 0.45 U_2 \approx 0.9 U_2 \quad (5-3)$$

$$I_{L(AV)} = 0.9 \frac{U_2}{R_L} \quad (5-4)$$

(4) 整流二极管的选择。

在整流电路中，二极管整流时，二极管 VD_1、VD_3 和 VD_2、VD_4 是轮流导通的，流过每一个二极管的电流都等于负载电流 I_L 的一半。

$$I_D = 0.45 I_{L(AV)} \quad (5-5)$$

在桥式整流电路中，整流二极管在反偏时均承受变压器次级电压 u_2。因此，忽略不计二极管的正向管压降时，二极管受到的最大反向电压等于变压器次级电压 u_2 的最大值，即 $U_{RM} = \sqrt{2} U_2$。

选择二极管时，应使 $I_F \geq I_D = 0.45 I_L$，$U_{RM} \geq U_{DM} = \sqrt{2} U_2$。

桥式整流电路能使负载获得全波直流电压，电源利用率高，平均直流电压高、脉动小，所以桥式整流电路获得广泛应用。为此，专门生产了用于桥式整流电路的"整流桥"，使用更加方便。

3. 三相桥式整流电路

(1) 电路的组成。

如图 5-19a) 所示，电路由三相绕组和 6 只连接成桥式的整流二极管组成，故称为三相桥式整流电路。其中，三相绕组可以是三相变压器的二次绕组，也可是交流发电机的三相定子绕组。

汽车硅整流发电机中的 6 个整流二极管分为两组：VD_1、VD_2、VD_3 的负极连接在一起，称为共负极组；VD_4、VD_5、VD_6 的正极连接在一起，称为共正极组，如图 5-20 所示。负载连接在三相桥式整流电路的输出端 E 和 F 之间。

(2) 工作原理。

设三相绕组输出的交流电压 u_a、u_b、u_c 为三相对称正弦交流电，其波形如图 5-19b) 所示。

在 $0 \sim t_1$ 期间，u_b 输出电压为负，u_a、u_c 输出电压为正，但 u_c 输出电压比 u_a 输出电压高，即电路中 c 点电位最高，b 点电位最低。二极管 VD_3、VD_5 正偏导通，其他管子反偏截止。电流从 c→VD_3→R_L→VD_5→b 形成一个导电回路。若忽略二极管的正向压降,c、b 间的线电压全部加在负载 R_L 上。

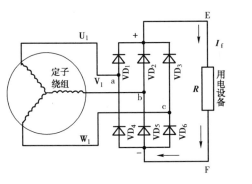
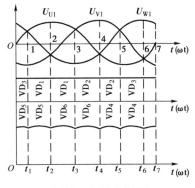

a)三相桥式整流电路　　　　　　　　b)电源电压波形和输出波形

图 5-19　三相桥式整流电路及波形

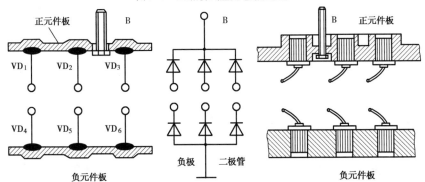

图 5-20　汽车整流二极管的安装

在 $t_1 \sim t_2$ 期间,电路中 a 点电位最高,b 点电位仍最低。二极管 VD_1、VD_5 正偏导通,其他管子反偏截止。电流从 a→VD_1→R_L→VD_5→b 形成一个导电回路。负载 R_L 上电压近似等于 a、b 间的线电压。

在 $t_1 \sim t_3$ 期间,电路中 a 点电位最高,c 点电位最低。二极管 VD_1、VD_6 导通,其他管子反偏截止。电流从 a→VD_1→R_L→VD_6→c 形成一个导电回路。负载 R_L 上电压近似等于 a、c 间的线电压。

以此类推,可列出图 5-19 中的二极管导通次序。负载获得的脉动直流电压如图 5-19b)所示。

（3）负载电压和电流。

经计算得负载电压和电流的平均值为：

$$U_{o(AV)} = 2.34 U_2 \tag{5-6}$$

$$I_{L(AV)} = \frac{U_o}{R_L} = 2.34 \frac{U_2}{R_L} \tag{5-7}$$

式(5-7)中,U_2 为相电压的有效值。

（4）二极管的参数。

由于在一个周期中,每个二极管只有 $\frac{1}{3}$ 的时间导通,所以流过每个二极管的平均电流只有负载电流的 $\frac{1}{3}$。而每只二极管承受的最大反向电压等于线电压的最大值,即:

$$I_D = \frac{1}{3} I_{L(AV)}$$

$$U_{RM} = \sqrt{2} \times \sqrt{3} U_2 = 2.45 U_2 = 1.05 U_R$$

三相桥式整流电路的输出电压高,脉动小,电源利用率高,得到广泛应用。

习题一

1. 填空

(1) N 型半导体中的多数载流子是(　　),P 型半导体中的多数载流子是(　　)。

(2) PN 结加正向电压是指电源正极接(　　),负极接(　　)。

(3) 二极管导通时,硅管和锗管的正向管压降分别约为(　　)和(　　)。

(4) 整流是指将(　　)转化为(　　)。

2. 简述单相桥式整流电路的工作原理。

3. 试述如何用数字式万用表判断二极管的极性和好坏。

课题二　滤 波 电 路

预备知识:二极管的单向导电性;电容、电感的特点;直流电和交流电的概念。

整流电路把交流电转变为直流电,但整流后负载获得的直流电包含着一定的交流分量,脉动较大,这对要求电流和电压都比较平稳的负载,如电子仪器、自动控制设备等,会影响设备的正常运行。为此,常在整流电路后加接滤波电路,把脉动直流电中的交流分量滤掉,使之成为平滑的直流电。常用的滤波电路有电容滤波电路、电感滤波电路和复式滤波电路。

一、电容滤波电路

电容器是最简单、最常用的滤波器。在整流电路的输出端和负载之间并联一个电容器,便可实现滤除交流分量的目的。

1. 单相半波整流电容滤波电路

电路如图 5-21a)所示,设滤波电容初始电压为零。在 u_2 的第一个正半周期,即 $0 \sim t_1$ 期间,u_2 由零逐渐增大时,整流二极管 VD 正偏导通,u_2 向负载供电的同时,向电容器充电,电流方向如图 5-21a)中箭头指向。电容器两端的电压随 u_2 增大而增大。如果忽略不计变压器的次级电阻和二极管的正向压降,电容器两端的电压 u_c 和负载两端的电压 u_o 等于 u_2,即 $u_c = u_o = u_2$,如图 5-21c)中的 OA 段。当 u_2 达到最大值$\sqrt{2}U_2$ 时,u_c、u_o 也达到$\sqrt{2}U_2$。由于二极管的阳极电位是随 u_2 变化的,而阴极电位是随 u_c 变化的,因此这时二极管因零偏而截止。当 u_2 开始下降并小于 u_c 时,二极管 VD 也因反偏截止。电容器在二极管截止时开始向负载放电，电流方向如图 5-21b)中箭头所示。由于电容器放电时间常数 $R_L C$ 很大，放电非常缓慢，电容器两端的电压 u_c 在 $t_1 \sim t_2$ 期间下降不多。因此，负载两端的电压变化不大，如图 5-21c)中的 AB 段所示。

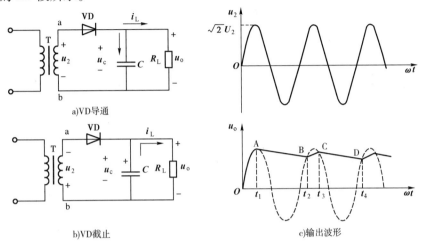

图 5-21　半波整流电容滤波

当 u_2 进入第二个正半周期且逐渐增大，直到 t_2 时刻，二极管阳极电位大于阴极电位，二极管 VD 又正偏导通，负载电压 u_o 的波形如图 5-21c)中的 BC 段所示。在导通的 $t_2 \sim t_3$ 期间，电源并向电容器充电，到 t_3 时刻，$u_c = u_2$，二极管又截止，电容器再次向负载放电，这样周而复始，负载可获得较平稳的直流电。

加电容滤波后，一般负载获得的直流电压平均值大约为：

$$U_{o(AV)} = (1.0 \sim 1.1) U_2 \tag{5-8}$$

一般取 $U_{o(AV)} = U_2$。

在二极管截止时，变压器二次绕组电压瞬时极性为上端 a 为负，下端 b 为正，此时电容器电压充至 $\sqrt{2} U_2$，极性为上正下负，因此二极管承受的最大反向电压为两电压之和，即 $U_{DM} = 2\sqrt{2} U_2$。

2. 单相桥式整流电容滤波电路

电路如图 5-22a)所示。其工作原理与半波整流电容滤波基本相同。但由于全波整流在电源的一个周期内电容有两次充电，电容器放电时隔更短，因而经电容器滤波后的输出电压更平稳，输出波形如图 5-22b)所示，图中虚线为不接滤波电容时的波形，实线为滤波后的波形。

加电容滤波后，一般负载获得的直流电压平均值大约为：

$$U_{o(AV)} \approx 1.2 U_2 \tag{5-9}$$

若负载电阻开路，$U_o = \sqrt{2} U_2$。

总之，对电容滤波电路，电容放电越快，放电电流就越大，则输出电压起伏越大；电容放电越慢，输出电压越平滑。电容滤波电路一般只适用于负载电流较小（R_L 值较大）的场合。

例 5.1　某单相桥式整流电容滤波电路，用 220V、50Hz 的交流电供电，要求输出直流电压 $U_{o(AV)}$ 为 300V，负载电流 $I_{L(AV)}$ 为 500mA，试确定整流二极管的型号。

解： 通过每个二极管的平均电流：

$$I_D = \frac{I_{L(AV)}}{2} = \frac{500}{2} = 250(\text{mA})$$

根据式(5-9)知 $U_{o(AV)} \approx 1.2U_2$，则变压器次级电压有效值：

$$U_2 = \frac{U_{o(AV)}}{1.2} = \frac{300}{1.2} = 250(\text{V})$$

每个二极管承受的最大反向电压：

$$U_{RM} = \sqrt{2}U_2 = \sqrt{2} \times 250 = 350(\text{V})$$

故可选用2CZ11E，其最大整流电流为1A，最大反向工作电压为500V。

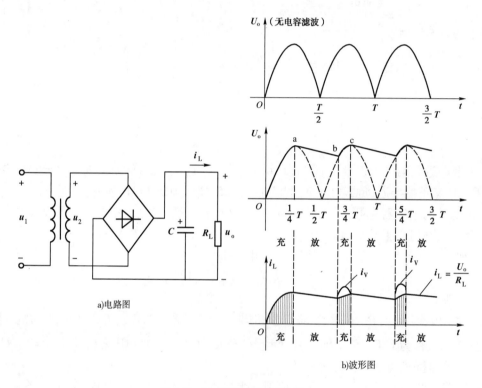

图5-22 桥式整流电容滤波电路

二、电感滤波电路

在整流电路和负载 R_L 之间串入一个电感线圈，便组成电感滤波电路，如图5-23a)所示。

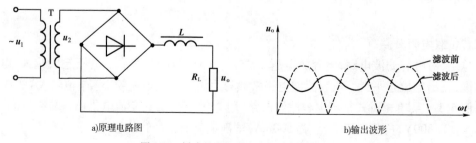

图5-23 桥式整流电感滤波电路及输出波形

从能量角度来讲,电感是一种储能元件。根据楞次定律,当通过线圈的电流 i 发生变化时,在电感中将产生感应电动势以阻止电流的变化。当电流 i 增大时,感应电动势的方向与电流的方向相反,阻碍电流增大,同时电感把一部分电能转换成磁场能($W_L = Li^2/2$)而储存起来;当电流 i 减小时,则感应电动势的方向与电流方向相同,阻碍电流减小,同时电感把储存的磁场能 W_L 转化为电能释放出来,补偿流过负载的电流。于是输出电流的脉动减小了,负载上电压的脉动自然也减小了,输出波形如图 5-23b)所示。从阻抗观点来讲,由于电感线圈对直流电的阻抗远小于负载 R_L,故直流分量几乎全部降在负载上,但对交流分量感抗为 ωL,只要 L 足够大,满足 ωL 远大于 R_L 时,交流分量几乎全部降在电感线圈上,负载上的交流压降很小,因此负载可获得平滑的直流电压。

电感滤波电路滤波效果的好坏与负载 R_L 和电感线圈的电感量有关。一般 L/R_L 愈小,输出的电压波动愈大;L/R_L 愈大,输出的电压波动愈小,负载电压越平稳。一般认为 $U_{o(AV)} = 0.9U_2$。

三、复式滤波电路

复式滤波电路是由电容 C 和电感 L 或电容 C 和电阻 R 组合,构成的 LC 型滤波电路和 π 型滤波电路。

1. 单相桥式整流 LC 型滤波电路

单相桥式整流 LC 型滤波电路如图 5-24a)所示。

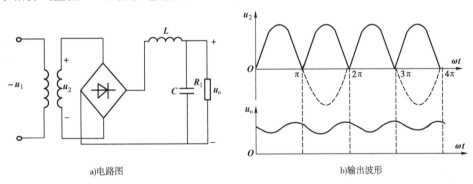

a)电路图 b)输出波形

图 5-24 单相桥式整流 LC 型滤波

桥式整流电路输出的全波脉动直流电的交流分量大部分降落在电感 L 上,漏过来的交流分量经电容器 C 的再次滤除,负载可获得更加平滑的直流电,如图 5-24b)所示。

电感滤波适用于负载电流较大的场合,电容滤波适合电流较小的场合,因此,由电感和电容组成的 LC 型滤波器兼容两者的特点,对任何大小的负载电流都有较好的滤波作用。

2. π 型滤波电路

如图 5-25a)所示,在 LC 型滤波电路前再加一电容器,则构成 LC—π 型滤波电路。

由于这种滤波电路对脉动直流电先经电容 C_1 滤波,再经 LC_2 组成的 LC 型滤波器滤波,输出电压比 LC 滤波效果更好,缺点是整流二极管的冲击电流较大,电感线圈体积大,成本高。

π 型滤波电路在小功率整流电路中使用较多。实际应用中,在负载电阻较大,电流只有几十毫安时,常用电阻 R 代替体积大、价格贵的电感 L,构成 RC—π 型滤波电路,如图5-25b)所示。

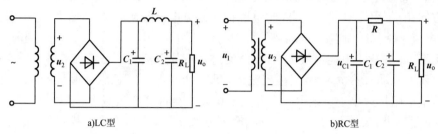

图 5-25　单相桥式整流 π 型滤波

习题二

1. 滤波电路的作用是什么？常用的滤波电路有哪几种？
2. 电容滤波和电感滤波有何特点？
3. 简述单相桥式整流电容滤波电路的工作原理。

课题三　稳压电路

预备知识：二极管的伏安特性；并联电路的特点。

交流电经整流和滤波后,负载可获得比较平滑的直流电。但是,当电网电压波动或负载发生变化时,都会引起输出电压的变化。这对直流电源要求很高的精密振荡电路和数字电路,是不能满足要求的。为了得到不随电网电压或负载发生变化而变化的稳定直流电,必须在滤波电路和负载之间再接上能稳定负载电压的稳压电路。

稳压电路按稳压元件与负载的连接方式不同可分为并联型稳压电路和串联型稳压电路,本课题介绍并联型硅稳压管稳压电路。

一、稳压二极管

1. 稳压二极管及其伏安特性

稳压二极管（又称齐纳二极管）简称稳压管,是一种用特殊工艺制造的面结型硅半导体二极管,其符号和伏安特性如图 5-26 所示,文字符号为 VS。常用的稳压二极管有 2CW 和 2DW 系列。

由伏安特性曲线可知,稳压管在反向电压较小时,只有很小的漏电流。当反向电压增大到某一电压 U_z 时,管子突然反向导通,这种现象叫"击穿",U_z 叫击穿电压。在反向击穿区,通过稳压管的电流可以在较大的范围内变化,但它两端电压 U_z 却变化很小,可以近似地认为恒定不变,这个特性称为稳压管的稳压特性。稳压管就是利用这一特性进行稳压的,U_z 称稳压管的稳定电压。

2. 稳压管的主要参数

(1) 稳定电压 U_z。稳压管工作在稳定状态时两端的电压。这个值在击穿区变化较小,可近似地认为等于击穿电压 U_Z。由于半导体器件性能参数的离散性很大,同一型号的稳压管 U_Z 的值也不相同,一般只能给出某型号稳压管的稳压范围,如2CW56 的 U_Z 为 7~8.8V。

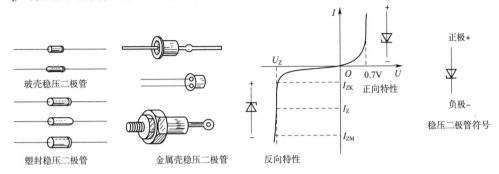

图 5-26　硅稳压二极管及特性曲线

(2)稳定电流 I_Z。稳压电流又称最小稳压电流 I_{zmin},即维持稳定电压的最小工作电流。

(3)最大工作电流 I_{ZM}。稳压管允许通过的最大工作电流,超过此值,稳压管会因过热而损坏。

(4)最大耗散功率 P_M。稳压管正常工作时的最大允许功率,近似等于稳定电压与最大工作电流的乘积,即 $P_M = U_Z I_{ZM}$。

二、硅稳压管稳压电路

1. 电路组成

稳压管稳压电路如图 5-27 所示,R 是限流电阻,用以限制流过稳压管 VS 的电流,防止超过最大稳压电流 I_{ZM} 而损坏。

由于稳压电路中的稳压管 VS 和负载 R_L 并联($U_o = U_Z$),故称该电路为并联型稳压电路。

2. 稳压原理

(1)负载 R_L 不变,电网电压变化引起输入电压 U_I 变化。

若 U_I 升高,它经 R 和 R_L 分压引起 U_o(等于 U_Z)略有增大。由稳压管击穿区特性曲线知,U_Z 有微小的变化,流过稳

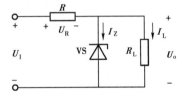

图 5-27　硅稳压管稳压电路

压管的电流 I_Z 便有较大增加。由于流过限流电阻 R 中的电流 $I = I_Z + I_L$,所以 I 也迅速增加,限流电阻 R 上的电压降 U_R 显著增加,使升高的电压基本上降落在电阻 R 上,从而使输出电压 $U_o = U_I - U_R$ 保持稳定。稳压过程可表示如下:

$$U_I \uparrow \rightarrow U_o \uparrow \rightarrow I_Z \uparrow \uparrow \rightarrow I \uparrow \rightarrow U_R \uparrow \rightarrow U_o \downarrow \rightarrow \Delta U_o \downarrow$$

若 U_I 减小,引起负载电压减小时,稳压管的电流减小,限流电阻上的压降减小,又保证输出电压的稳定:

$$U_I \downarrow \rightarrow U_o \downarrow \rightarrow I_Z \downarrow \downarrow \rightarrow I \downarrow \rightarrow U_R \downarrow \rightarrow U_o \uparrow \rightarrow \Delta U_o \downarrow$$

(2)输入电压 U_I 不变,负载 R_L 变化。

当负载 R_L 增大(例如并入新的负载的瞬间),U_I 经 R 和 R_L 分压而引起负载电压 U_o 有增大时,则稳压电路将产生以下调整,以使输出电压稳定:

$R_L \uparrow \to U_o \uparrow \to I_Z \uparrow \to I \uparrow \to U_R \uparrow \to U_o \downarrow \to \Delta U_o \downarrow$

当 R_L 减小时,稳压过程与上述过程相反,同样使输出电压稳定。

并联型稳压电路具有电路简单、使用元件少等优点,但稳压值受稳压管反向击穿电压的限制,且输出电压不能任意调节,输出功率不大,因此一般只适用于电压固定、负载电流较小、负载变动不大的场合。

习题三

1. 稳压电路有什么作用?为什么把图 5-27 所示的稳压电路称为并联型稳压电路?
2. 试述当电源电压不变而负载电阻减小时,图 5-27 所示稳压电路的稳压原理。

课题四　晶闸管及其应用

预备知识:PN 结的特点;二极管的伏安特性;二极管整流的原理。

晶闸管全称晶体闸流管,又称可控硅,是在硅二极管的基础上发展起来的一种大功率半导体器件。自 1957 年问世以来,因其具有体积小、质量轻、效率高、容量大、耐高压、无火花、抗振动、反应快、寿命长、控制特性好等优点,广泛应用于可控整流、直流电动机的无级调速、交直流转换、调光、蓄电池充电机、电解和电镀、汽车电容放电式晶体管点火系等方面。

本课题介绍普通晶闸管的结构、特点、主要参数,讨论晶闸管在单向可控整流和交流调压方面的应用。

一、晶闸管及工作原理

1. 晶闸管的结构和类型

晶闸管是通过一定制作工艺将 P 型和 N 型硅半导体交替叠合而成的四层(P_1-N_1-P_2-N_2)三端元件,其间形成 3 个 PN 结(J_1、J_2、J_3),内部结构如图 5-28a)所示。3 个电极分别是从 P_1 区引出的阳极 A,从 N_2 区引出的阴极 K,从 P_2 区引出的控制极 G(又称门极)。晶闸管结构示意图如图 5-28b)所示。

根据外形可把晶闸管分为小容量塑封式、螺栓式和大容量平板型压接式。晶闸管的文字符号为 VT,常见外形和图形符号如图 5-29 所示。

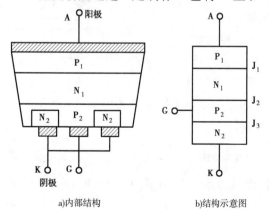

a)内部结构　　b)结构示意图
图 5-28　可控硅的内部结构

2. 晶闸管工作原理

如图 5-30 实验所示,将可控硅的阳极 A 和阴极 K 与小电珠、开关 SA 串联后接上电源 E_a,这个电路称为主电路;控制极 G 与阴极 K 及电阻 R 串联后接电源 E_g,这个电路称为控制电路。

(1)正向阻断特性。如图 5-30a)所示,接通主电路,但不接通控制电路,电珠不亮。可见,晶闸管没有导通,即晶闸管具有正向阻断能力。

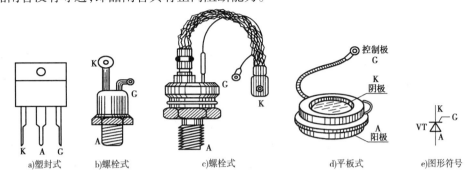

图 5-29　晶闸管的外形与图形符号

（2）可控导通特性。如图 5-30b）所示,接通控制电路,使控制极得到一个正电压（通常叫触发电压）,则电珠变亮。可见,晶闸管丧失正向阻断能力而导通。

晶闸管导通后,其正向压降一般为 0.6~1.2V。而流过的电流称阳极电流,用 I_A 表示。

（3）持续导通性。如图 5-30c）所示,断开开关 SA,去掉控制极上的电压,电珠仍然亮着。可见,晶闸管的控制极只起触发作用,晶闸管一旦导通,控制极就丧失了控制作用,晶闸管可以持续导通。现逐渐增大电路的电阻或减小电源电压 E_a,使流过晶闸管的电流逐渐减小。我们会发现当电流小于某个值时,晶闸管会关断。这个电流称维持电流,用 I_H 表示。

（4）反向阻断特性。如图 5-30d）所示,把晶闸管的阳极与电源的负极相连,而阴极与电源的正极相连,即加反向电压。此时无论控制极加不加正向电压,电珠都不亮,即晶闸管不导通,具有反向阻断的能力。晶闸管在导通情况下,当主回路电压（或电流）减小到接近于零。

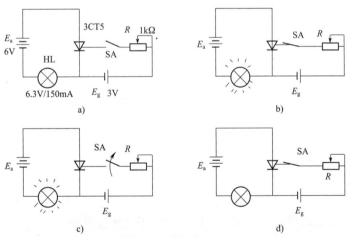

图 5-30　晶闸管实验电路

综上所述,要使晶闸管导通,必须同时满足两个条件:第一,晶闸管的阳极—阴极之间加一定大小的正向电压;第二,控制极—阴极之间必须同时加上适当的正向触发电压。晶闸管一旦导通,控制极上的信号便失去了控制作用。若要使晶闸管从导通转化为截止,必须使阳极电压降到足够小,使 $I_A < I_H$。

在实际应用中,晶闸管的控制极电压和电流一般是比较小的,电压只有几伏,电流只有几十至几百毫安,但被控制的器件电压和电流可以很大,电压可达几千伏,电流可达千安以上。因此晶闸管是一个可控的单向开关,它能以弱电去控制强电电路。

3. 晶闸管的伏安特性

晶闸管的伏安特性是指阳极—阴极电压 u_{AK}(阳极电压)与阳极电流 i_A 的关系曲线,如图 5-31 所示,位于第一象限的曲线称正向特性,位于第三象限的曲线称反向特性。正向特性中又分为阻断和导通两种状态。当晶闸管的阳极—阴极之间加正向电压,控制极不加电压时,晶闸管只有很小的正向漏电电流流过晶闸管,即特性曲线的 A 段。此时它的阳极—阴极之间呈现很大的电阻,晶闸管处于正向阻断状态。当正向电压增大到转折电压(又称正向不重复峰值电压 U_{BO})时,正向漏电电流突然急剧增大,晶闸管由阻断状态突然变为导通状态,由 A 段曲线迅速转到 BC 段,这种现象称"硬开通"。多次硬开通就会使晶闸管损坏,通常是不允许的。晶闸管导通后的正向特性与二极管的正向特性相似,即通过的阳极电流较大时它本身的管压降并不大。

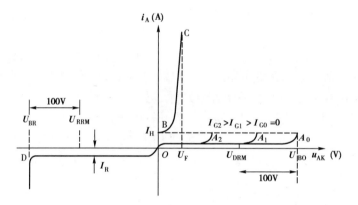

图 5-31 晶闸管的伏安特性曲线

在晶闸管加正向电压后,再在控制极加触发信号。当 $I_G > 0$,那么晶闸管被触发导通,它的转折电压 U_{BO} 会随着控制电流 I_G 的增大而下降。

当晶闸管加反向电压时,晶闸管处于反向阻断状态,即曲线 OD 段。它与二极管的反向特性相似。当反向电压增大到反向转折电压 U_{BR} 时,反向电流就会急剧增大,使晶闸管反向击穿并造成永久性损坏,U_{BR} 称为反向击穿电压。

4. 晶闸管的主要参数

1) 晶闸管的电压参数

(1) 正向转折电压 U_{BO}。在额定结温和控制极断开条件下,使晶闸管由阻断状态发生正向转折,变为导通状态时所对应的阳极—阴极之间正向峰值电压。

(2) 正向断态重复峰值电压 U_{DRM}。又称为断态重复峰值电压,其值规定为 $U_{DRM} = U_{BO} - 100V$。

(3) 反向转折电压 U_{BR}。就是反向击穿电压。

(4) 反向重复峰值电压 U_{RRM}。又称为反向阻断峰值电压,是指控制极断开且在额定结温条件下,允许重复加在晶闸管上的反向峰值电压,其值规定为 $U_{RRM} = U_{BR} - 100V$。

(5) 额定电压 U_T。晶闸管长期正常工作时允许加的电压值。常把 U_{DRM} 和 U_{RRM} 中较小的一个数值标成器件型号上的额定电压。为避免瞬时过电压使晶闸管遭到破坏,在选用晶闸管时,额定电压应选为正常工作电压峰值的 2～3 倍,例如晶闸管在工作中可能承受的最大瞬时电压为 U_{TM},则取额定电压 $U_T = (2～3)U_{TM}$。

(6) 通态正向平均电压 U_F。在规定的环境温度和标准散热条件下,器件正向通过正弦半波额定电流时,其两端的电压降在一周期内的平均值,又称管压降,其值在 0.6～1.2V 之间。

2) 晶闸管的电流参数

(1) 额定正向平均电流 I_F。在规定的环境温度和标准散热条件下,允许通过工频正弦半波电流的平均值。一般取 I_F 为正常工作平均电流的 1.5～2 倍。例如一只额定电流 I_F = 100A 的晶闸管,其允许的电流有效值可以为 150～200A。

(2) 维持电流 I_H。指晶闸管由通态变为断态的最小电流。

(3) 控制极触发电压 U_G 和触发电流 I_G。在规定环境温度和加正向电压条件下,使晶闸管从阻断状态转变成导通状态所需要加在控制极上的最小直流电压称触发电压,用 U_G 表示。此时控制极的最小直流电流称触发电流,用 I_G 表示。一般 U_G 为 1～5V,I_G 为几十到几百毫安。

5. 国产晶闸管的型号

按国标规定,普通晶闸管的型号命名含义如下:

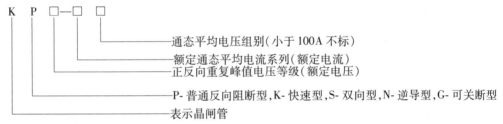

通态平均电压组别共 9 级,用 A～I 表示 0.4～1.2V 范围,每级差 0.1V。

例如 KP100-12G 表示额定电流为 100A,额定电压为 1200V,管压降(通态平均电压)为 1V 的普通晶闸管。

有的制造厂采用老型号 3CT 系列,其中 3 表示元件有 3 个电极;C 表示由 N 型硅材料制成;T 表示可控整流元件。例如 3CT100/800 表示额定电流为 100A,额定电压为 800V 的可控硅整流元件,即晶闸管。3CTK 为快速开关元件,3CTS 为双向管。

6. 晶闸管的简易检测

(1) 阳极—阴极正反向是否短路。

用万用表电阻挡 R×1k,测阳极—阴极间的正反向电阻,都应很大(指针基本不动)。否则说明元件已有短路或性能不好。

(2) 控制极是否短路或断路。

因控制极与阴极之间只有一个 PN 结,所以判断的原则同一般晶体二极管的判别法。

二、单向可控整流电路

在生产实践中常需要电压可调的直流电源,如电焊、电镀、同步发电机励磁、电动机调速等。用晶闸管组成的可控整流电路,可以方便地把交流电变换成大小可调的直流电。

可控整流电路由整流主回路和触发电路两部分组成,下面介绍主回路。为了便于分析问题,我们把晶闸管看成理想元件,即导通时正向电压降和关断时的漏电流均忽略不计,晶闸管的开通和关断都是瞬间完成的。

1. 单相半波可控整流电路

电路由变压器 T、晶闸管 VT 和负载电阻 R_L 组成,如图 5-32a) 所示。

如果在控制电路加上恒定的正向触发电压 U_g, 如图 5-32b) 所示。根据晶闸管的特性,当 u_2 为正半周期时 $(0\sim\pi)$, 晶闸管导通,负载电阻 R_L 获得相应的半波电压;当 u_2 为负半周期时 $(\pi\sim2\pi)$, 晶闸管截止,无电流输出,负载电阻 R_L 上的电压为零,如图 5-32c) 所示,电源电压全部降落在晶闸管上,负载 R_L 获得的是一个半波脉动直流电。

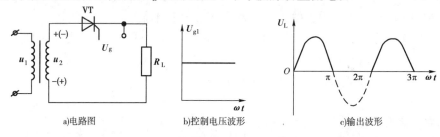

图 5-32 单相半波可控整流电路及波形

若在晶闸管的控制极加上一个可以调节触发时间的脉冲电压 U_g(即在某一时刻突然出现的瞬时电压),使脉冲的频率与电源的频率相同。在 u_2 的正半周期,如果触发脉冲 U_g 在 t_1 时刻出现,如图 5-33a) 所示,根据晶闸管的导通条件,晶闸管在 t_1 时刻才导通,并一直持续到 u_2 下降到接近零时,晶闸管的正向电流减小到维持电流以下,晶闸管自行关断。在 u_2 的负半周期 $(\pi\sim2\pi)$ 时晶闸管因承受反向电压而不导通,直到下一个正半周期 $(2\pi\sim3\pi)$,由下一个触发脉冲进行触发,晶闸管又重新导通,以后重复上述过程。这样,晶闸管依次在每一个正半周期导通一定的时间,于是负载 R_L 就会获得一定大小的直流电压。我们把 $0\sim t_1$ 间的电角度,即在晶闸管的控制极上加入触发脉冲使晶闸管开始导通的电角度 α 称为控制角,也称为触发角、移相角。晶闸管在一个周期内导通的电角度称为导通角,用 θ 表示,$\theta = \pi - \alpha$。

假如,我们使触发脉冲推迟一段时间,在 t_2 时刻出现,则晶闸管必须在每个正半周期开始后相隔较长的时间才导通,如图 5-33b) 所示。这样在每一个正半周期中的导通时间就短,即导通角 θ 减小,控制角 α 增大,因此负载 R_L 获得的直流电压的平均值就小。反之,触发时间提前,即减小控制角 α, 负载获得的电压就增大。可见,我们可以通过控制触发脉冲出现的时刻以改变控制角 α 大小(称移相)的办法来达到控制输出电压大小,这就是"可控"的意思。在单相半波可控整流电路中,晶闸管触发脉冲的移相范围是 $0\sim\pi$。当 $\alpha = 0$ 时,导通角 $\theta = \pi$ 最大,称为全导通。

可以推导出,负载上的直流电压和电流的平均值为:

$$U_o = 0.45 U_2 \times \frac{1+\cos\alpha}{2} \tag{5-10}$$

$$I_L = \frac{U_o}{R_L} = 0.45 \frac{U_2}{R_L} \times \frac{1+\cos\alpha}{2} \tag{5-11}$$

单元五 晶体二极管和晶闸管及其应用

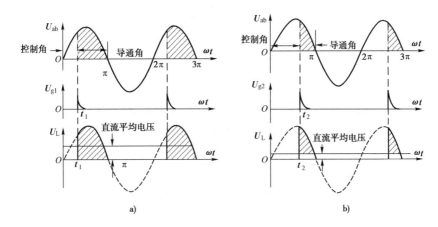

图 5-33 半波可控整流电压波形图

式(5-10)中,U_2 为电源变压器次级绕组上电压的有效值;α 为控制角。

2. 单相桥式半控整流电路

电路如图 5-34a)所示,其中 T 为单相电源变压器,R_L 为电阻性负载,晶闸管 VT_1、VT_2 及整流二极管 VD_1、VD_2 构成整流桥。由于在整流桥中只用了两个晶闸管,所以称为半控桥式整流电路。

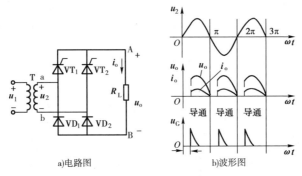

图 5-34 单相半控桥式整流电路及波形

在 u_2 的正半周期(a 点为正,b 点为负)时,晶闸管 VT_1 虽处于正向电压作用下,但因未加触发电压,处于正向阻断状态。当 $\omega t = \alpha$ 时,在控制极加入触发脉冲,VT_1 导通,电流 i 的路径为:a→VT_1→A→R_L→B→VD_2→b。而 VT_2 和 VD_1 均承受反向电压而阻断。当 u_2 变为零时,$i=0$,VT_1 由导通转变成阻断状态。

在 u_2 的负半周期(a 点为负,b 点为正)时,晶闸管 VT_2 虽处于正向电压作用下,但因未加触发电压,而处于正向阻断状态。当 $\omega t = \pi + \alpha$ 时,在控制极 G 加入触发脉冲,使 VT_2 导通,电路中有电流 i,路径为:b→VT_2→A→R_L→B→VD_1→a。而 VT_1 和 VD_2 均承受反向电压而阻断。当 u_2 变为零时,VT_2 由导通转变成阻断状态。可见无论 u_2 在正半周期还是在负半周期,只要晶闸管被触发导通,负载 R_L 上的电流方向总是从 A 点流向 B 点,桥式整流电路起到了整流作用,负载上的电压和电流的波形相似,如图 5-34b)所示。

可见,通过改变加入触发脉冲的时刻,就可改变晶闸管的导通角 θ,从而使负载得到的电压平均值改变,以达到可控整流的目的。输出电压和电流的平均值经计算为:

$$U_o = 0.9U_2 \times \frac{1+\cos\alpha}{2} \tag{5-12}$$

$$I = \frac{U_o}{R_L} = \frac{0.9U_2}{R_L} \times \frac{1+\cos\alpha}{2} \tag{5-13}$$

式(5-12)中，U_2 为电源变压器次级绕组上电压的有效值；α 为控制角。

例 5.2 在图 5-34 所示电路中，若已知负载电阻 $R_L = 10\Omega$，变压器的次级输出电压 U_2 为 100V，控制角 $\alpha = 90°$。求电路的整流输出电压平均值及负载电流 I。

解：根据式(5-12)：

$$U_o = 0.9U_2 \frac{1+\cos\alpha}{2} = 0.9 \times 100 \times \frac{1+\cos 90°}{2} = 45(\text{V})$$

根据式(5-13)：

$$I = \frac{U_o}{R_L} = \frac{45}{10} = 4.5(\text{A})$$

三、晶闸管交流调压电路

在生产实践和生活中，晶闸管用于可控整流外，还常用于交流调压，如工业电炉、电动机调速、家用电器控制等方面。

晶闸管交流调压有单向调压和三相调压，下面介绍晶闸管单向交流调压电路。

1. 两个晶闸管反并联的调压电路

如图 5-35a)所示为用两个反并联晶闸管构成的单相交流调压电路的主回路。

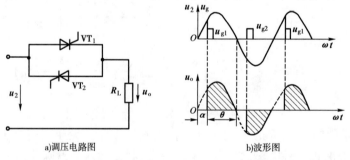

a)调压电路图　　　　　b)波形图

图 5-35　单相交流调压电路及其波形图

调压原理如下：在输入的正弦交流电 u_i 正半周期，当 $\omega t = \alpha$ 时，给晶闸管 VT$_1$ 加上触发电压，则 VT$_1$ 导通(此时 VT$_2$ 关断)，负载得电。当 u_2 过零时，VT$_1$ 关断，负载断电。在 u_2 的负半周期，当 $\omega t = \pi + \alpha$ 时给 VT$_2$ 加上触发脉冲，则晶闸管 VT$_2$ 导通(此时 VT$_1$ 关断)，负载得电，但此时负载电压 u_o 方向与 VT$_1$ 导通时的电压方向相反，当 u_2 过零时，VT$_2$ 自动关断。反复执行上述过程，负载得到的是交流电，如图 5-35b)所示。

负载电压的有效值 U_o：

$$U_o = U_2 \sqrt{\frac{1}{2\pi}\sin 2\alpha + \frac{\pi - \alpha}{\pi}} \tag{5-14}$$

电流有效值：

$$I = \frac{U_o}{R_L} = \frac{U_2}{R_L}\sqrt{\frac{1}{2\pi}\sin 2\alpha + \frac{\pi - \alpha}{\pi}} \tag{5-15}$$

式(5-15)中,U_2 为输入电压 u_2 的有效值。

由式(5-15)可看出,只要改变控制角 α,即改变晶闸管的触发时刻,就会改变输出电压 u_o 的波形,实现调整负载电压 U_o 大小的目的。若控制角 α 逐渐增大,负载上的电压 U_o 会逐渐减小。当 $\alpha = \pi$ 时,$U_o = 0$。因此,电路输出电压的调节范围是 $0 \sim U_o$,控制角 α 的移相范围是 $0 \sim \pi$。

晶闸管反并联调压电路在交流调压、交流控制时需要两个普通晶闸管,这就需要两套彼此绝缘的触发电路,因而会使电路变得复杂起来。为了克服这个缺点,研制出了只要一套触发电路的双向晶闸管。

2. 双向晶闸管及调压电路

1) 双向晶闸管

双向晶闸管由 N-P-N-P-N 五层半导体构成,它有两个主电极 A_1、A_2,一个控制极 G,其结构和电路符号如图 5-36a)、b)所示。

双向晶闸管是一种三端交流元件,在其控制极 G 与主电极 A 间加上正向或反向触发信号可使器件在两个方向都能控制导通,故可以把它看成一对反向并联的普通晶闸管。

双向晶闸管的伏安特性如图 5-36c)所示,在第 I 象限和第 III 象限是对称的,它的主电极正、反两个方向均可触发导通。控制极的极性可正可负,故有 4 种触发方式:第 I 象限正触发 I + 和负触发 I − ,第 III 象限正触发 III + 和负触发 III − 。

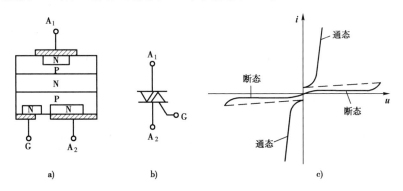

图 5-36 双向晶闸管的结构、符号和特性

2) 双向晶闸管交流调压电路

双向晶闸管调压的基本原理如图 5-37a)所示。

在图 5-37a)电路中,双向晶闸管 VT 是主控元件,它由移向触发器输出的脉冲控制控制角 α。当双向晶闸管被触发导通,它相当于短路,电源电压经晶闸管加到负载 R_L 上。当晶闸管截止,它相当于开路,负载 R_L 就得不到电压。所以双向晶闸管的控制角 α 越小,即导通角 θ 越大,负载 R_L 上得到的电压平均值越大;反之,控制角越大,即导通角越小,负载 R_L 上得到的电压平均值越小。输入电压 u_i、控制极电压 u_g、双向晶闸管两端的电压 u_{VT} 和负载电压 u_o 波形如图 5-37b)所示。值得注意的是这种交流电压的调节,不是通过改变负载上正弦交流电压的幅度,而是通过改变负载上电压的波形实现调节输出电压的大小的。

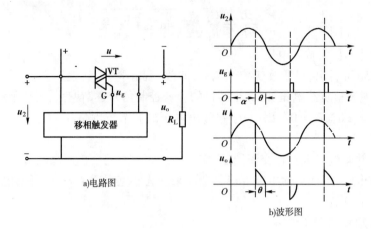

图 5-37 双向晶闸管的交流调压

习题四

1. 晶闸管导通和阻断的条件是什么?
2. 什么是双向晶闸管?它有何特点?
3. 试说明图 5-34 所示的单相半控桥式整流电路的工作过程。

单 元 小 结

1. 本征半导体掺入微量三价或五价元素可成 P 型和 N 型半导体。P 型半导体中空穴是少数载流子,自由电子是多数载流子;N 型半导体中空穴是多数载流子,自由电子是少数载流子。无论是本征半导体还是杂质半导体,内部正负电荷都是相等的,因此对外呈电中性。

2. PN 结是构成各种半导体器件的基础,它的主要特点是具有单向导电性:正偏导通,反偏截止。

3. 晶体二极管是由一个 PN 结构成的非线性器件。常用的有普通二极管、整流二极管、发光二极管、稳压二极管等。

4. 整流电路是利用二极管的单向导电性将交流电转化为单向脉动直流电的电路。常用的有单相桥式整流电路和三相桥式整流电路。

5. 滤波电路接在整流电路之后,用来滤除经整流输出的脉动直流电中的交流成分。通常把变压器、整流电路和滤波电路一起统称为整流器。

6. 常用的滤波电路特点及应用见表 5-1。

表 5-1 滤波电路的比较

滤波电路	优 点	缺 点	适用场合
电容滤波电路	(1)输出电压高; (2)小电流时效果好; (3)结构简单,成本小	(1)带负载能力差; (2)电源起动时充电电流大,对整流器冲击大	负载电流较小的场合

续上表

滤波电路	优 点	缺 点	适用场合
LC 滤波电路	(1)大电流时效果好； (2)带负载能力强	(1)电感体积较大，成本高； (2)输出电压低	负载电流大而且常变动的场合
LC－π型滤波电路	(1)滤波效果好； (2)输出电压高	体积较大，成本较高	负载电流小，要求脉动很小的场合
RC－π型滤波电路	(1)结构简单； (2)兼降压和限流用； (3)滤波效果好	(1)带负载能力差； (2)电阻上有直流电压损耗	负载电阻较大，电流较小且要求脉动很小的场合

7. 稳压管通常工作在反向击穿状态，利用反向击穿后电流可以在较大范围内变化而引起电压变化很小的特点实现稳定负载两端的电压。

8. 晶闸管又称可控硅，可通过小信号触发来控制阳极—阴极的大电流导通。当晶闸管导通后，控制极就失去了控制作用，当阳极电流小于晶闸管的维持电流时，晶闸管关断。

9. 利用晶闸管可控导通的特性组成的可控整流电路，能把输入的交流电变成电压平均值可调的直流电。

10. 双向晶闸管可看成是两个单向晶闸管反并联的组合器件，它具有正、反两个方向都能控制导通的特点，广泛应用于交流调压电路中。

实训一 常用电子测量仪器的使用

一、实验目的

(1)学习使用示波器，掌握用示波器观察正弦信号波形、测量信号参数的方法。
(2)学习使用信号发生器和晶体管毫伏表，掌握使用方法。

二、实验器材

(1)示波器(HH3410型)1台。
(2)晶体管毫伏表(NY4510型)1台。
(3)信号发生器(XD-2型)1台。
(4)万用表(MF47F)1块。

三、实验步骤

(1)熟悉毫伏表和信号发生器的面板上各旋钮及端口的作用。
(2)毫伏表和信号发生器使用练习。
①晶体管毫伏表在加电前先进行机械调零，然后将量程调到30V后通电，进行短接电气调零。

②将信号发生器的输出频率调为1Hz,电压调整旋钮逆时针转到底使输出电压为零。

③将毫伏表的输入端子与信号发生器的输出端子连接起来,顺时针缓慢调节信号发生器的电压调整旋钮到某一位置,分别用毫伏测和万用表测出信号的输出电压。

(3)了解示波器面板上各旋钮和端口的作用。

(4)示波器的使用练习。

①调整时基线。加电前,按表5-2设置仪器的开关及控制旋钮。加电预热仪器约20s,适当调整位移旋钮,将时基线移至屏幕中心。

示波器的基本设置　　　　　　　　　　　表 5-2

项　目	设 置 位 置	项　目	设 置 位 置
电源	断开	聚焦	中间位置
辉度	相当时钟"3"点位置	标尺亮度	逆时针旋到底
显示方式	Y1	AC-⊥-DC	⊥
内触发	Y1	触发源	内
耦合	AC	极性	+
扫描方式	自动	Y轴位移	居中
电平	锁定	X轴位移	居中

②连接输入信号。连接探极(10:1)到Y1和Y2输入端,将低频信号发生器产生的信号加到探头上。

③交流信号的显示。根据被测信号的幅度和频率,调节"V/div"和"t/div"旋钮到适当位置,使显示出来的波形幅度适中,周期适中。

④根据示波器显示的波形,读出输入信号的周期和信号电压的最大值,并计算信号的频率和有效值。

(5)综合练习。

信号发生器分别产生频率为50Hz、400Hz和10kHz,电压为任一值的正弦波信号时,分别用晶体管毫伏表、万用表和示波器测出信号的输出电压的有效值,并记录。

四、实验报告

(1)绘出仪器的面板图,并指出各控制旋钮名称和作用。

(2)画出示波器显示的50Hz、400Hz和10kHz的波形,读出其周期。

(3)分析综合练习测量结果,指出原因。

实训二　单相桥式整流和滤波电路

一、实验目的

(1)学习晶体二极管单相桥式整流电路的连接。

(2)观察单相桥式整流电路的输入、输出波形。

(3)观察滤波电路的输入、输出波形和电容的滤波效果。

(4)通过实训进一步理解整流、滤波原理。

二、实验器材

(1)示波器 1 台。

(2)电源变压器(220V/9V)1 只。

(3)整流二极管(1N4004)4 个。

(4)电容(220μF)2 个;电阻 2 个:100Ω、100kΩ。

三、实验电路

实验电路图如图 5-38 所示。

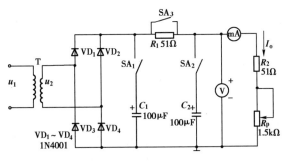

图 5-38　单相桥式整流和滤波电路

四、实验步骤

按实验电路图 5-38 连接电路。

(1)合上 SA_3,然后接通电源,接成桥式整流电路。

(2)测量变压器二次电压 U_2 和输出电压 U_o,记录在表 5-3 中。

(3)用示波器观察 u_2 和 u_o 的波形,并绘在表 5-3 中。

(4)再合上开关 SA_1 或 SA_2,接成了桥式整流电容滤波电路,重复上述过程,并将测试结果填入记录表 5-3 中。

(5)断开开关 SA_3,接成桥式整流 π 型阻容滤波电路,将测试结果填入记录表 5-3 中。

单相桥式整流、滤波电路的测试　　　　　　表 5-3

电路名称＼电压	u_2 波形	u_o 波形	U_o 测试值	U_o 理论值
单相桥式整流电路				
桥式整流电容滤波电路				
桥式整流 π 型阻容滤波电路				

五、实验结果分析

(1)在接入滤波电路后,输出电压与整流电路输出电压及波形有何不同?为什么?

(2)比较电容滤波与 π 型阻容滤波效果有何不同?原因何在?

单元六 放大电路基础

在生产和生活中,我们经常需要将微弱的电信号(电压、电流及功率)放大以控制功率较大的负载,如扩音机就是常见的音频(20~20kHz)放大器,其结构框图如图6-1所示。话筒把声音转换成微弱的、随讲话声音变化的电压信号,此信号经电压放大器和功率放大器的放大送至扬声器,被还原成比送入时音量大得多的声音。

图6-1 扩音机结构框图

把微弱的电信号增强到所需值的电路称放大电路(又称放大器)。若对放大器输出要求是足够幅度的电压信号,称它为电压放大器;若对放大器输出要求是有一定的功率,称它为功率放大器。本单元讨论晶体三极管的结构、工作原理及特性曲线,并对以晶体管为核心元件的低频小信号单级、多级电压放大器、功率放大电路和反馈与振荡电路进行分析。

课题一 单级放大电路

☺ **预备知识**:半导体基础知识和二极管特性;电路的基本概念和规律。

一、半导体三极管

半导体三极管又称晶体三极管,简称三极管,是放大电路的核心元件。

1. 三极管的结构

三极管是通过一定的制作工艺,在一块P型(或N型)半导体两边用掺杂的方法形成2个N型(P型)区域,并从3个区域分别引出3个电极,经过封装而成的半导体器件。3个区域分别叫发射区、基区和集电区。从3个区域引出相应的电极称为:发射极e、基极b和集电极c。在3个区的交界面处形成2个PN结:处于发射区和基区之间的PN结叫发射结,处于基区和集电区之间的PN结称为集电结。三极管的结构示意图、电路符号和外形如图6-2所示。

按制造三极管的半导体材料不同,可分为硅三极管和锗三极管两大类;按结构的不同,三极管可分为PNP型和NPN型两种。电路符号中的箭头方向表示发射结正向偏置时发射极的电流方向。三极管的文字符号是VT(或V)。

三极管在电路中主要起放大作用或开关作用。工作时,三极管内部的载流子—自由电子和空穴都参与导电,故称它为双极型三极管。

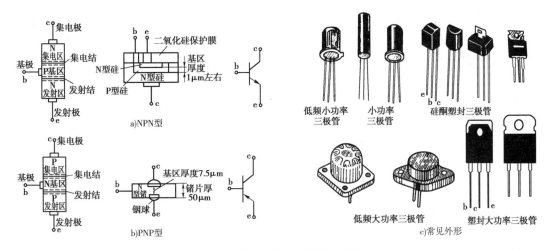

图 6-2 晶体三极管的结构、符号和外形

2. 三极管的电流放大作用

1) 三极管各电极上的电流分配关系

现在以 NPN 型三极管为例,通过图 6-3 所示的实验,研究三极管的电流分配关系。电路中,用 3 只电流表分别测量晶体管的集电极电流 I_C、基极电流 I_B 和发射极电流 I_E,它们的电流方向如图 6-3 中的箭头所示。

调节电位器 R_P 的阻值,改变基极电流 I_B 的大小时,I_C 和 I_E 也变化,这样就可相应测得一组集电极电流 I_C 和发射极电流 I_E 的值。表 6-1 是测试的数据。

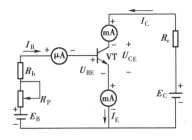

图 6-3 三极管电流分配实验电路

三极管各电极上的电流分配关系 表 6-1

$I_B(\mu A)$	0	20	30	40	50	60	70
$I_C(mA)$	0.01	1.4	2.3	3.2	4	4.7	5.3
$I_E(mA)$	0.01	1.42	2.33	3.24	4.05	4.76	5.37

从表中的数据可以看出,三极管各电极的电流关系是:发射极电流 I_E 等于基极电流 I_B 与集电极电流 I_C 之和,即:

$$I_E = I_B + I_C \tag{6-1}$$

可见,三极管实际上是一个电流分配器,它将发射极电流 I_E 中极小部分(几微安至几十微安)分配给基极,而大部分(毫安级)分配给集电极。由于 I_B 的数值远小于 I_C,所以可认为发射极电流近似等于集电极电流,即:

$$I_E \approx I_C \tag{6-2}$$

通常将 I_C 与 I_B 的比值称为三极管的直流放大系数,以字母 $\bar{\beta}$ 表示,即:

$$\bar{\beta} = \frac{I_C}{I_B} \tag{6-3}$$

2) 三极管的电流放大作用

在表 6-1 所列数据中,I_B 从 40μA 增加到 50μA,变化 10μA 时,集电极电流 I_C 从 3.2mA 增大到 4mA,变化 0.8mA(等于 800μA),集电极电流的变化量是基极电流变化量的 80 倍。

可见,当三极管基极电流在一定范围内变化时,基极电流 I_B 有微小变化就能引起集电极电流 I_C 有较大的变化,这就是三极管的电流放大作用。把集电极电流变化量 ΔI_C 与基极电流变化量 ΔI_B 的比值称为三极管的交流放大系数,用 β 表示,即:

$$\beta = \frac{\Delta I_C}{\Delta I_B} \tag{6-4}$$

值得注意的是,晶体三极管是一种电流控制器件,电流放大的实质是以一个微小的电流变化量去控制一个较大的电流变化量,并不是真正地把弱电流放大了。

3)晶体三极管放大的基本条件

为了保证三极管有电流放大作用,除对管子的制造有一定要求外,对三极管外部电路有如下要求:发射结要加正向电压,即正偏;集电结要加反向电压,即反偏。具体来说,对于 NPN 型晶体三极管,$U_c > U_b > U_e$;对于 PNP 型三极管,$U_c < U_b < U_e$。

根据上述连接要求,外加电源与三极管的连接方式如图 6-4 所示。这种电路称为共发射极电路,简称共射电路。

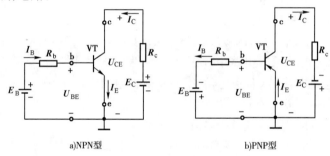

a)NPN型 b)PNP型

图 6-4 共射电路

3. 三极管的伏安特性曲线

晶体三极管的伏安特性曲线是指三极管各电极上电压和电流之间的关系曲线,它是三极管内部特性的外部表现,是分析放大电路和选择晶体管的重要依据。

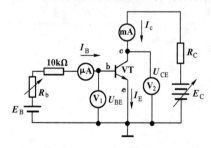

图 6-5 测试晶体三极管共射极特性曲线电路

三极管的 3 个电极中,任意一个都可用作公共端,另外两个电极可分别作信号的输入端和输出端。因此三极管的伏安特性曲线有两种,即输入伏安特性曲线和输出伏安特性曲线。下面以 NPN 型三极管共射极电路为例,讨论应用最为广泛的共射极特性曲线,测试电路如图 6-5 所示。

1)输入特性曲线

输入特性曲线是当 U_{CE} 为定值时,基极电流 i_B 和发射极之间的电压 u_{BE} 之间的关系曲线。

保持 U_{CE} 不变(如 $U_{CE}=0V$),每改变一次 R_b,就可测得一组对应的 u_{BE} 与 i_B 的数据。然后将所得数据在直角坐标中表示出来,就可得到一条($U_{CE}=0V$)输入曲线。改变 U_{CE} 的值(如 $U_{CE}=1V$),重复上述步骤就可得到另一组($U_{CE}=1V$)输入特性曲线,如图 6-6a)所示,是硅三极管 3DG102A 的输入特性曲线。

由图 6-6 可见:

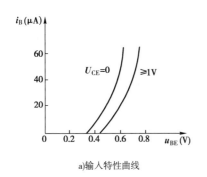 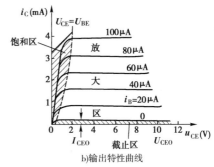

a) 输入特性曲线　　　　b) 输出特性曲线

图 6-6　共射极特性曲线

① 当 $U_{CE}=0$ 时，输入特性曲线的形状与二极管的正向特性曲线类似。当 $U_{CE}>0$ 时，输入特性曲线随 U_{CE} 的增大而右移，但 $U_{CE}>1V$ 时的输入特性曲线与 $U_{CE}=1V$ 时的特性曲线非常接近，几乎重合。由于三极管实际放大时，$U_{CE}>1V$，所以通常只画出 $U_{CE}=1V$ 的输入特性曲线，用这条曲线代表三极管的输入特性。

② 输入特性曲线是非线性的，而且当 u_{BE} 很小时，i_B 近似等于零（这个区域称为死区，其电压：硅管约为 0.5V、锗管约为 0.2V）；当 u_{BE} 超过死区电压后，三极管开始导通，此时 i_B 随 u_{BE} 的增加而增大。当硅管的 u_{BE} 接近 0.7V（锗管接近 0.3V）时，u_{BE} 稍有变化，基极电流 i_B 就会有很大变化。此时三极管已充分导通，其正向压降 u_{BE} 近似等于一个常数，硅管 $U_{BE} \approx 0.7V$，锗管 $U_{BE} \approx 0.3V$。

2) 输出特性曲线

输出特性是指当基极电流 I_B 为定值时，集电极电流 i_C 与集电极和发射极间电压 u_{CE} 关系的曲线。利用图 6-5 测试电路，可测得不同的 I_B 下，i_C 与 u_{CE} 的一组关系曲线，如图 6-6b) 所示。

三极管的整个输出特性曲线可分成 3 个区域，即饱和区、截止区和放大区。它们分别与三极管的饱和工作状态、截止工作状态和放大工作状态相对应。

（1）截止区。

当发射结正向电压低于死区电压或发射结加反向电压时，基极电流 $I_B=0$，三极管无电流放大作用。把 $I_B=0$ 的那条特性曲线以下的区域，称为截止区，如图 6-6b) 中下侧影线部分。这时集电极只有很小的反向电流，叫作穿透电流，用 I_{CEO} 表示。

截止区的特点是：发射结零偏或反偏，集电结反偏。三极管 $I_B=0$，$I_C \approx 0$，$U_{CE} \approx U_{CC}$，对于三极管的 c、e 极来说可视为开路。这时的三极管 c、e 极之间相当于一个断开的开关。

（2）饱和区。

当 $I_B>0$，$u_{CE} \leqslant 0.3V$ 时，i_C 随 u_{CE} 的增加而迅速增加，此时集电极电流 i_C 不受基极电流 i_B 的控制，如图 6-6b) 中左侧影线部分，称为饱和区。

饱和区的特点是：发射结和集电结都处于正偏状态，即 $u_{BE}>0$，$u_{BC}>0$。处于饱和状态的晶体管三极管各极之间的电压很小，这时的 U_{CE} 称为饱和管压降，用 U_{CES} 表示，小功率硅管 $U_{CES} \approx 0.3V$，锗管 $U_{CES} \approx 0.1V$。因此，处于饱和状态的三极管 c、e 极之间相当于一个接通的开关。

三极管截止时，c、e 极之间相当于开关的断开状态，三极管饱和时，c、e 极之间相当于开关的闭合状态,三极管的这种特性叫开关特性。三极管由截止转变为饱和,或由饱和转变为截止的过程叫作"翻转"。汽车电子设备中许多装置如转向闪光器、倒车电喇叭的三极管均工作在开关状态。

(3)放大区。

如图 6-6b)中特性曲线趋于平坦的区域。在该区域内,u_{CE} 增加时对 i_C 的影响已很小;但此时 i_B 有微小的变化,就能引起 i_C 有较大的变化,这正是晶体管的电流放大作用,图中曲线间的间隔大小反映出晶体管电流放大作用的大小。从输出特性曲线上可以看出,$I_B = 0$ 时,I_C 并不等于零,通常把这时的集电极电流叫穿透电流,用 I_{CEO} 表示,它的大小受温度影响很大,温度升高时,它将急剧增大,这对三极管的稳定工作是不利的。

放大区的特点是:发射结正偏,集电结反偏;i_C 受 i_B 控制,与 u_{CE} 基本无关。

从以上分析可知,三极管工作状态可根据各极电位来判定,见表6-2。

NPN 型三极管的3种工作状态　　　表6-2

状态＼项目	电路特点	U_{BE}	I_C	U_{CE}
放大	发射结正偏,集电结反偏	硅管约 0.7V,锗管约 0.3V	$I_C = \beta I_B$	$U_{CE} > U_{BE}$ $U_{CE} > 1V$
截止	发射结零偏或反偏,集电结反偏	$U_{BE} \leq 0V$	$I_B = 0$ $I_C = I_{CEO}$	$U_{CE} \approx E_C$
饱和	发射结正偏,集电结正偏	硅管约 0.7V,锗管约 0.3V	I_C 不受 I_B 控制	$U_{CE} < U_{BE}$ 硅管约 0.3V 锗管约 0.1V

必须指出,不同型号晶体管的特性不一样,同型号的晶体管也有差异。在实际使用时,必须利用专用仪器对晶体管进行测试后选择,以满足不同电路的技术要求。

例6.1 有一个 NPN 型三极管处于放大状态,测得它们各电极的电位是:管极 a 为 6V、管极 b 为 0V、管极 c 为 -0.7V。①判别三极管的材料;②判别各管极的名称。

解:①NPN 型三极管工作在放大状态时,对硅管 $U_{BE} = 0.7V$,对锗管 $U_{BE} = 0.3V$ 左右。该管的电极 b 与 c 之间的电压为 0.7V,所以它是硅材料的。

②NPN 型三极管工作在放大状态时,对硅管 $U_{BE} = 0.7V$,即基极电位高于发射极电位 0.7V。该管 b 高于 c 0.7V,故管极 b 为基极,管极 c 为发射极,则剩余的 a 为集电极。

4. 晶体三极管的主要参数

三极管的参数是用来表征三极管性能和适用范围的数据,是选择和使用三极管的依据。主要参数包括如下方面。

1)电流放大系数

(1)共射极直流电流放大系数 $\bar{\beta}$。

无交流信号输入时,I_C 与 I_B 的比值称为三极管的直流电流放大系数,用 $\bar{\beta}$ 表示(也可以用 h_{FE} 表示),数学表达式见式(6-3)。

(2)共射极交流电流放大系数 β。

当 U_{CE} 一定时,集电极电流变化量 ΔI_C 与基极电流变化量 ΔI_B 的比值称为三极管的交流电流放大系数,用 β 表示,数学表达式见式(6-4)。

一般来讲,同一个三极管的交流放大系数比直流放大系数略小,但性能良好的管子两者很接近,因此常用直流放大系数代替交流放大系数。

通常三极管的 β 在 20～200 之间,β 值太小,电流放大作用就差,但太大将使晶体管性能不稳定。低、中频三极管的 β 一般选在 60～100 之间,高频管的 β 值不宜过大,一般选在 20 以上即可。

2) 穿透电流 I_{CEO}

当三极管基极开路时,即 $I_B=0$、U_{CE} 为规定值时,集电极和发射极间的反向电流为穿透电流 I_{CEO}。实践证明,I_{CEO} 受温度的影响很大,I_{CEO} 大的管子热稳定性差。一般硅管的 I_{CEO} 比锗管小得多,所以硅管受温度的影响较小,稳定性较锗管好。

3) 极限参数

三极管的极限参数是指三极管在工作时不允许超过的极限数值。若超过此值,三极管就可能发生永久性损坏。

(1) 集电极最大允许电流 I_{CM}。

三极管正常工作时所允许的最大集电极电流。

(2) 击穿电压。

加在各电极间允许的最大反向电压,超过此值时,三极管会损坏。

U_{CBO}——当发射极开路时,集电结反向击穿电压,其值通常为几十伏。

U_{EBO}——当集电极开路时,发射结反向击穿电压,一般为几伏至几十伏。

U_{CEO}——当基极开路时,集电极和发射极间的反向击穿电压。

(3) 集电极最大耗散功率 P_{CM}。

三极管正常工作时,所允许的最大集电极耗散功率。通常把 $P_{CM}<1W$ 的管子称为小功率管,把 $P_{CM}>1W$ 的管子叫大功率管。

在选择三极管时,要同时考虑管子的集电极最大电流 I_{CM}、集电极最大反向电压 U_{CEO} 和集电极最大耗散功率 P_{CM}。由于 $P_C=i_C \times u_{CE}$,在 i_C-u_{CE} 坐标中,P_{CM} 是一条双曲线,叫作最大集电极功率耗散线,如图 6-7 所示。管子在工作时功率不允许超出这根曲线,否则晶体管发生热击穿。

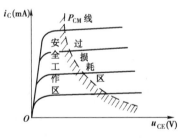

图 6-7 三极管的极限功率损耗曲线

5. 晶体管的型号

国产半导体器件型号命名由五部分组成,见表 6-3。

国产半导体器件的命名　　　　表 6-3

第一部分	第二部分	第三部分	第四部分	第五部分
用数字表示器件的电极数目	用汉语拼音字母表示器件的材料和极性	用汉语拼音字母表示器件的类型	用数字表示器件的序号	用汉语拼音表示规格号

续上表

第一部分		第二部分		第三部分				第四部分	第五部分
符号	意义	符号	意义	符号	意义	符号	意义	意义	意义
2	二极管	A B C D	N型,锗材料 P型,锗材料 N型,硅材料 P型,硅材料	P V W C U Z L S N K	普通管 微波管 稳压管 参量管 光电器件 整流管 整流堆 隧道管 阻尼管 开关管	D A T Y B J	低频大功率管 ($f<3\text{MHz}, P_C \geq 1\text{W}$) 高频大功率管 ($f\geq3\text{MHz}, P_C \geq 1\text{W}$) 半导体闸流管 (可控整流管) 体效应器件 雪崩管 阶跃恢复管	如第一、二、三部分相同,仅第四部分不同,则是在某些性能参数上有差别	等级参数
3	三极管	A B C D	PNP型,锗材料 NPN型,锗材料 PNP型,硅材料 NPN型,硅材料	X G	低频小功率管 ($f<3\text{MHz}, P_C<1\text{W}$) 高频小功率管 ($f\geq3\text{MHz}, P_C<1\text{W}$)	CS BT FH JG PIN	场效应器件 半导体特殊器件 复合管 激光器件 PIN管		

例如2CK表示硅开关二极管;3AX31表示锗材料PNP型低频小功率三极管;3DG表示硅材料NPN型高频小功率三极管。

6. 三极管的判别和简易测试

1)用指针式万用表检测三极管

(1)管脚和管型的判别。

①基极和管型的判别。如图6-8所示,将万用表置于R×100Ω或R×1kΩ挡,黑表笔(内接表内电池的正极)接假设的基极,红表笔(内接表内电池的负极)分别接触其余两个电极,如果两次测得的阻值均很小;再将红表笔接假设的基极,黑表笔接其余两个电极,若测量的阻值均很大,说明假定基极成立,且该管是NPN型管。如果用红表笔接假定的基极,黑表笔接其余两个电极,测得的阻值均很小,而反接表笔后,阻值很大,则说明假定的基极成立,该管是PNP型管。如果测出的结果与上述不相符合,可再分别假设另外两个电极为基极,按上述方法进行测量,只要是性能良好的三极管,则三次假设中必有一次正确。

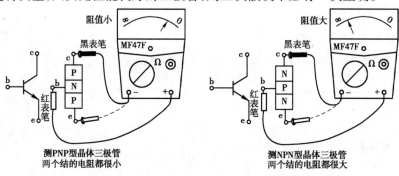

图6-8 基极的判别

②集电极和发射极的判别。如被测三极管为 NPN 型三极管,判别方法如图 6-9 所示,将万用表置 R×100Ω 或 R×1kΩ 挡,用红表笔和黑表笔接未知的两个电极,并用 100kΩ 左右的电阻(或用大拇指)搭接基极和黑表笔所接电极,记下此时万用表指针偏转角度;然后调换表笔,同样用 100kΩ 左右的电阻(或用大拇指)搭接基极和黑表笔所接电极,记下万用表指针偏转角。对比两次测量时表针偏转角,偏转角大的那次,黑表笔所接电极是集电极,另一电极是发射极。

对于 PNP 型三极管的电极判断,其检测方法与 NPN 型管相似,但在极性判别时,偏转角大的那次,与红表笔接的电极为集电极,与黑表笔接的电极是发射极。

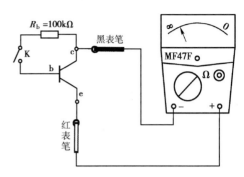

图 6-9 集电极的判别

注意,在检测小功率的三极管时,一般只能用万用表欧姆挡的中间挡进行测量,不允许使用 R×1Ω 或 R×10kΩ 挡。若用 R×10kΩ 挡,则表内通常有较高的电压,可能将 PN 结击穿;若用 R×1Ω 欧姆挡,则因电流过大,可能烧坏管子。在检测大功率管子时,可使用 R×1Ω 或 R×10kΩ 挡。

(2)硅管与锗管的判别。

如图 6-10 所示,测量三极管基极与发射极间的电压 U_{be},若为 0.6~0.8V,则三极管为硅管;若为 0.2~0.3V,则三极管为锗管。

(3)三极管质量的粗略判断。

测量集电结和发射结间的正反向电阻,若正、反向电阻相差较大,说明管子质量(稳定性)较好;若正、反向电阻相差较小,说明管子质量不好;如测得的正、反向电阻均很大(或无穷大),说明管子内部断路;若测得正、反向电阻都很小或为零,说明管子极间短路或击穿。

2)用数字式万用表检测三极管

(1)基极、管材和管型的判别。

如图 6-11 所示,将万用表置于二极管测试挡,测量 PN 结的正向管压降,根据管压降的值判别。

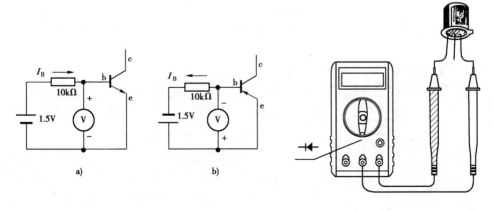

图 6-10 硅管与锗管的判断　　　图 6-11 用数字式万用表判别晶体三极管

①基极的判别。用红表笔(正极)接三极管某一电极,用黑表笔去接其余两个电极中的任一极,若正、反测这两个电极间的压降,万用表屏幕最高位显示值均为"1",则余下的电极为基极 b。

②管材和管型的判别。将红表管接已知的基极,黑表笔接其余两个电极,若屏幕显示的值均为"700"mV 左右,则此三极管为 NPN 型硅管,值均为"300"mV 左右,则为 NPN 型锗管;若显示器最高位均显示"1",则三极管为 PNP 型管子。

(2)集电极和发射极判断。

对小功率三极管,确定了基极及管型后,可分别假设另外两极。再直接插入对应的三极管放大倍数测量孔,读 h_{FE} 值。若 h_{FE} 值在几十至几百,则 e、c 假设正确,若值较小(一般 h_{FE}<20),e、c 假设错误。

(3)好坏的判别。

测量硅管(或锗管)集电结和发射结间的正向压降,测得的值为"700"或"300"mV 左右,反测时为"1",则管子仍可使用;若正、反测得的值均为"1",则管子内部可能已断路;若正、反测时蜂鸣器都响,则三极管内部已短路。

二、晶体管低频小信号电压放大器

放大电路又称放大器,它的功能是利用晶体管的电流控制作用,把微弱的电信号(变化的电压或电流,简称信号)不失真地放大到所需的数值。或者说,在输入信号控制下,实现将直流电源的能量部分地转化为按输入信号规律变化的且具有较大能量的输出信号。

1. 对放大电路的基本要求

要使放大电路完成预定的放大功能,放大器必须满足以下要求:

①要有一定的放大倍数。

②要有一定的通频带,即在一定的频率范围内要求放大器具有相同的放大能力。被放大的信号往往不是单一频率的信号,如语言、音乐的频率就是从几十赫兹到几十千赫的范围,因此,要保持语言和音乐的原貌,放大器就要对一定频率范围的音频信号放大相同的倍数,即具有一定的通频带。

③非线性失真要小。由于晶体三极管是非线性元件,被放大后的输出信号波形与原信号的波形会出现差异,这种现象称为非线性失真。放大器的失真越小越好。

④工作稳定。要求放大器的工作稳定,它的性能指标不随工作时间和环境条件的改变而改变。

2. 晶体管放大电路的三种连接方式

三极管是组成放大器的核心元件。如图 6-12 所示,放大器有两个输入端和两个输出端,在输入端加入一个微弱的信号 u_i,通过放大器放大的信号 u_o 从输出端输出。

三极管在组成放大器时,一个电极作为信号的输入端,另一个电极作为输出端,第三个电极作为输入和输出信号的公共端。根据公共端选用基极、发射极或集电极的不同,三极管在放大器中有共基

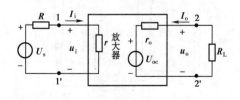

图 6-12 放大器的方框图

极、共发射极和共集电极 3 种不同的连接方式,如图 6-13 所示。

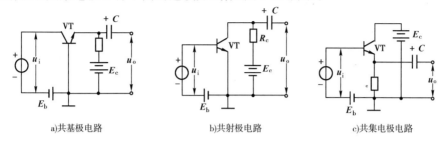

a)共基极电路　　　　　b)共射极电路　　　　　c)共集电极电路

图 6-13　三极管的连接方式示意图

3. 共射极基本放大电路

1)共射极基本放大电路的组成

图 6-14 是阻容耦合单管共射极基本放大电路。需要放大的电信号经电容 C_1 加到三极管的基极与发射极间,放大后的信号从集电极与发射极间经电容 C_2 输出。发射极是信号的输入与输出的公共端,故称共射极放大器。在放大器中,公共端是电路中各点电位的参考点,也称接地点,在电路图中以"⊥"符号表示,电路中某点的电位就是该点到地点"⊥"的电压。

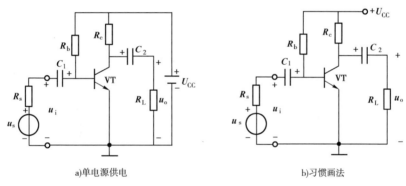

a)单电源供电　　　　　　　　　b)习惯画法

图 6-14　NPN 型共射极放大器

(1)NPN 型晶体三极管 VT。

它是放大器的核心,起电流放大作用,即将微小的基极电流变化量转化成较大的集电极电流变化量,反映三极管的电流控制作用。

(2)直流电源 U_{CC}。

它使三极管的发射结正偏,集电极反偏,确保三极管工作在放大状态,它是整个放大器的能量提供者。放大器把能量较小的输入信号放大成大能量的输出信号,这些增加的能量就是电源通过三极管转换的,U_{CC} 一般取几伏至几十伏。

(3)基极偏置电阻 R_b。

使电源 U_{CC} 经 R_b 为三极管供给合适的基极电流 I_B 也称偏流。在 U_{CC} 和 R_b 确定后,I_B 也就固定了,所以称这种共射极放大器为固定偏置放大器。R_b 一般取几十千欧至几百千欧。

由于需要放大的电信号是从共射放大器的基极—发射极输入的,故三极管的基极—发射极、电阻 R_b 和电源 U_{CC} 构成的回路称输入回路。

(4)集电极电阻 R_c。

其作用是将集电极的电流变化量转化为集电极电压的变化量,以实现电压放大。R_c 的值一般取几百欧至几千欧。

由于经共射放大器放大后的电信号是从晶体管的集电极—发射极输出的,所以把三极管的集电极—发射极、电阻 R_c 和电源 U_{CC} 构成的回路称为输出回路。

(5)耦合电容 C_1 和 C_2。

它们的作用是隔断直流和传导交流信号。其中,C_1 把信号源的信号传送给三极管的基极,故称为输入耦合电容;C_2 把放大后的信号传送给负载,故称为输出耦合电容。

2)电路中电压、电流的符号及正方向的规定

放大器在无信号输入时,三极管各电极的电压、电流都是直流,用大写字母大写下角标表示;当放大器输入交流信号时,其电压和电流都是在直流成分的基础上叠加了一个交流成分,用小写字母大写下角标表示;纯交流信号用小写字母小写下角标表示。用三极管各电极的符号作下角标以示区别,如表 6-4 所示。电流的正方向用箭头所指的方向表示。电压的极性用正(+)、负(-)号表示。

电压、电流的符号 表 6-4

参数	直流	交流有效值	交流	交直流叠加
电流	I_B、I_C、I_E	I_b、I_c、I_e	i_b、i_c、i_e	i_B、i_C、i_E
电压	U_{BE}、U_{CE}、U_E	U_{be}、U_{ce}、U_e	u_{be}、u_{ce}、u_e	u_{BE}、u_{CE}、u_E
输入信号		U_i、I_i	u_i	
输出信号		U_o、I_o	u_o	

3)共射极放大电路的工作原理

当放大器无输入信号时($u_i = 0$),电路中的电压、电流是直流电,大小都不变,称为静态;当有输入信号时,电路中的电压、电流随输入信号作相应变化,称为动态。

(1)静态。

①直流通路。放大器处于静态时,只有直流电压和电流。把直流电流通过的路径称直流通路。画放大器的直流通路时,将电容视为开路,其他不变。图 6-15a)为图 6-14b)所示共射极放大器的直流通路。

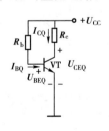
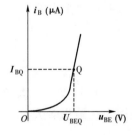
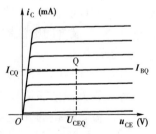

a)直流通路　　　　　　　　　　　　　b)静态工作点

图 6-15　放大器的直流通路和静态工作点

②静态工作点 Q。放大器处在静态时,三极管各电极间的直流电压和各电极间的直流电流的值称静态值。由于在静态时,三极管基极—射极间电压 U_{BE} 基本恒定(硅管约 0.7V,锗管约 0.3V),故静态值主要是指 I_B、I_C 和 U_{CE} 的值。由于这 3 个静态值在三极管的输入和

输出特性曲线上对应于1个点Q,如图6-15b)所示,故把这3个静态值称为静态工作点,分别用I_{BQ}、I_{CQ}和U_{CEQ}表示。

静态工作点可根据直流通路估算。根据图6-15b)可得图6-14所示放大器的静态工作点:

$$I_{BQ} = \frac{U_{CC} - U_{BEQ}}{R_b} \approx \frac{U_{CC}}{R_b} \quad (6-5)$$

$$I_{CQ} = \beta I_{BQ} \quad (6-6)$$

$$U_{CEQ} = U_{CC} - I_{CQ} R_c \quad (6-7)$$

例6.2 在图6-14所示的电路中,若$U_{CC}=12V$、$R_c=3k\Omega$、$R_b=240k\Omega$、$\beta=60$,试求放大器的静态工作点。

解: 根据式(6-5)、式(6-6)、式(6-7)可求得放大器的静态工作点:

$$I_{BQ} \approx \frac{U_{CC}}{R_b} = \frac{12}{240 \times 10^3} = 5 \times 10^{-5}(A) = 50(\mu A)$$

$$I_{CQ} = \beta I_{BQ} = 60 \times 50\mu A = 3 \times 10^3(\mu A) = 3(mA)$$

$$U_{CEQ} = U_{CC} - I_{CQ} R_c = 12 - 3 \times 10^{-3} \times 3 \times 10^3 = 3(V)$$

③静态工作点的设置原因。在图6-14所示电路中,要使放大器能对信号放大,必须设置一个合适的静态工作点。若不用U_{CC}和R_b,则I_B为零,那么I_C也几乎为零,R_c两端电压为零,因此$U_{CE}=U_{CC}$。当交流信号u_i输入时,由于晶体管发射结可以看作是一个单向导电的二极管,在输入信号电压u_i的正半周期,只有输入信号电压足够大(大于导通电压)时才会引起基极电流i_b,并且是失真的波形。在输入信号的负半周期,由于发射结反偏,没有基极电流产生,放大器失去放大能力。因此不设置静态工作点,放大器不能正常工作,如图6-16所示。

如果放大器设置了合适的静态工作点,当有信号u_i输入时,则输入电压u_i与静态直流电压U_{BEQ}叠加在一起加到三极管的发射结,使发射结始终处于导通状态。因此,在输入电压的整个周期内基极都有一个随输入信号电压变化的基极电流,从而使放大器不失真地将输入信号放大,如图6-17所示。

(2)动态(波形图如图6-18所示)。

在图6-14所示的电路中,当无信号输入时,放大器处于静态,晶体管各电极的电流和电压都

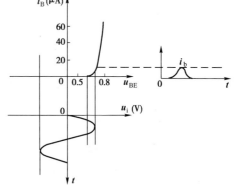

图6-16 不设置静态工作点的放大器输入电流波形失真

为静态值,即I_{BQ}、I_{CQ}、U_{CEQ}、U_{BEQ},而输出信号电压$u_o=0$。当在放大器输入端加入微弱的交流信号$u_i = U_{im}\sin\omega t$时,放大器的工作点会随输入信号电压的变化而变化,发射结两端的电压u_{BE}等于在静态电压U_{BEQ}上叠加了变化的输入电压u_i,即:

$$u_{BE} = U_{BEQ} + u_i = U_{BEQ} + U_{im}\sin\omega t \quad (6-8)$$

如果三极管工作在输入特性曲线的线性区,那么基极电流i_B将随u_{BE}的变化而变化,大小等于在静态电流I_{BQ}上叠加了变化的电流i_b,即:

$$i_B = I_{BQ} + i_b = I_{BQ} + I_{bm}\sin\omega t$$

其中，$i_b = I_{bm}\sin\omega t$ 为输入信号 u_i 在三极管的基极引起的交流电流。

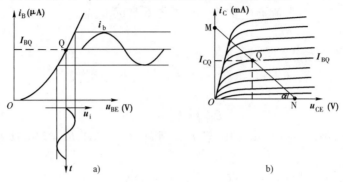

图6-17 设置静态工作点的放大器输入电流的波形

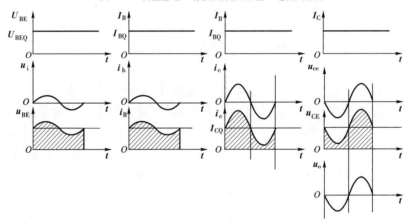

图6-18 放大器的动态波形图

根据三极管的电流放大作用，集电极电流 i_C 为：

$$i_C = \beta i_B = \beta(I_{BQ} + i_b) = \beta I_{BQ} + \beta i_b = \beta I_{BQ} + \beta I_{bm}\sin\omega t$$
$$= I_{CQ} + \beta I_{bm}\sin\omega t$$

令 $i_c = \beta I_{bm}\sin\omega t = I_{cm}\sin\omega t$，则：

$$i_C = I_{CQ} + i_c = I_{CQ} + I_{cm}\sin\omega t \tag{6-9}$$

当 i_C 流过集电极电阻 R_c 时，将产生压降 $i_C R_c$，因此 u_{CE} 为：

$$u_{CE} = U_{CC} - i_C R_c = U_{CC} - (I_{CQ} + I_{cm}\sin\omega t)R_c = U_{CC} - I_{CQ}R_c - I_{cm}R_c\sin\omega t$$
$$= U_{CEQ} - I_{cm}R_c\sin\omega t$$

令 $u_{ce} = -I_{cm}R_c\sin\omega t$，则：

$$u_{CE} = U_{CEQ} - I_{cm}R_c\sin\omega t = U_{CEQ} + u_{ce} \tag{6-10}$$

上式表明，三极管集电极和发射极间的总电压由两部分组成，其中 U_{CEQ} 为直流分量，$u_{ce} = -I_{cm}R_c\sin\omega t$ 为交流分量。由于电容器 C_2 的隔直作用，所以放大器的输出电压 u_o 只有交流分量 u_{ce}，即：

$$u_o = u_{ce} = -I_{cm}R_c\sin\omega t \tag{6-11}$$

可见，放大器的输出电压 u_o（$u_o = -I_{cm}R_c\sin\omega t$）是一个频率与输入信号 u_i（$u_i =$

$U_{im}\sin\omega t$)频率相同,但相位相反的放大信号,这是放大器的一个重要特性,称为放大器的倒相作用。

4)放大器的交流通路

放大器有微弱的信号输入时,放大器中既有直流分量又有交流分量。把交流信号流通的路径称交流通路。

画交流通路时,大容量的电容如耦合电容对交流的容抗很小,可视为短路;直流电源的内阻非常小,对交流信号而言,两个电极可视为短路。图6-19a)所示放大器的交流通路如图6-19b)所示。

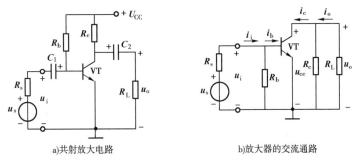

a)共射放大电路   b)放大器的交流通路

图6-19 基本共射极放大器的交流通路

5)放大电路的放大倍数

放大倍数是衡量放大器放大能力的技术指标,通常指放大器的电压放大倍数 A_u、电流放大倍数 A_i 和功率放大倍数 A_P,它们的定义是:

$$A_u = \frac{输出信号电压有效值}{输入信号电压有效值} = \frac{U_o}{U_i} \tag{6-12}$$

$$A_i = \frac{输出信号电流有效值}{输入信号电流有效值} = \frac{I_o}{I_i} \tag{6-13}$$

$$A_P = \frac{输出信号功率}{输入信号功率} = \frac{U_o I_o}{U_i I_i} = A_u A_i \tag{6-14}$$

三、放大器的微变等效电路分析法

放大器的微变等效分析法是指把工作在放大状态的非线性器件三极管等效成一个双端口的线性电路,然后对放大器有小信号输入时进行分析计算的方法。

1. 三极管微变等效电路

1)三极管基极与发射极之间等效为交流电阻 r_{be}

处于放大状态的三极管,如图6-20a)所示,在静态工作点 Q 附近,输入特性曲线基本上是线性变化的,即基极电压变化量 Δu_{BE} 与基极电流变化量 Δi_B 近似呈线性关系,因此三极管基极与发射极之间可用一个等效交流电阻 r_{be} 表示,r_{be} 称为三极管的共射极输入电阻,即:

$$r_{be} = \frac{\Delta u_{BE}}{\Delta i_B} \tag{6-15}$$

这样,三极管的输入回路就可等效成图6-20b)左边所示的电路。如果电流和电压变化量是由输入的小信号引起的,就可用小信号工作时的信号分量表示,即:

$$r_{be} = \frac{u_{be}}{i_b} \quad (6\text{-}16)$$

r_{be} 随 Q 点的位置不同而改变，对于小功率三极管，它的输入电阻可用下面的公式近似计算，即：

$$r_{be} \approx 300 + (1+\beta)\frac{26(\text{mV})}{I_E(\text{mA})} \quad (6\text{-}17)$$

式(6-17)中，I_E 为发射极静态电流。

2) 三极管集电极与发射极之间等效为受控电流源

三极管输出特性曲线中，静态工作点 Q 附近的输出特性曲线近似看作为一组与横轴平行且间距相等的直线，即在任一条输出曲线上，集电极电流 i_C 基本上不随集电极电压 u_{CE} 变化，这就是三极管的恒流特性。只有当基极电流 i_B 变化时，集电极电流 i_C 才变化，并且 $i_C = \beta i_B$，这就是三极管的电流放大特性，即控制特性。如果基极电流的变化是由输入信号引起的，三极管的输出端就可用一个受基极变化电流 i_b 控制的电流源等效，如图 6-20b)右边所示，恒流源的值为：

$$i_c = \beta i_b \quad (6\text{-}18)$$

这样，工作在放大状态的三极管，在小信号输入时可以等效成图 6-20b)所示的双端口等效简化电路。但三极管微变等效电路只能用于放大电路的动态分析，不能用于静态分析。

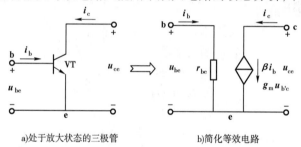

a) 处于放大状态的三极管　　　　b) 简化等效电路

图 6-20　三极管的简化等效电路

2. 放大器的等效电路

要连接图 6-21a)所示放大器的等效电路，步骤是：

① 根据电路原理图画出放大器的交流通路图，如图 6-21b)所示。

② 将交流通路中的三极管用三极管等效简化电路代替，便可得到放大器的交流等效电路，如图 6-21c)所示。

3. 放大器的分析计算

做放大器等效电路的目的，就是便于估算放大器的电压放大倍数、输入电阻和输出电阻。

1) 放大器的电压放大倍数的估算

(1) 空载时的电压放大倍数。

空载是指放大器不带负载($R_L = \infty$)，即输出端开路。由图 6-21c)可知：

输入电压　　　　　　　　　$U_i = U_{be} = I_b r_{be}$

输出电压　　　　　　　　　$U_o = -I_c R_c = -\beta I_b R_c$

其中，U_i、I_b 为输入信号电压和电流的有效值，U_o 为输出信号电压的有效值。

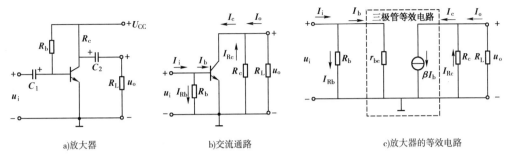

a) 放大器　　　　　b) 交流通路　　　　　c) 放大器的等效电路

图 6-21　共射极放大器及其等效电路

电压放大倍数为：

$$A_u = \frac{U_o}{U_i} = -\beta \frac{I_b R_c}{I_b r_{be}} = -\beta \frac{R_c}{r_{be}} \tag{6-19}$$

式(6-19)中，负号表示输出电压与输入电压反相。

电压放大倍数用对数表示时称电压增益，其单位是分贝(dB)，即：

$$A_u(\text{dB}) = 20\log\left|\frac{U_o}{U_i}\right|(\text{dB}) \tag{6-20}$$

例如，放大器的放大倍数为100，则它的增益为40dB。

(2) 有载时的电压放大倍数。

当放大器接入负载 R_L 时，输出回路中含有两个并联的电阻 R_L 和 R_c，与可用交流负载电阻 R'_L 等效，即：

$$R'_L = \frac{R_c R_L}{R_c + R_L} \tag{6-21}$$

则电压放大倍数为：

$$A'_u = \frac{U_o}{U_i} = -\beta \frac{I_b R'_L}{I_b r_{be}} = -\beta \frac{R'_L}{r_{be}} \tag{6-22}$$

将式(6-21)代入式(6-22)得：

$$A'_u = -\beta \frac{R'_L}{r_{be}} = -\beta \frac{R_c}{r_{be}} \cdot \frac{R_L}{R_c + R_L} = \frac{R_L}{R_c + R_L} A_u \tag{6-23}$$

由于 $R_L/(R_c + R_L) < 1$，故放大器带负载时的电压放大倍数比空载时小，而且负载越重(R_L 越小)，放大倍数下降越多。

例6.3　在图6-21a)所示的电路中，若 $U_{CC}=12\text{V}$，$R_b=300\text{k}\Omega$，$\beta=70$，$R_c=R_L=2\text{k}\Omega$，求：① 空载时放大器的电压放大倍数；② 有载时的电压放大倍数和电压增益。

解：① 空载时：

$$I_b \approx \frac{U_{CC}}{R_b} = \frac{12}{300} = 0.04(\text{mA})$$

$$I_e = (1+\beta)I_b \approx \beta I_b = 70 \times 0.04 = 2.8(\text{mV})$$

由式(6-17)得：

$$r_{be} \approx 300 + (1+\beta)\frac{26(\text{mV})}{I_e(\text{mA})} = 300 + (1+70) \times \frac{26}{2.8} = 960(\Omega)$$

由式(6-19)得：

$$A_u = -\beta \frac{R_c}{r_{be}} = -70 \times \frac{2 \times 10^3}{960} = -146$$

②有载时,由式(6-21)知交流负载 R'_L 为:

$$R'_L = \frac{R_c R_L}{R_c + R_L} = \frac{2 \times 2}{2 + 2} = 1(\text{k}\Omega)$$

由式(6-22)得:

$$A'_u = -\beta \frac{R'_L}{r_{be}} = -70 \times \frac{1 \times 10^3}{960} \approx -73$$

或由式(6-23)得:

$$A'_u = \frac{R_L}{R_c + R_L} A_u = \frac{2}{2 + 2} \times (-146) = -73$$

由式(6-20),放大器的增益为:

$$A'_u(\text{dB}) = 20\log\left|\frac{U_o}{U_i}\right| = 20\log 73 \approx 37.3(\text{dB})$$

2)放大器的输入电阻 R_i 和输出电阻 R_o

(1)输入电阻 R_i。

放大器的输入电阻是指从放大器输入端看进去的交流等效电阻,用 R_i 表示,在数值上等于输入电压 u_i 与输入电流 i_i 之比:

$$R_i = \frac{u_i}{i_i} \tag{6-24}$$

以图6-21所示电路为例, R_i 等于把信号源断掉,从放大器的输入端向右看进去的电阻:

$$R_i = R_b // r_{be} = \frac{R_b r_{be}}{R_b + r_{be}} \tag{6-25}$$

一般 $R_b \gg r_{be}$,所以:

$$R_i \approx r_{be} \tag{6-26}$$

放大器接上信号源后,放大器相当于信号源的负载,这个负载就是放大器的输入电阻 R_i。一般情况下,放大器的输入电阻越大越好。

(2)输出电阻 R_o。

输出电阻就是从放大器输出端(不包含 R_L)看进去的交流等效电阻,用 R_o 表示。以图6-21所示等效电路为例,就是把负载断掉,从放大器的输出端向左看进去的电阻,可见:

$$R_o = R_c \tag{6-27}$$

对于负载来说,放大器是向负载提供信号的信号源,而它的输出电阻就是信号源的内阻,故 R_o 越小,负载 R_L 变化时,输出电压的变化也越小,就说放大器的负载能力越强。所以,一般情况下,希望放大器的输出电阻要小,以提高放大器带负载的能力。

四、静态工作点的稳定

要使放大器能正常工作,必须选择合适的静态工作点。但放大器在工作时总会受到外界因素的影响,如放大器工作环境温度变化、电源电压波动、晶体管老化引起参数改变等,都会引起静态工作点的移动,严重时会使放大器不能正常工作。在这些影响放大器工作的因素中,环境温度变化是造成工作点不稳定的主要因素。

1. 温度对静态工作点的影响

晶体管的参数都受温度影响,其中对直流工作状态影响最大的有发射极电压 U_{BE},电流放大倍数 β 和集电极反向饱和电流 I_{CEO} 三个参数。

(1) 温度变化对 I_{CBO} 和工作点的影响。

I_{CBO} 是集电区和基区的电子在集电结反向电压的作用下形成的反向饱和电流,对温度十分敏感,它随温度的升高而按指数规律增加。对于硅管,温度每升高 8℃,I_{CBO} 约增加一倍。而穿透电流 $I_{CEO} = (1+\beta)I_{CBO}$,故 I_{CEO} 上升更显显著。这就导致静态工作点 Q 点上移,即:

$$T(温度)\uparrow \to I_{CBO}\uparrow \to I_{CQ}\uparrow \to Q\uparrow$$

硅管的 I_{CBO} 比锗管的要小得多,所以硅管工作时比锗管稳定得多。

(2) 温度变化对 U_{BE} 和 Q 点的影响。

三极管发射结电压 U_{BE} 随温度的升高而减小。在外加偏置电压不变时,基极电流 I_{BQ} 必然增大,使集电极电流 I_{CQ} 增大,工作点 Q 上移,即:

$$T(温度)\uparrow \to I_{BQ}\uparrow \to I_{CQ}\uparrow \to Q\uparrow$$

(3) 温度变化对电流放大系数 β 的影响。

三极管的共射极电流放大系数 β 随温度升高而增大。在 I_{BQ} 一定时,I_{CQ} 就增大,引起 Q 点位置的移动,即:

$$T(温度)\uparrow \to \beta\uparrow \to I_{CQ}\uparrow \to Q\uparrow$$

从以上分析说明,晶体管参数随温度变化的结果,集中反映为静态工作电流 I_{CQ} 的变化。因此,要使工作点稳定,就要稳定其工作电流 I_{CQ}。在实践中,除了选用质量好的三极管外,还需采用一定的措施稳定工作点,其中分压式电流负反馈偏置电路应用最广泛。

2. 分压式工作点稳定电路

(1) 电路组成。

分压式工作点稳定放大电路是具有稳定工作点作用的分压式偏置电路,电路如图 6-22a)所示。上偏置电阻 R_{b1} 和下偏置电阻 R_{b2} 组成分压电路,供给三极管所需要的基极电压;R_e 称为发射极电阻,起稳定 I_{CQ} 的作用;电容 C_e 称为旁路电容,一般是几十微法的电解电容器,它的作用是开出一条交流通路,以保证 R_e 上只有直流通过,使电路的交流信号放大能力不因 R_e 的存在而降低。

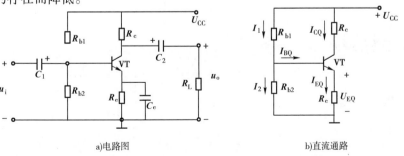

a) 电路图　　　　b) 直流通路

图 6-22　压式工作点稳定电路

(2) 静态工作点的稳定原理。

在研究放大器静态工作时,应使用电路的直流通路,如图6-22b)所示,可见:$I_1 = I_2 + I_{BQ}$。适当选择 R_{b1} 和 R_{b2} 的值,使 $I_1 \approx I_2 >> I_{BQ}$ 时可忽略 I_{BQ}(一般取 $I_1 = (5 \sim 10)I_{BQ}$ 就可忽略 I_{BQ}),认为 $I_1 = I_2$,R_{b1} 和 R_{b2} 看成串联关系,这时基极对地的直流电压 U_B 等于 R_{b2} 两端的电压,即:

$$U_B = \frac{R_{b2}}{R_{b1} + R_{b2}} U_{CC} \qquad (6\text{-}28)$$

上式表明三极管的基极电压 U_B 只与偏置电阻和电源电压有关,与三极管的参数无关。一旦 R_{b1}、R_{b2} 和 U_{CC} 确定后,U_B 是一个定值而与温度无关。

因为:

$$U_B = U_E + U_{BEQ} \qquad (6\text{-}29)$$

则:

$$U_{BEQ} = U_B - U_E \qquad (6\text{-}30)$$

而:

$$U_E = I_{EQ} R_e \approx I_{CQ} R_e \qquad (6\text{-}31)$$

当温度升高时,三极管参数发生变化,I_{CQ} 随之增大,静态工作点 Q 的位置上移。I_{CQ} 的增大使 I_{BQ} 在电阻 R_e 上的压降 U_E 增大。由于 U_B 固定不变,由式(6-30)可以看出,U_{BEQ} 减小,从而使 I_{BQ} 减小,且 $I_{CQ} = \beta I_{CQ}$ 也下降,使 Q 点位置下移,这就起到自动调节作用。其稳定过程如下:

$$T(温度) \uparrow \to I_{CQ} \uparrow \to I_{EQ} \uparrow \to U_E \uparrow \to U_{BEQ} \downarrow \to I_{BQ} \downarrow \to I_{CQ} \downarrow$$

应当指出,分压式工作点稳定电路只能使工作点基本不变。实际上,当温度变化时,由于 β 变化,I_{CQ} 也会有变化。

3. 静态工作点的估算

图6-22a)所示分压式工作点稳定电路,在元件参数已知时,静态工作点计算步骤如下:
① 画出电路的直流通路,如图6-22b)所示,按式(6-28)计算出 U_B。
② 求发射极电压 U_E,由式(6-29)可得:

$$U_E = U_B - U_{BEQ} \qquad (6\text{-}32)$$

对于硅管 $U_{BEQ} \approx 0.7\text{V}$,对于锗管 $U_{BEQ} \approx 0.3\text{V}$。
③ 求集电极电流 I_{CQ}。

$$I_{CQ} \approx I_{EQ} = \frac{U_E}{R_e} \qquad (6\text{-}33)$$

④ 求静态管压降 U_{CEQ}。

$$U_{CEQ} = U_{CC} - I_{CQ} R_c - I_{EQ} R_e \approx U_{CC} - I_{CQ}(R_c + R_e) \qquad (6\text{-}34)$$

⑤ 求基极偏流 I_{BQ}。

$$I_{BQ} = \frac{I_{CQ}}{\beta} \qquad (6\text{-}35)$$

例 6.4 在图 6-22 所示电路中,若 $U_{CC} = 24\text{V}$,$R_{b1} = 33\text{k}\Omega$,$R_{b2} = 10\text{k}\Omega$,$R_e = 2\text{k}\Omega$,$R_c = $

3kΩ,硅三极管 $\beta = 100$,求放大器的静态工作点。

解:由式(6-28)得:

$$U_\mathrm{B} = \frac{R_\mathrm{b2}}{R_\mathrm{b1}+R_\mathrm{b2}} U_\mathrm{CC} = \frac{10}{33+10} \times 24 = 5.58(\mathrm{V})$$

由式(6-32)得:

$$U_\mathrm{E} = U_\mathrm{B} - U_\mathrm{BEQ} = 5.58 - 0.7 = 4.88(\mathrm{V})$$

由式(6-33)得:

$$I_\mathrm{CQ} \approx I_\mathrm{EQ} = \frac{U_\mathrm{E}}{R_\mathrm{e}} = \frac{4.88}{2} = 2.44(\mathrm{mA})$$

由式(6-34)得:

$$U_\mathrm{CEQ} = U_\mathrm{CC} - I_\mathrm{CQ} R_\mathrm{c} - I_\mathrm{EQ} R_\mathrm{e} \approx U_\mathrm{CC} - I_\mathrm{CQ}(R_\mathrm{c} + R_\mathrm{e})$$
$$= 24 - 2.44 \times (3+2) = 11.8(\mathrm{V})$$

由式(6-35)得:

$$I_\mathrm{BQ} = \frac{I_\mathrm{CQ}}{\beta} = \frac{2.44}{100} = 0.0244(\mathrm{mA}) = 24.4(\mathrm{\mu A})$$

习题一

1. 填空
(1)晶体管有3个电极,分别是(　　)、(　　)和(　　)。
(2)晶体管电流放大的实质是(　　)。
(3)晶体管在放大电路中的3种基本连接方式分别是(　　)、(　　)和(　　)。
(4)晶体管用来放大信号时,应使发射结处于(　　),集电极处于(　　)。
(5)放大器的静态是指(　　),动态是指(　　)。
2. 简述共射极放大电路中各组成元件在电路中的作用。
3. 测得工作在放大电路中的晶体管3个电极的电位分别为 $U_1 = 11.8\mathrm{V}$、$U_2 = 5\mathrm{V}$、$U_3 = 12\mathrm{V}$,试判断该晶体管管型、管材,并确定晶体管的3个电极。
4. 在图6-22所示的电路中,若 $U_\mathrm{CC} = 12\mathrm{V}$,$R_\mathrm{b1} = 100\mathrm{k}\Omega$,$R_\mathrm{b2} = 8.2\mathrm{k}\Omega$,$R_\mathrm{e} = 300\Omega$,$R_\mathrm{c} = 3\mathrm{k}\Omega$,硅三极管 $\beta = 60$。求放大器的静态工作点。

课题二　多级放大电路

预备知识:低频小信号放大电路的基础知识。

在实际应用中,单级放大器往往难以满足电子设备的需要,常常将几个单级放大器适当地连接起来构成多级放大器。

一、多级放大电路

在多级放大器中,前一级的输出电压(或电流)传输到后一级输入端的方式称为耦合。

耦合电路应使信号不失真地传输而不产生过大损耗,同时要有较好的传输性以保证各级之间有合适的工作点。常用的级间耦合方式有阻容耦合、变压器耦合、直接耦合和光电耦合。

1. 阻容耦合放大电路

如果级间信号的传输是通过电容 C 和后级的输入电阻 R 所组成的 RC 电路实现的,这种耦合方式称为阻容耦合。如图 6-23 所示,电容 C_2 将两个单级放大器连接起来,构成了两级放大器。它的第一级的输出信号是第二级的输入信号;第二级的输入电阻 R_{i2} 是第一级的负载。

阻容耦合方式的优点:

① 耦合电容起到了隔直作用,使各级静态工作点彼此独立,互不影响,且阻容耦合电路结构简单,电路分析、调试和维修方便。

② 只要耦合电容的电容量足够大,信号在一定频率范围内几乎无衰减地传输到下一级。

③ 耦合电路结构简单,耦合电容成本低。

由于具有以上优点,因而阻容耦合电路得到了广泛的应用。但是,阻容耦合对低频信号的传输上有较大的衰减,更不能传输直流信号。

2. 变压器耦合放大电路

级与级之间通过变压器连接的方式称为变压器耦合,如图 6-24 所示为两级放大电路。它是利用电磁感应,把交流信号从变压器的初级绕组传到次级绕组,实现信号的耦合。

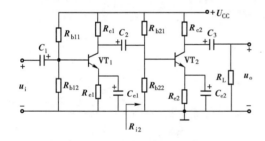

图 6-23　两级阻容耦合放大器　　　　图 6-24　变压器耦合两级放大器

变压器耦合方式的优点:

① 变压器有隔直流作用,使前后两级放大器的静态工作点互不影响。

② 变压器有阻抗变换作用,可实现阻抗匹配。

变压器耦合方式的缺点是变压器的质量和体积较大,难以集成化且成本较高,对低频信号传送时损耗大,因此变压器耦合的应用日益减少。

3. 直接耦合放大电路

直接耦合就是将前级放大器的输出端和后级的输入端直接连接起来,如图 6-25 所示。

直接耦合的优点是放大器能放大频率很低、变化缓慢的电信号,适宜于集成化产品。缺点是各级的直流电路互相连接,各级的静态工作点互相影响。

4. 光电耦合放大电路

级与级之间通过光电耦合器连接起来的方式称为光电耦合,常用的光电耦合器如图 6-26 所示。

光电耦合方式是通过电—光—电的转换来实现级间耦合的,各级的直流工作点相互不影响,放大器的抗干扰能力强。

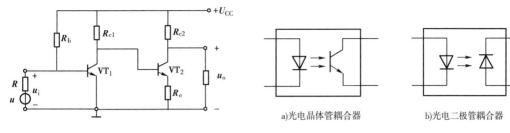

图 6-25　两级直接耦合放大器　　　　图 6-26　光电耦合器

a)光电晶体管耦合器　　b)光电二极管耦合器

二、多级放大器性能参数的估算

1. 电压放大倍数

在多级放大器中,前一级的输出信号电压就是后一级的输入信号电压,如图 6-27 所示。根据放大器放大倍数的定义,可求得多级放大器的电压放大倍数 A_u,即:

$$A_u = \frac{U_o}{U_i} = \frac{U_{o1}}{U_i} \times \frac{U_{o2}}{U_{o1}} \cdots \times \frac{U_{on}}{U_{o(n-1)}} = A_{u1} \times A_{u2} \cdots \times A_{un} \tag{6-36}$$

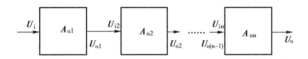

图 6-27　多级放大器电压关系

可见,多级放大器的电压放大倍数等于各级电压放大倍数的乘积。

例 6.5　若图 6-23 所示的两级阻容耦合放大器,前级电压放大倍数为 -20,后级电压放大倍数为 -60,求放大器总的电压放大倍数。

解: 根据式(6-36)得:

$$A_u = A_{u1} \times A_{u2} = (-20) \times (-60) = 1200$$

两级放大器的放大倍数为正,表示信号通过两级共射放大器放大后,输出电压与输入电压是同相的。

2. 输入电阻和输出电阻

多级放大器的输入电阻 R_i 就是第一级的输入电阻 R_{i1},即:

$$R_i = R_{i1} \tag{6-37}$$

多级放大器的输出电阻 R_o 就是它最后一级的输出电阻 R_{on},即:

$$R_o = R_{on} \tag{6-38}$$

三、组合放大电路

组合放大电路是指由共基放大器、共射放大器和共集放大器适当组合构成的多级放大器。常用的有:共射—共基组合、共集—共射组合多级放大器,如图 6-28 所示。

图 6-28a)中,VT_1 为共射组态,VT_2 为共基组态,构成共射—共基组合两级放大器;如图 6-28b)中,VT_1 为共集组态,VT_2 为共射组态,构成共集—共射两级放大器。

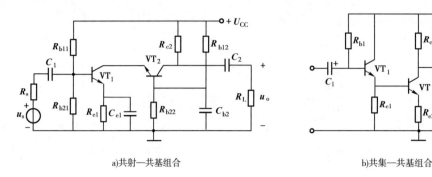

a) 共射—共基组合　　　　　　　　b) 共集—共基组合

图 6-28　组合放大电路

习题二

1. 为什么要使用多级放大器？多级放大器中级间耦合方式有哪几种？
2. 多级放大器级间采用直接耦合有何优点和缺点？

课题三　功率放大电路

预备知识：放大的概念、特点和工作原理。

在实践中，经常要求放大器的末级能带动一定的负载，如让扬声器发声、显像管电子束偏转扫描、驱动记录仪表工作等。这就要求放大器不但要输出一定的电压，而且要求放大器能输出一定的电流，即要求放大器要有足够的功率输出。能向负载提供较大的低频功率的放大器称低频功率放大器，简称功放。在功放中使用的半导体功率三极管称功率放大管，简称功放管。

一、低频功率放大电路的要求和分类

1. 对功率放大电路的要求

功放的主要任务是在允许的失真范围内获得最大的信号输出功率，使负载能正常工作。因此，对功率放大器的要求包括如下方面。

①有足够的输出功率。为了获得足够大的功率输出，要求功率放大器的输出电压和电流都有足够大的输出幅度。因此，在功放中使用的半导体功率三极管往往工作在接近极限的状态。

②非线性失真要小。功率放大器是在大信号下工作，动态工作点易进入非线性区造成非线性失真，而且功放管的输出功率越大，非线性失真也越严重。这就要求功率放大器在输出较大的功率时，尽可能地减小非线性失真。

③效率要高。功率放大器是通过三极管的电流控制作用，把直流电源的能量按照输入信号的变化规律传送给负载。在能量传递的过程中，三极管本身也要消耗电源的能量，这就存在着效率的问题。

功率放大器的效率是指负载得到的有用功率与直流电源供给的直流功率的比值。功放

效率越高,功放管的损耗越小。

2. 功率放大电路的分类

按照功率放大电路中三极管工作状态不同,功放可分为甲类、甲乙类和乙类等。功率放大器的静态工作点及其波形如图6-29所示。

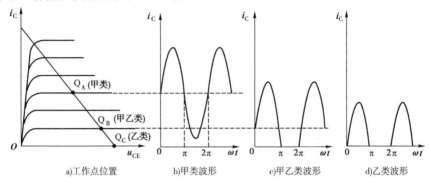

图 6-29　功率放大器的静态工作点及其波形

功放管的静态工作点 $Q_甲$ 位于负载线的中点附近时,在输入信号的整个周期内,功放管都有电流通过,这种工作状态叫甲类放大状态;功放管工作点 Q_Z 在截止区时,功放管只在输入信号的半个周期内导通起放大作用,这种工作状态叫乙类放大状态;功放管工作点接近截止区时,工作在甲类状态和乙类状态之间叫甲乙类放大状态。

二、功率放大电路

1. 甲类功率放大电路

如图 6-30 所示,该电路为单管变压器输出的甲类功率放大电路。

图中 R_1、R_2 和 R_e 构成了使工作点稳定的偏置电路。电容 C_e 和 C_b 都是旁路电容,它们的数值都选得很大,因而对交流信号来说相当于短路。T_1 叫输入变压器,T_2 叫输出变压器,它们的作用有两个,其一使前级的交流信号能传输到后级,而且使前后级的静态工作点互不影响;其二是进行阻抗变换,将实际的负载阻抗变成输出电路所需要的阻抗,保证放大器能够输出不失真的最大功率。

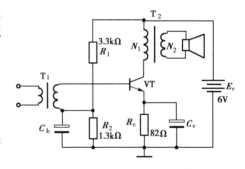

图 6-30　甲类功率放大电路

甲类功放的优点放大的信号不失真,缺点是功放管有较大的静态电流,功耗较大,效率较低,最高效率不超过 50%。

2. 乙类推挽功率放大电路

(1)电路组成及各元器件作用。

如图 6-31 所示电路是变压器耦合乙类推挽功率放大电路。

电路中各元器件的作用如下:

T_1 是输入变压器,它有两个作用:其一是把输入信号 u_i 变成两个大小相等、相位相反的

信号 u_{i1} 和 i_{i2}，并分别加在两个功放管的发射结上；其二是实现阻抗匹配，使功放管从前置级获得最大的输入功率。VT_1 和 VT_2 是一对特性相同的三极管，分别在输入信号的半个周期内交替导通，对信号起放大作用，属于乙类放大。由于这两个管子交替工作，很像拉锯似的一推一挽（拉）地工作，所以把这类放大器称为乙类推挽功率放大器。T_2 是输出变压器，也有两个作用：其一是将两个推挽管各自放大的半个波形合成为一个完整的波形输送给负载；其二是实现阻抗匹配，使负载获得最大功率。

(2) 工作原理。

当交流信号 u_i 送入输入变压器 T_1 的初级时，在 T_1 的次级中就会感应出两个大小相等相位相反的电压 u_{i1} 和 u_{i2}。在输入信号的正半周期时，极性上正下负，两个三极管得到的电压极性相反。VT_1 因其发射极正偏而导通，有基极电流 i_{b1}。集电极获得放大的电流 i_{c1} 并通过输出变压器 T_2 的上半个初级绕组，在次级上就有半个周期的电压输出；VT_2 因发射结反偏而截止，没有输出。当输入信号为负半周期时，极性上负下正，情况与上述刚好相反，此时 VT_2 发射结正偏导通，基极有电流 i_{b2}，集电极获得放大的电流 i_{c2} 通过输出变压器 T_2 的下半个初级绕组，在次级就有下半个周期的电压输出；而 VT_1 则由于反偏而截止，没有输出。于是通过输出变压器的合成就使负载得到一个完整的被放大了的信号波形，如图 6-31 所示。但值得注意的是，输出的波形合成后，是一个失真的正弦波形，如图 6-32 所示。由于失真发生在两个半波的交接处，因此叫作交越失真。

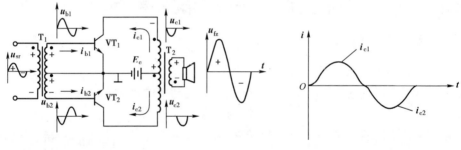

图 6-31 乙类推挽功率放大工作原理　　图 6-32 交越失真

3. 乙类互补对称功率放大电路

上面介绍的变压器耦合推挽功率放大器，要用到输入和输出变压器。由于变压器体积较大、质量大、制造工艺复杂，且频率响应较差，因此近些年来出现了多种不用输出变压器的乙类互补对称功率放大电路。这类功放按电源供给的不同分为两类：一是由双电源供电的互补对称功率放大电路，称为 OCL 电路；二是由单电源供电的互补对称功率放大器，称为 OTL 电路。

1) OCL 电路

(1) 电路组成。

双电源供电的互补对称功放又称为无输出电容（Output capacitorless）的功放电路，简称 OCL 电路，原理电路如图 6-33a) 所示。

电路中，NPN 型功放管 VT_1 和 PNP 型功放管 VT_2 是一对性能参数相同的三极管。两管基极相连作为信号的输入端，两管发射极相连作为输出端直接接至负载 R_L。电路采用正、负两组电源供电，分别加至两管的集电极。

单元六　放大电路基础

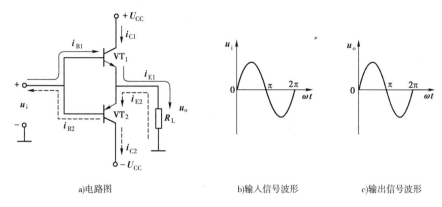

a)电路图　　　　　b)输入信号波形　　　　c)输出信号波形

图 6-33　OCL 电路

(2)工作原理。

无信号输入时,即 $u_i=0$,基极电位为零,发射极经负载搭铁,所以两管零偏而截止,输出端的静态电压为零,因此功放管不消耗功率。若输入正弦信号 u_i,则在输入信号的正半周期,当 u_i 大于三极管的门限电压时,VT_1 正偏导通,VT_2 反偏截止,实现对输入信号的功率放大。此时,VT_1 各电极电流如图 6-33a)中实线所示。在输入信号 u_i 的负半周期,当 $|u_i|$ 大于三极管的门限电压时,VT_2 正偏导通,VT_1 反偏截止,各电极电流如图 6-33a)中虚线所示。

由于 OCL 电路结构对称,VT_1、VT_2 在输入信号的正、负半周交替工作,彼此互为补偿,使负载 R_L 获得一个几乎不失真的正弦波电压,故称为互补对称功率放大器或互补乙类推挽功率放大器。

OCL 电路优点是线路简单、效率高。缺点是波形在合成时会出现交越失真。

2) OTL 电路

(1)电路组成。

单电源供电的互补对称电路又称无输出变压器(Output transformerless)的功放电路,简称 OTL 电路,如图 6-34 所示。

电路中,二极管 VD_1、VD_2 是互补对称功放管 VT_1、VT_2 的偏置电路,是为消除功放的交越失真而设置的。R_{c1}、VD_1、VD_2 是前置电压放大级中 VT_3 的集电极负载,R_P、R_1、R_e 是 VT_3 的偏置电路。C_1 是输入耦合电容,输出端耦合电容 C_2 的容量很大,还具有储能作用。R_L 是放大器的负载。

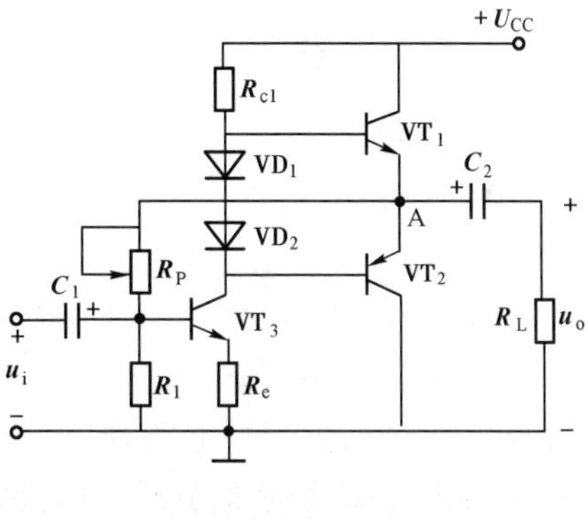

(2)工作原理。

图 6-34　OTL 电路

无信号输入即功放处于静态:在电路刚接入电源 U_{CC} 时,电源经 R_{c1} 为 VT_1 管提供基流,使 VT_1 管发射结正偏而导通,对电容 C_2 充电。随着充电的进行,A 点电位随之升高,而后经 R_P 向 VT_3 供给基极偏流,使 VT_3 管工作在甲类放大状态,I_{c3}、U_{R_1}、U_{RP} 达到合适的值,使功放管 VT_1 和 VT_2 处于微导通状态,即功放管工作在甲乙类状态。此时电容 C_2 已充满电荷,其上的电压等于 A 点的电位,即被充电至电压为 $U_A = U_{C2} = 1/2 U_{CC}$,极性如图 6-34 所示。有信号 u_i 输入:当输入信号为正半周期时,经 VT_3 倒相放大使其集电极电压瞬时极性为"负",

171

VT_2 管发射结正偏导通，VT_1 管发射极反偏截止，切断了电源 U_{CC} 与负载电路。此时电容 C_2 放电，电流经功放管 VT_2 放大后流过负载，其路径是：C_2 的正极→VT_2 管的集—射极→地→负载 R_L→C_2 的负极。因此负载获得负半周信号。

在输入信号 u_i 的负半周期时，经 VT_3 的倒相放大作用，使其集电极电压瞬时极性为"正"，功放管 VT_1 正偏导通，VT_2 反偏截止，电流经功放管 VT_1 放大后通过负载 R_L，其路径是：U_{CC} 正极→VT_1 管集—射极→C_2→R_L→U_{CC} 负极。因此负载获得正半周信号。同时电容 C_2 被充电，补充输出负半周时放电所损失的电能。

可见，在输入信号的整个周期内，功放管 VT_1 和 VT_2 交替工作，使负载获得不失真的信号。

习题三

1. 什么叫功率放大器？对功放有何要求？
2. 何谓甲类、乙类和甲乙类放大状态？
3. 什么叫 OCL 电路和 OTL 电路？电路工作在哪种状态？

课题四　反馈与振荡电路

预备知识：放大器的构成和工作原理；正弦函数知识。

反馈分为正反馈和负反馈，负反馈常用于放大电路，以改善放大器的性能；正反馈常用于各种振荡电路，以产生各种波形的信号。

本课题介绍反馈的概念、分类和判断；振荡电路的组成和工作原理。

一、反馈的基本概念及分析

1. 反馈的定义

把放大器输出信号（电压或电流）的一部分或全部，通过一定的电路（称为反馈网络）回送到输入回路，与原来的输入信号共同控制放大器，这样的作用过程称为反馈。送回输入回路的信号称为反馈信号，具有反馈的放大器称为反馈放大器。

要识别一个电路是否存在反馈，主要是分析输出信号是否回送到输入端，即输入回路与输出回路是否存在反馈通路，或者说输出回路与输入回路之间有没有起联系作用的元件。

例如图 6-22 所示的分压式射极偏置电路，电阻 R_e 既是输入回路的元件也是输出回路的元件，故电阻 R_e 是反馈元件。放大器属于反馈放大器。

2. 反馈的分类

(1) 根据反馈对象，反馈分有电压反馈和电流反馈。

从输出端取的反馈信号是电压，称电压反馈；反馈的信号是电流，称电流反馈。

(2) 按反馈方式，分串联反馈和并联反馈。

反馈信号送回到输入端与原信号相串联，称串联反馈，此时三极管净输入电压是输入电压与反馈电压的代数和。若反馈信号的支路与原输入信号的支路相并联，称为并联反馈，此时三极管的净输入电流是输入电流与反馈电流的代数和。

(3) 按反馈信号性质,分直流反馈和交流反馈。

反馈信号只是直流分量(电压或电流)称直流反馈;反馈信号只是交流分量称交流反馈;反馈信号既含直流分量又含交流分量,则称为交直流反馈。

(4) 根据反馈的极性,反馈分有正反馈和负反馈。

如果反馈信号与原来输入信号叠加后,使放大器的净输入信号(加到晶体管输入端的实际信号)减小,放大器的放大倍数减小,称为负反馈;如果反馈信号起加强原输入信号的作用,使放大器的净输入信号增大,称为正反馈。

3. 反馈极性的判别方法——瞬时极性法

瞬时极性判别法:首先假设在放大器的输入端加入的信号瞬时值变化的趋势(用⊕表示信号瞬时值增大的趋势,用⊖表示瞬时值减小的趋势),再按照信号传递途径,根据放大器和反馈电路工作特性,逐级标出有关点的瞬时值变化趋势,最后确定反馈信号加入输入端的瞬时值变化趋势,从而判断由于反馈信号加到输入端后,使放大器的净输入信号是增强还是减弱,若净输入信号增强则为正反馈,若净输入信号减弱则为负反馈。

下面我们以图6-35所示电路为例,来说明瞬时极性判别法。

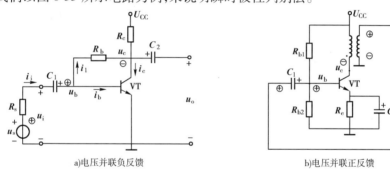

图 6-35 反馈极性的判别

在图6-35a)中,假设输入信号电压 u_i 为⊕,则 i_i 为⊕,i_b 为⊕。根据三极管电流放大作用,i_c 为⊕,则 u_c 为⊖,电阻 R_b 上的电压降有增大的趋势,故 i_f 为⊕。由于 $i_b = i_i - i_f$,则 i_b 为⊖。引入反馈支路 R_b 后,i_f 的增大使三极管的净输入电流 i_b 减小,说明它是一种负反馈。

如图6-35b)所示电路。假设 u_b 为⊕,由于共射极电路的倒相作用,u_c 为⊖,经变压器耦合,变压器的次级绕组的同名端为⊖,异名端为⊕,经连接的导线和电容 C_1 送回到基极,使得 u_b 增大,说明是正反馈。

4. 负反馈放大器

1) 负反馈放大器的分类

如前所述,按反馈方式分有串联和并联反馈;按反馈对象分有电压反馈和电流反馈,因此可组合成4种负反馈的类型:电压串联负反馈、电压并联负反馈、电流串联负反馈、电流并联负反馈。

2) 负反馈类型的判断

(1) 电压反馈与电流反馈的判断。

判断根据是反馈元件与放大器的输出回路的连接方式:若串联,则为电流反馈;若并联,则为电压反馈。

另外也可采用"短路法"进行判断,即假定输出交流短路,若反馈消失,则为电压反馈;若反馈仍然存在,则为电流反馈。

(2)串联反馈与并联反馈的判断。

判断的根据是反馈元件与放大器的输入回路的连接方式:若串联即为串联反馈;若并联即为并联反馈。

如图 6-35a)所示电路,由于反馈支路 R_b 与输入信号支路相并联,所以属于并联反馈;又因反馈电阻 R_b 与放大器的输出回路是并联关系,故为电压反馈。综合考虑该电路是电压并联负反馈电路。

例 6.6 试分析图 6-36 所示电路的反馈极性和类型。

解:用瞬时极性判别法:$u_i \oplus \rightarrow i \oplus \rightarrow i_{b1} \oplus \rightarrow i_{c1} \oplus \rightarrow u_{c1} \ominus \rightarrow u_{c2} \ominus$,经反馈电阻 R_f 的分流作用使 $i_f \oplus$。由于 $i_{b1} = i - i_f$,故 $i_{b1} \ominus$,所以该电路是负反馈。当输出端短路时($u_o = 0$),u_{c2} 仍然存在,说明反馈信号与输出电压无关,故它是电流反馈。反馈支路 R_f 与输入信号 u_i 的支路并联后加到三极管的基极,所以它是并联反馈。因此该电路是电流并联负反馈放大电路。

综上所述,反馈电路的判别方法为:反馈性质看极性,反馈对象看输出(端),反馈方式看输入(端)。

5. 负反馈放大器的基本关系式

1)负反馈放大器的方框图

任何一个反馈放大器就其结构而言,可看成由基本放大电路和反馈电路(又称反馈网络)两部分组成,可用图 6-37 所示的方框图表示。

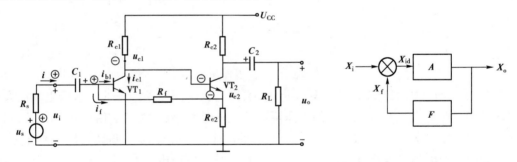

图 6-36 反馈放大器　　　　图 6-37 负反馈放大器的方框图

图中 X_i 表示输入信号(电压或电流),X_o 表示输出信号,X_f 为反馈信号。⊗表示比较环节,输入信号与反馈信号在这里进行比较,其结果作为基本放大器的净输入信号 X'_i,$X'_i = X_i - X_f$。

基本放大电路的放大倍数称为开环放大倍数,用 A 表示:

$$A = \frac{X_o}{X'_i} \tag{6-39}$$

把负反馈放大电路的放大倍数称为闭环放大倍数,用 A_f 表示:

$$A_f = \frac{X_o}{X_i} \tag{6-40}$$

把反馈网络的输出量 X_f 与输入量 X_o 的比值称反馈系数,用 F 表示:

$$F = \frac{X_f}{X_o} \tag{6-41}$$

由 $A = X_o/X_i'$, $F = X_f/X_o$, $X_i' = X_i - X_f$,可得反馈放大器的放大倍数即闭环放大倍数表达式:

$$A_f = \frac{X_o}{X_i} = \frac{A}{1+AF} \tag{6-42}$$

讨论如下:

① 若 $|1+AF|>1$,则 $|A_f|<|A|$,表示引入反馈后放大倍数减小了,这类反馈属负反馈;

② 若 $|1+AF|<1$,则 $|A_f|>|A|$,表示引入反馈后放大倍数增大了,这类反馈属正反馈;

③ 若 $|1+AF|=0$,则 $A_f \to \infty$,这表示放大器在没有信号输入时也有输出信号,这种现象称为自激振荡,这时的放大器又称为振荡器。这点我们将在下一个问题中讨论。

可见反馈电路的反馈情况与 $|1+AF|$ 有关,通常将 $|1+AF|$ 称为反馈深度。$|1+AF|$ 值越大,称反馈深度越深。如果 $|1+AF| \gg 1$(如 $|1+AF|>10$),则一般认为反馈已加得很深,把这时候的反馈称为深度反馈,此时式(6-42)可简化为:

$$A_f = \frac{A}{1+AF} \approx \frac{A}{AF} = \frac{1}{F} \tag{6-43}$$

由式(6-43)可知,在深度负反馈情况下,放大器的闭环放大倍数只与反馈系数 F 有关,而与放大器本身的参数无关。

2) 负反馈对放大器性能的影响

(1) 提高了放大器放大倍数的稳定性。

由于多种原因,如温度变化、三极管的更换、电路元件参数变化、电源电压的波动、负载的改变等,都会使放大器的放大倍数发生变化。引入负反馈可提高放大倍数的稳定性。

可以证明:

$$\frac{\Delta A_f}{A_f} = \frac{1}{1+AF} \times \frac{\Delta A}{A} \tag{6-44}$$

上式表明放大器有负反馈($1+AF>1$)时,放大倍数的相对变化量 $\Delta A_f/A_f$ 只有无负反馈时放大倍数的相对变化量的 $1/(1+AF)$。可见,引入负反馈后,放大器的放大倍数虽然有所下降,但放大倍数的稳定性是原来的 $|1+AF|$ 倍。

(2) 减小了非线性失真。

由于三极管是非线性元件,放大器会产生非线性失真,负反馈可以使放大器的非线性失真减小。改善的程度与反馈深度有关,反馈越深,改善效果越好。

(3) 展宽了放大器的通频带。

负反馈电路能扩展放大器的通频带,减少频率失真。例如在阻容耦合交流放大器中,由于电容具有通高频而阻低频的特点,耦合电容将引起放大器对低频段的信号放大倍数下降;同时,由于晶体管电流放大倍数随频率增加而下降等因素的影响,造成放大器高频段电压增益下降,使放大器的通频带受到限制。所谓放大器的通频带是指放大器的电压放大倍数 A

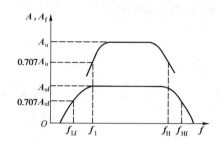

图 6-38 负反馈展宽放大器的通频带

的数值从最大下降至最大值的 $1/\sqrt{2}$ 时所对应的频率范围。引入负反馈后,放大器在低频和高频段放大倍数下降的速度相对减慢,因而使放大器的通频带展宽,如图 6-38 所示,放大器的下限截止频率 $f_{Lf} < f_L$,上限截止频率 $f_{Hf} > f_H$。

二、正弦波振荡器

不需要外加激励信号就能将直流电源提供的直流能量转化成一定频率、一定振幅、一定波形的交流能量输出的电路,称为振荡器或波形发生器。根据振荡器产生的交流信号波形,可分为正弦波振荡器和非正弦波振荡器(如方波发生器)两大类。我们只讨论正弦波振荡器的基本概念和 LC 正弦波振荡器。

在汽车上使用的无触点电喇叭和电子闪光灯等都需要振荡电路。

1. 正弦波振荡电路的基本概念

1)正弦波振荡器

图 6-39 所示为正弦波振荡器框图。从放大器的输入端输入正弦电压 $u_{id} = U_{im}\sin\omega t$,经放大器放大后输出正弦波电压为 u_o。若通过反馈网络由 u_o 产生一个同频正弦交流电 $u_f = U_{fm}\sin(\omega t + \varphi)$,当 $u_f = u_{id}$ 时,放大器不需外加输入信号就能维持稳定的输出电压 u_o。正因振荡器不需外加输入信号就能自行起振且输出稳定的振荡信号的特点,故又称自激振荡器。

2)产生振荡的条件

由图 6-39 可知,产生振荡的基本条件是:

$$u_f = u_{id}$$

即:

$$U_{fm}\sin(\omega t + \varphi) = U_{im}\sin\omega t \qquad (6-45)$$

根据数学知识,要使式(6-45)成立,必须:$\varphi = 2n\pi$ ($n = 0, 1, 2, \cdots$)、$U_{fm} = U_{im}$ 或 $U_f = U_{id}$。而 $U_{fm} = \sqrt{2}U_f = \sqrt{2}FU_o$,$U_{im} = \sqrt{2}U_{id} = \sqrt{2}U_o/A$,故 $AF = 1$。

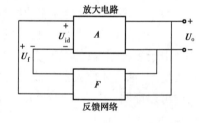

图 6-39 正弦波振荡器的框图

可见,产生自激振荡必须同时满足两个条件:

① 振幅平衡条件:$U_f = U_{id}$(或 $AF = 1$),即反馈信号的振幅必须等于输入信号的振幅。

② 相位平衡条件:$\varphi = 2n\pi$($n = 0, 1, 2, \cdots$)反馈信号与输入信号必须同相,即引入的反馈为正反馈。

3)正弦波振荡器的组成

一个正弦波振荡器应由放大器和反馈网络两大部分组成,它必须包含放大电路、正反馈电路、选频电路和稳幅电路。

① 放大电路:具有信号放大作用,将电源的直流电能转化成交变的振荡能量。

② 反馈电路:形成正反馈以满足振荡平衡条件。

③ 选频电路:对具体振荡器,在很宽的频率范围内都能满足振荡条件,因此输出波形往往不是单一频率的正弦波。为了获得单一频率的正弦波,正弦振荡电路中必须有选频网络,

选择某一频率f_o的信号满足振荡条件,将其他频率的信号抑制掉,从而获得单一频率正弦信号输出。

④稳幅电路:使输出信号振幅稳定并改善输出信号波形。

4)正弦波振荡器的分类

根据构成选频网络的元件不同,正弦波振荡器一般可分为3种。

①RC振荡器:选频网络由电阻、电容元件组成,电路工作频率较低。

②LC振荡器:选频网络由电感、电容元件组成,电路工作频率较高。

③石英晶体振荡器:选频依靠石英晶体谐振器。

2. LC正弦波振荡电路

由LC选频率网络构成的正弦波振荡器主要用来产生高频正弦波信号,它的基本电路有3种:变压器耦合式振荡器、电感三点式振荡器和电容三点式振荡器。

1)变压器耦合式振荡器

(1)电路组成。

变压器耦合式振荡电路如图6-40所示。电路三部分组成如下:

①选频放大器。基本放大器由共射极分压式偏置电路组成,放大器的选频电路由L和C回路构成。选频回路是放大器的集电极负载。

②正反馈电路。变压器二次侧绕组N_2作为反馈绕组将输出量的一部分,经隔直电容C_b反馈到输入端即晶体管基极。

③直流电源U_{CC}。为电路提供能量。

(2)振荡频率f_o的估算。

振荡器的振荡频率等于LC选频网络的固有频率,即:

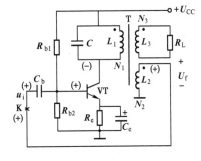

图6-40 变压器反馈式LC振荡器

$$f_o = \frac{1}{2\pi\sqrt{LC}} \qquad (6-46)$$

(3)工作原理。

起振:当接通电源U_{CC}的瞬间,在振荡回路中引起一个电流冲击。由于振荡电路输出与输入间有正反馈电路,且有选频和放大能力,因此电路只要有微小的电流冲击,在LC选频电路中就能自动选出与选频电路固有频率f_o相同的分量,这个分量电流经正反馈→放大→正反馈→再放大,经过这样多次的循环过程,振荡电压就会不断地增大。

稳定振荡:由于受晶体管特性曲线非线性的限制,使放大电路的放大倍数随振荡幅度的增加而减小,当这两者的作用达到动态平衡时,振荡器就会稳定在一定的幅度下,形成等幅振荡,输出单一频率的正弦波信号。振荡频率f_o可用式(6-46)估算。

变压器耦合式振荡电路优点是易于起振,如将选频回路中的电容C为可变电容,可使输出正弦波信号的频率连续可调,通常为几兆赫至几十兆赫。

2)电感三点式振荡电路

电感三点式振荡电路又称哈特莱振荡电路,如图6-41a)所示。该电路的LC并联回路

中电感线圈分成 L_1 和 L_2 两部分,共有 3 个引出端。图 6-41b)为该电路的交流通路。可见,从电感线圈引出的 3 个端点分别接在三极管的 3 个电极上,故称这种电路为电感三点式振荡电路。

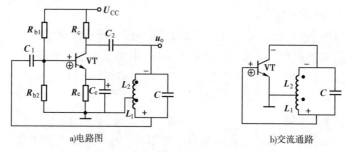

图 6-41 电感三点式振荡电路

这种电路的工作原理与变压器耦合式电路相同,振荡频率为:

$$f_o \approx \frac{1}{2\pi\sqrt{LC}} = \frac{1}{2\pi\sqrt{(L_1+L_2+2M)C}} \tag{6-47}$$

电感三点式振荡电路结构简单,并且由于采用自耦变压器,L_1 和 L_2 是同一个线圈,耦合紧密,因此比变压器耦合式电路更容易起振,输出幅度也大,但输出波形较差。该电路振荡频率通常在几十兆赫以下。

3)电容三点式振荡电路

电容三点式振荡电路又称考毕兹电路,如图 6-42a)所示。

由图 6-42a)可知,放大电路是共射电路,振荡回路中的电容 C 被两个串联电容 C_1、C_2 代替,正反馈电压取自 C_2。从图 6-42b)所示的交流通路可知,电容的 3 个端点分别与三极管的 3 个电极相接,故称为电容三点式振荡电路。

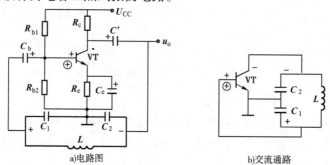

图 6-42 电容三点式振荡电路

电容三点式振荡器工作原理与上述振荡器相同。但由于电容支路的总电容量 C 等于 C_1 和 C_2 的串联总电容,即 $C = C_1C_2/(C_1+C_2)$,因而振荡频率为:

$$f_o = \frac{1}{2\pi\sqrt{LC}} = \frac{1}{2\pi\sqrt{L\dfrac{C_1C_2}{C_1+C_2}}} \tag{6-48}$$

电容三点式振荡电路比起电感三点式和变压器耦合式振荡电路来说,振荡频率可达 100MHz 以上,输出信号稳定,输出波形好。

习题四

1. 什么叫反馈？反馈是怎样分类的？
2. 如何判断反馈是正反馈还是负反馈？负反馈在放大电路中有何作用？
3. 如何判断反馈是电压反馈还是电流反馈？是并联反馈还是串联反馈？
4. 一个正弦波振荡器由哪几部分组成？应包括哪些环节？
5. LC正弦波振荡器基本电路有哪几种？

课题五　集成运算放大器及其应用

预备知识：电路的基本概念与计算；放大电路的基础知识；反馈概念。

前面所讲述的电子电路是由电路所需的电子元件通过导线连接而成的，称为分立元件电路。20世纪60年代，人们在半导体器件制造工艺的基础上，把整个电路中的元器件及它们之间的连接线制作在同一块硅基片上，构成特定功能的电子电路，称集成电路。集成电路因通用性强、可靠性高、体积小、质量小、功耗小、性能优越，而且外部接线少，调试方便，得到广泛应用。

集成运算放大器，简称集成运放（或运放），是用集成电路工艺制成的具有高增益的多级直接耦合放大器。集成运算放大器在发展初期主要用于模拟电子计算机中实现数学运算，故称运算放大器。随着集成电路工艺水平的不断发展和提高，它的应用已远远超出了数学运算的范围，而遍及电子技术的一切领域。

一、集成运放的外形、组成及符号

1. 集成运放的外形

常见的集成运放有：圆壳式、双列直插式和扁平式，如图6-43所示。目前国产集成运放主要采用圆壳式和双列直插式两种。

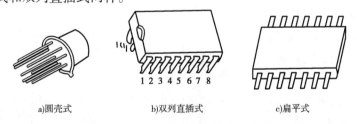

a)圆壳式　　b)双列直插式　　c)扁平式

图6-43　集成运放的外形

2. 集成运放的组成

集成运放的类型很多，电路也不尽相同，然而在电路结构上有共同之处，一般由输入级、中间级、输出级和偏置电路四部分组成，组成方框图如图6-44a)所示。

集成运放的输入级一般是由三极管或场效应管等组成的放大器，实现双端输入单端输出；中间级由一级或多级放大器组成，主要任务是提高整个电路的电压放大倍数，可达10^6~

10^8 数量级;输出级一般由射极输出器构成,以提高输出功率和负载能力;偏置电路为各级放大器提供合适的偏置电流,确保放大器正常工作。

集成运放电路符号如图 6-44b)所示,它有两个输入端和一个输出端。标"+"号的输入端叫同相输入端,由此端输入的信号经放大器的放大,输出信号与输入信号同相;标"-"号的输入端叫反相输入端,由此输入的信号经放大器的放大,输出信号与输入信号反相。

值得注意的是集成运放除输入、输出端外,还有电源端、公共端、调零端、外接偏流电阻端等。各引出端的具体作用可根据集成运放的型号查手册得知。

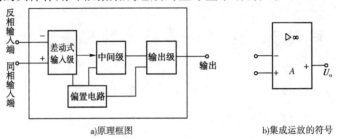

a)原理框图　　　　　　　　b)集成运放的符号

图 6-44　集成运放的原理框图及电路符号

二、集成运放的主要参数

(1) 开环差模电压放大倍数 A_{od}。

A_{od} 是指集成运放在无负反馈情况下,在两输入端加入大小相等、极性相反的信号即"差模信号"的电压放大倍数。A_{od} 越大,电路越稳定,运算精度越高。一般放大倍数可达 $10^5 \sim 10^7$。

(2) 输入失调电压 U_{io}。

一个理想的集成运放,不加调零装置,当输入电压为零时,其输出电压也应为零。实际上,输入级放大器很难达到,这就造成输入为零时输出不为零。

在室温及标准电压下,输入电压为零时,为使集成运放的输出电压也为零,须在输入端加相应的补偿电压,把这个补偿电压叫输入失调电压,用 U_{io} 表示。U_{io} 越小越好,一般为 $\pm(1 \sim 10)\,mV$。

(3) 最大差模输入电压 U_{idmax}。

最大差模输入电压是指集成运放的两输入端所能承受的最大差模电压。若超过此电压,会使集成运放的性能显著恶化,甚至造成损坏。

(4) 最大输出电压 U_{op}(或称输出电压峰—峰值)。

在给定负载上,最大不失真输出电压的峰—峰值称为最大输出电压。如 F007 电源电压为 $\pm 15\,V$ 时,U_{op} 约为 $\pm 12\,V$。

三、集成运放的传输特性

传输特性是指集成运算放大器输出电压 U_o 和输入电压 U_{id} 之间关系的曲线,如图 6-45 所示。

由图可见,集成运放工作在输出电压 $U_o < U_{op}$ 范围时,U_o 与 U_{id} 是线性关系,满足 $U_o = A_{od} U_{id}$,这个范围称为线性区。

集成运放有极高的开环电压放大倍数,即使只有毫伏级以下的输入电压,也足以使输出超出线性范围进入非线区。工作在非线性状态的集成运放,如图 6-45 所示,输出电压 U_o 不随输入电压 U_{id} 变化而变化,$U_o = \pm U_{op}$,此时集成运放工作在非线性状态。

例如某集成运放 $A_{od} = 10^6$、$U_{op} = \pm 12V$,则输入电压 U_{id} 的峰—峰值约为 $\pm 12\mu V$。若输入电压超过 $\pm 12\mu V$,集成运放便会进入非线性区,此时输出电压不再随输入电压 U_{id} 的变化而变化,输出电压 U_o 恒为 $\pm 12V$。

四、理想集成运放

集成运放是一个高增益的多级直流放大器,它主要工作在频率不很高的场合,所以可用它的低频等效电路表示,如图 6-46 所示。图中 R_i 为集成运放的输入电阻,R_i 越大越好,通常为 $1M\Omega$ 以上。R_o 为输出电阻,R_o 要越小越好,通常为几百欧姆以下。

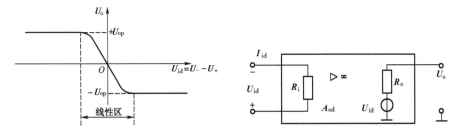

图 6-45 集成运放的传输特性　　　　图 6-46 集成运放低频等效电路

在实际应用中,常常把集成运算放大器看成"理想放大器"。一个理想的集成运算放大器应具有如下主要特征:开环差模电压放大倍数 $A_{od} \to \infty$、开环差模输入电阻 $R_i \to \infty$、输出电阻 $R_o = 0$、输入失调电压 $U_{io} = 0$、没有温度漂移。

根据理想化条件,如果集成运放工作在传输特性的线性区时,可以导出简化电路分析的重要的结论:

①集成运放两输入端之间的电压近似为零,即 $U_{id} \approx 0$;
②集成运放两输入端电流为零,即 $I_{id} = 0$。
③当集成运放的同相输入端搭铁或通过电阻搭铁时,电压为零。

五、集成运放的线性应用

集成运放线性应用的最基本方面是实现模拟信号的运算。

1. 比例运算器

1)反相比例运算器和反相器

反相比例运算电路如图 6-47a)所示。输入信号 U_i 通过 R_1 接到反相输入端通过电阻 R' 搭铁,实际电路中取 $R' = R_1 /\!/ R_f$。

可以推导出:

$$U_o = -\frac{R_f}{R_1} U_i \tag{6-49}$$

由于 R_1 和 R_f 均为线性元件,所以电路的输出电压 U_o 与输入电压 U_i 成比例(线性)关系,且输出与输入电压反相,故该电路对输入的模拟信号实现了反相比例运算,电路由此而得名。

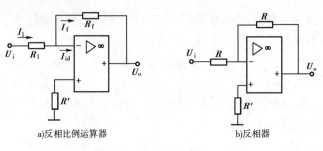

图 6-47　反相比例运算放大器

若 $R_1 = R_f = R$，则 $U_o = U_i$。电路的输出电压与输入电压大小相等、相位相反，实现了反相运算，称电路为反相器，如图 6-47b)所示。

例 6.7　电路如图 6-47a)所示。①若 $R_1 = 1\text{k}\Omega$，$U_i = 0.1\text{V}$，$U_o = -3\text{V}$，求 R_f；②若 $U_o = -2\text{V}$，$R_f = 100\text{k}\Omega$，$U_i = 0.2\text{V}$，求 R_1。

解：① 由式(6-49)得：

$$R_f = -\frac{U_o}{U_i}R_1 = -\frac{-3}{0.1} \times 1 = 30(\text{k}\Omega)$$

② 由式(6-49)得：

$$R_1 = -\frac{U_i}{U_o}R_f = -\frac{0.2}{-2} \times 100 = 10(\text{k}\Omega)$$

2) 同相比例运算电路

同相比例运算器的电路如图 6-48a)所示。输入信号 U_i 从同相输入端输入，反相输入端通过电阻 R_1 搭铁。实际电路中，取 $R' = R_1 /\!/ R_f$。

可以推导出：

$$U_o = \left(1 + \frac{R_f}{R_1}\right)U_i \tag{6-50}$$

可见输出与输入电压同相，且成比例关系，即可实现同相比例运算。

当 $R_f = 0$ 和 $R_1 \to \infty$（即开路状态），则 $U_o = U_i$，即输入电压与输入电压的大小相等、相位相同，电路成为跟随器，如图 6-48b)所示。

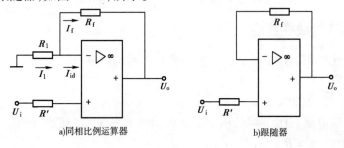

图 6-48　同相比例运算电路

2. 加法运算电路

图 6-49 为反相输入加法运算电路。输入信号 U_{i1} 和 U_{i2} 由反相输入端输入，同相输入端经电阻 R' 搭铁，实际电路中，$R' = R_1 /\!/ R_2 /\!/ R_f$。

可推导出：

$$U_o = -R_f\left(\frac{U_{i1}}{R_1} + \frac{U_{i2}}{R_2}\right) \tag{6-51}$$

当 $R_1 = R_2$ 时,则:

$$U_o = -\frac{R_f}{R_1}(U_{i1} + U_{i2}) \tag{6-52}$$

若 $R_1 = R_2 = R_f$,则有:

$$U_o = -(U_{i1} + U_{i2}) \tag{6-53}$$

上式表明,输出电压 U_o 等于两输入电压的和,故称为加法运算电路,负号表示输出电压与输入电压相位相反。

例 6.8 如图 6-50 所示电路,已知 $U_{i1} = 0.2\text{V}, U_{i2} = -0.3\text{V}, U_{i3} = 0.4\text{V}$。①若 $R_1 = 20\text{k}\Omega, R_2 = 10\text{k}\Omega, R_3 = 5\text{k}\Omega, R_f = 20\text{k}\Omega$,求输出电压 U_o 和电阻 R'。②若 $R_1 = R_2 = R_3 = R_f$,求输出电压 U_o。

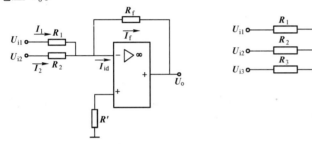

图 6-49 反相输入加法器

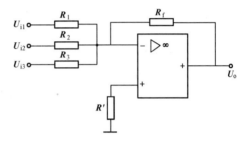

图 6-50 运算电路

解: ① 由式(6-51)得:

$$U_o = -R_f\left(\frac{U_{i1}}{R_1} + \frac{U_{i2}}{R_2} + \frac{U_{i3}}{R_3}\right) = -20 \times \left(\frac{0.2}{20} - \frac{0.3}{10} + \frac{0.4}{5}\right) = -1.2(\text{V})$$

$$R' = R_1 // R_2 // R_3 // R_f = \frac{1}{\frac{1}{20} + \frac{1}{10} + \frac{1}{5} + \frac{1}{20}} = 2.5(\text{k}\Omega)$$

② 由式(6-53)得:

$$U_o = -(U_{i1} + U_{i2} + U_{i3}) = -(0.2 - 0.3 + 0.4) = -0.3(\text{V})$$

3. 减法运算电路

减法运算电路是利用将一个信号先反相,再进行求和的方法实现减法运算,其电路如图 6-51 所示。图中集成运放 A_1 完成反相运算,集成运放 A_2 完成求和运算。

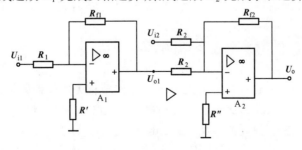

图 6-51 减法运算电路

由式(6-52)得：

$$U_o = -\frac{R_{f2}}{R_2}(U_{o1} + U_{i2})$$

由式(6-49)得：

$$U_{o1} = -\frac{R_{f1}}{R_1}U_{i1}$$

所以：

$$U_o = -\frac{R_{f2}}{R_2}\left(U_{i2} - \frac{R_{f1}}{R_1}U_{i1}\right) \tag{6-54}$$

当 $R_1 = R_{f1}$、$R_2 = R_{f2}$ 时，则：

$$U_o = U_{i1} - U_{i2} \tag{6-55}$$

电路实现了减法运算。

六、集成运放的非线性应用——电压比较器

由于理想集成运放的开环差模电压放大倍数 A_{od} 趋于无穷大，所以只要反相输入端和同相输入端之间存在微小的电压差值，就会使集成运放处于非线性状态，使输出电压等于恒值。下面我们介绍利用集成运放的这种非线性特点工作的电路——单门限电压比较器。

所谓电压比较器(简称比较器)就是将一个加在集成运放的反相输入端的模拟信号电压 u_i 和一个加在同相输入端的参考电压 U_R(也称给定电压)相比较的电路，如图6-52a)所示。

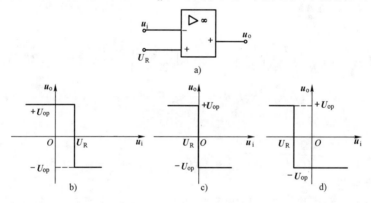

图6-52 单门限电压比较器及其传输特性

根据集成运放的传输特性，处在非线性状态的集成运放，它的输出只有两种可能的值，即：

$$u_i > U_R \text{ 时}, U_o = -U_{op}$$
$$u_i < U_R \text{ 时}, u_o = U_{op}$$

比较器输出电压 u_o 与输入电压 u_i 之间的关系曲线称为比较器的传输特性。

如果参考电压 $U_R > 0$，那么比较器的传输特性如图6-52b)。当 $u_i < U_R$ 时，则比较器的输出 $u_o = U_{op}$，u_i 由小增大，只要 $u_i < U_R$，输出电压 U_{op} 不会改变。一旦 $u_i > U_R$ 时，比较器的输出电压就产生突变，u_o 由 U_{op} 变为 $-U_{op}$。u_i 再继续增大，输出 $u_o = -U_{op}$ 不会变化。如果 u_i 逐渐减小，在 $u_i > U_R$ 时，输出电压也不会变化。但一旦减小到 $u_i < U_R$，比较器的输出又会

产生跳变，u_o 突变成 U_{op}，u_i 再继续减小，输出电压 U_{op} 不会改变。

如果参考电压 $U_R = 0$，比较器称为过零比较器，它的传输特性曲线如图 6-52c) 所示。

如果参考电压 $U_R < 0$，那么比较器的传输特性曲线如图 6-52d) 所示。

电压比较器的应用极为广泛，其中一个重要的应用是将正弦波变换成矩形波。图 6-53 所示是将正弦波变换成矩形波的波形图。输入信号 u_i 为正弦波，参考电压为 U_R，当 $u_i < U_R$ 时，$u_o = U_{op}$，当 $u_i > U_R$ 时，$u_o = -U_{op}$，相应的输出电压 u_o 为矩形波。

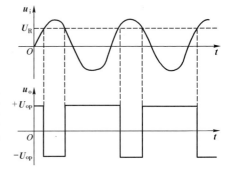

图 6-53　比较器将正弦波变换成矩形波

由以上分析可见，比较器输出电压 U_{op} 和 $-U_{op}$ 之间的转换，只跟 $u_i = U_R$ 一个值相对应，所以这种比较器称为单门限电压比较器。

习题五

1. 什么叫集成运放？一个理想的集成运放应具备哪些条件？
2. 在图 6-54 所示的电路中，已知：$U_{i1} = 0.1\text{V}$，$U_{i2} = 0.3\text{V}$，$R_1 = 3\text{k}\Omega$，$R_2 = 2\text{k}\Omega$，$R_3 = 10\text{k}\Omega$，$R_{f1} = 51\text{k}\Omega$，$R_{f2} = 24\text{k}\Omega$。求电压 U_{o1} 和 U_o。
3. 图 6-55 属于什么电路？如已知 $U_i = 0.3\text{V}$，$U_o = 3.6\text{V}$，$R_f = 100\text{k}\Omega$，求 R_1。

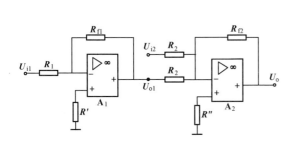

图 6-54　习题五第 2 题图

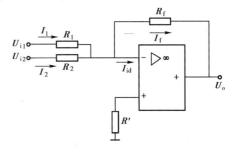

图 6-55　习题五第 3 题图

单 元 小 结

1. 晶体三极管是由两个 PN 结构成的，有 NPN 型和 PNP 型两种。在满足发射结正偏、集电结反偏条件时，具有电流放大作用，其实质是用基极电流控制集电极电流，即 $i_C = \beta i_B$。
2. 晶体三极管是非线性元件，有截止、放大和饱和三种工作状态。
3. 分压式稳定工作点电路稳定工作点的实质是稳定 I_{CQ}。
4. 多级放大器级间耦合方式有阻容耦合、变压器耦合、直接耦合和光电耦合。
5. 多级放大器的电压放大倍数等于各级电压放大倍数的乘积，即 $A_u = A_{u1} \times A_{u2} \cdots \times A_{un}$。
6. 将放大器输出信号的一部分或全部回送到它的输入端称为反馈。负反馈分有电压串联负反馈、电压并联负反馈、电流串联负反馈和电流并联负反馈 4 种。
7. 向负载提供足够大功率的放大器称功率放大器，简称"功放"，它的主要任务是在非线性失真允许的范围内,高效率地获得所需要的不失真的大功率信号。专门用于放大功率的半导体三极管称功放管。

8. OCL 电路和 OTL 电路是利用两个异型(NPN 型和 PNP 型)功放管交替工作来实现放大。

9. 集成运放是用集成电路工艺制成的具有高增益的多级直接耦合放大器。集成运放可分为线性应用和非线性应用。

10. 集成运放在线性应用时工作在闭环且深度负反馈状态,可实现比例运算、加法运算和减法运算等;非线性应用时,工作在开环状态,其输出电压值只有正向饱和值或负向饱和值,可用于电压比较器等。

实训 单管低频电压放大器

一、实验目的

(1)进一步熟悉使用信号发生器、晶体管毫伏表和示波器。
(2)加深对单管交流放大电路工作原理理解。
(3)观察静态工作点对放大电路工作性能的影响,熟悉放大电路静态工作点的调整与测试方法。
(4)测量交流电压放大电路的电压放大倍数,观察负载电阻变化时对电压放大倍数的影响。

二、实验器材

(1)信号发生器 1 台。
(2)双踪示波器 1 台。
(3)晶体管毫伏表 2 台。
(4)直流稳压电源(双路)1 台。
(5)单管放大电路(可参考实验电路图 6-56 自制)1 块。

三、实验电路图

实验电路图如图 6-56 所示。

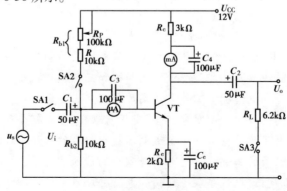

图 6-56 单管低频电压放大器

四、实验步骤

（1）观察静态工作点对波形的影响。

①将开关 SA1、SA2、SA3 断开，调整 R_P 使 $R_{b1}=20\text{k}\Omega$ 左右。

②将 SA2 闭合，接入电源，测量静态工作点，将测量结果填入表 6-5 中。

③将 SA1 闭合，输入 $U_i=5\text{mV}(1\text{kHz})$ 的正弦波信号，用示波器观察放大器输入信号和输出信号的波形，并将输出波形画于表 6-5 中。

④同样，只将 R_{b1} 调整为 $50\text{k}\Omega$，测量静态工作点及输出波形。

⑤同样，只将 R_{b1} 调整为 $100\text{k}\Omega$，测量静态工作点及输出波形。

静态工作点及输出波形　　　　　　　　　　　　　　　表 6-5

$R_{b1}(\text{k}\Omega)$	$I_{BQ}(\text{k}\Omega)$	$I_{CQ}(\text{mA})$	$U_{CEQ}(\text{V})$	输出波形
20				
50				
100				

（2）电压放大倍数的测量及观察 R_L 接入后对电压放大倍数的影响。

①在上述 $R_{b1}=100\text{k}\Omega$ 的基础上，调整 R_P 使波形不失真时，在输入和输出端接入晶体管毫伏表（或用双踪示波器测量），测出放大器输出信号电压 U_o，结果填入表 6-6，并计算出电压放大倍数。

②合上 SA3，接入负载 R_L（阻值分别为 $2\text{k}\Omega$ 和 $6.2\text{k}\Omega$），测量 U_o，结果填入表 6-6，并计算出电压放大倍数。

电压放大倍数测量　　　　　　　　　　　　　　　表 6-6

$R_L(\text{k}\Omega)$	$R_L\to\infty$	$R_L=6.2\text{k}\Omega$	$R_L=2\text{k}\Omega$
$U_o(\text{V})$			
A_u			

五、实验结果分析

（1）说明放大器的静态工作点对输出信号波形的影响。

（2）说明 R_L 对放大倍数的影响。

单元七
数 字 电 路

数字电路是近代电子技术的重要基础。数字技术在近十年来得到飞速的发展。互联网、IT革命、数字电视、数字广播、手机、计算机,每天各种类似的信息充斥着这个社会,它已经日益渗透到我们社会的方方面面,其中扮演着重要角色的便是以数字技术为核心的计算机信息处理和信息通信技术。因此,了解和掌握数字电子技术的基本理论及其分析方法就显得十分重要。

在电子电路技术中,描述各种物理量的电信号通常分为模拟信号和数字信号两大类。上一单元所讲的各类放大电路中输入、输出信号都是连续变化的电流或电压,它属于模拟电路。尽管模拟电路具有电路结构简单、无须进行中间转换等优点,但它也存在着许多缺点,如由于受内外部影响,模拟信号在记录、编辑、存储、传送和重放过程中,易受到各种干扰和破坏,使输出信号变得失真;要达到较高的要求就需要通过很高精度的原材料或机械部分来完成,从而增加成本。正是由于模拟电路存在以上缺点,现在更多的场所采用数字电路或利用数字电路来更简便地处理复杂的模拟信号。如在现代汽车行业上得到广泛应用的计算机技术和数字化仪表、检测仪器,都是建立在数字电路的基础之上的。

课题一 数字电路基础

预备知识:模拟电路基础知识、二极管特性、三极管特性。

一、数字电路及其特点

1. 概述

电信号通常可以分成两类:一类是在时间上和数值上连续的信号,称为模拟信号,汽车中应用了许多传感器,来自传感器的输入信号大多为模拟信号,如传感器检测到的温度、发动机的转速(图7-1)、燃油流量等都属于模拟信号,对模拟信号进行传输、处理的电子线路称为**模拟电路**,上一单元中放大电路就属于模拟电路;另一类是时间上和数值上都是不连续的离散量,称为数字信号,如汽车运行数字式速度表上的读数、汽车里程表的读数以及防失窃报警灯信号(图7-2)等,**数字电路**就是用于处理数字信号的电路。

脉冲是指在短促时间内电压或电流突然变化的信号。典型的脉冲波形如图7-3所示。广义地讲,数字电路就是一种脉冲电路。如汽车上计算机控制燃料喷嘴时发出的脉冲(图7-4)、曲轴各类传感器的波形都属于脉冲波。

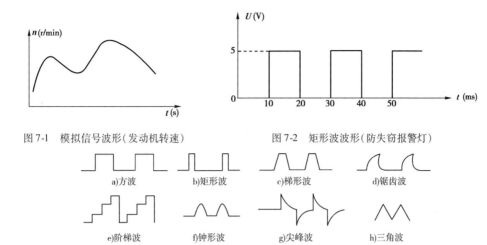

图 7-1 模拟信号波形(发动机转速)　　图 7-2 矩形波波形(防失窃报警灯)

a)方波　b)矩形波　c)梯形波　d)锯齿波
e)阶梯波　f)钟形波　g)尖峰波　h)三角波

图 7-3 典型的数字波形

尽管数字电路中数字信号主要是矩形波和方波,但实际上矩形波并非如图 7-2 所示那么理想地突升突降,实际的矩形波波形如图 7-5 所示。

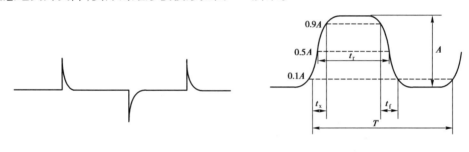

图 7-4 计算机控制燃料喷嘴时发出的脉冲图　　图 7-5 实际的矩形波波形

主要参数如下:

①脉冲幅度 A:脉冲信号变化的最大值。

②脉冲上升沿 t_x:从脉冲幅度的 10% 上升到 90% 所需的时间。

③脉冲下降沿 t_f:从脉冲幅度的 90% 下降到 10% 所需的时间。

④脉冲宽度 t_r:从上升沿的脉冲幅度的 50% 到下降沿的脉冲幅度的 50% 所需的时间,这段时间也称为脉冲持续时间。

⑤脉冲周期 T:周期性脉冲信号相邻两个上升沿(或下降沿)的脉冲幅度的 10% 的两点之间的时间间隔。

⑥脉冲频率 f:单位时间的脉冲数,$f=1/T$。

2. 数字电路的特点

数字信号在时间和数值上是不连续的,所以它在电路中只能表现为信号的有、无(或信号的高、低电平)两种状态。数字电路中用二进制数"0"和"1"来代表低电平和高电平两种状态,数字信号便可用"0"和"1"组成的代码序列来表示。

高电平、低电平是用来描述电位的高低。高低电平不是一个固定值,而是一个电平变化范围,如图 7-6 所示。如在 5V 集成逻辑门电路中,规定 2.4V 以上为高电平,0.4V 以下为低电平。2.4V 以上的电压译为"1",0.4V 以下的电压译为"0",若处于 0.4V 到 2.4V 之间则电路不能正确识别,正常情况下不允许电路的输出电平处于两者之间。

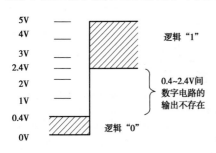

图 7-6　高低电平的范围

实际应用时,高电平与低电平既要有差距,又要有一个适当的范围,否则在差距太大时容易造成电路复杂化,而在差距过小时又容易造成识别的可靠性降低。

数字电路的优点:

①由于数字电路中这种只有"0"和"1"两种电平状态的信号,那么对数字电路的工作要求就是能够可靠地区别信号为"0"和信号为"1"两种状态,因此对数字电路的精度要求不高,使得其抗干扰能力得到大大加强。

②数字电路的稳定性和可靠性很高。

③可以用廉价的材料作为记录媒体,无须精密机械系统和精密原材料,降低了生产成本。

④功能强,电路简单不复杂。

⑤信号传递时不容易失真,干扰信号易分离,信号传输速率高,保密性能好。

数字电路与模拟电路相比有很大的不同,在数字电路中,研究的主要问题是电路的逻辑功能,即输入信号的状态和输出信号的状态之间的关系。

数字电路的主要特点:

①电路中工作的晶体管多数工作在开关状态。

②研究对象是电路的输入与输出之间的逻辑关系。

③分析工具是逻辑代数。

④表达电路的功能主要用真值表、逻辑函数表达式及波形图等。

二、数的进制

数字电路中经常遇到计数问题。在日常生活中我们已经习惯使用十进制,而在数字电路中多采用二进制,有时也采用八进制和十六进制。

1. 二进制

二进制是用两个不同的数码 0,1 来表示数的。其计数规律是"逢二进一",如 $1+1=10$,所以二进制就是以 2 为基准的计数体系。每一数码代表的数值同样是不一样的。二进制从低位算起,二进制整数第一位的权(二进制中不同数位的数字代表的数)为 2^0,第二位的权为 2^1,第三位的权为 2^2,第 n 位的权为 2^{n-1},……。权乘上对应该位上的数码就是该位的权数。如:$(11011001)_2$ 中第 3 位的权为 $2^2=4$,权数为 $0\times2^2=0$,第 4 位的权为 $2^3=8$,权数为 $1\times2^3=8$。各位的权数如图 7-7 所示。

2. 二进制与十进制之间的对应关系与互相转换

要把二进制数转换为十进制数,采用"乘权相加法"即可,即将二进制各位按对应的权进行相加即得。

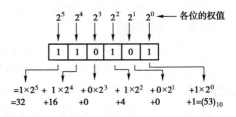

图 7-7　二进制各位的权值

例 7.1 把 $(1101\ 1011)_2$ 转换为十进制数。

解：$(1101\ 1011)_2 = 1\times2^7 + 1\times2^6 + 0\times2^5 + 1\times2^4 + 1\times2^3 + 0\times2^2 + 1\times2^1 + 1\times2^0 = (219)_{10}$

任意一个二进制数都可以方便地转换为十进制数，转换方法为：

$$(M)_2 = K_{n-1}\times2^{n-1} + K_{n-2}\times2^{n-2} + \cdots + K_1\times2^1 + K_0\times2^0 = \sum K_i 2^i$$

要把十进制数转换为二进制数，可采用"除 2 取余数法"。将十进制数连续除以 2，直至其商为 0。将余数按照以下顺序排列：先得到的余数为最低位，最后得到的余数为最高位，得到的就是二进制数。

例 7.2 将 $(219)_{10}$ 转换为二进制数。

解：按除 2 取余数法逐步计算，过程如图 7-8 所示。结果即为 $(219)_{10} = (1101\ 1011)_2$。

由于用二进制表示数字位数太多，实际还经常用到 8 进制和 16 进制，它们的转换规则是类似的。这里不再作详细介绍。

3. 8421BCD

BCD 码是利用若干个二进制数位来表示一位十进制数的编码。其中 8421BCD 码较为常用，它是以 4 个二进制位代表 1 个十进制数。从左到右，每个二进制位的权分别是 8、4、2、1。

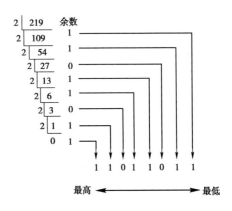

图 7-8　十进制转换为二进制数

例 7.3 将 $(219)_{10}$ 转换为 8421BCD 码。

解：首先分解各个数，得 $(2)_{10} = (0010)_{8421BCD}$，$(1)_{10} = (0001)_{8421BCD}$，$(9)_{10} = (1001)_{8421BCD}$。

组合即得 $(219)_{10} = (0010\ 0001\ 1001)_{8421BCD}$。

由于十进制数转换为 8421BCD 码时不须对个位进行相加，只对每位数进行分解即可。

例 7.4 将 $(0010\ 0001\ 001)_{8421BCD}$ 转换为十进制数。

解：首先将各位值对应，得百位为 $(0010)_{8421BCD} = (2)_{10}$，十位为 $(0001)_{8421BCD} = (1)_{10}$，个位为 $(1001)_{8421BCD} = (9)_{10}$。

因此 $(0010\ 0001\ 1001)_{8421BCD} = 2\times10^2 + 1\times10^1 + 9\times10^0 = (219)_{10}$。

从例 7.2 和例 7.3 可知，十位以上的十进制数用二进制与用 8421BCD 码表达的形式是不一样的，学习时要注意这种差别。

三、晶体管的开关性能

从单元五的知识可知晶体二极管具有单向导电性，晶体三极管有 3 个工作区。在数字（脉冲）电路中，由于只处理二进制中的"0"和"1"两种信号，故晶体二极管、三极管通常作为"开关"元件使用。在数字电路中，三极管经常工作在截止状态或饱和状态，而在模拟电路中三极管则经常工作在放大状态。

1. 二极管的开关特性

由二极管的伏安特性曲线，可知二极管的开关作用如图 7-9 所示。

① 当二极管正向偏置时，$I \neq 0$，$V_R = V_I - V_0 \approx V_I$，相当于开关闭合。
② 当二极管反向偏置时，$I = 0$，$V_R = 0$，相当于开关断开。

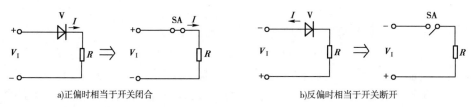

a) 正偏时相当于开关闭合　　　　　　　　b) 反偏时相当于开关断开

图 7-9　二极管的开关特性

2. 三极管的开关特性

数字电路中，用三极管的饱和状态与截止状态分别对应于数字信号中的"0"和"1"，可用三极管截止时输出的高电平表示数字信号的"1"状态，而用三极管饱和导通输出的低电平表示数字信号中的"0"状态，如图 7-10 所示。

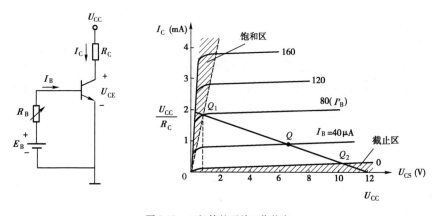

图 7-10　三极管的开关工作状态

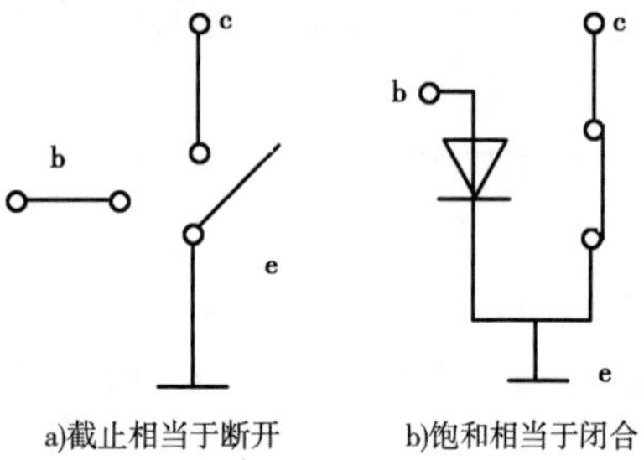

当三极管饱和时，发射极与集电极之间如同一个开关的接通，其间电阻很小；当三极管截止时，发射极于集电极之间如同一个开关的断开，其间电阻很大。三极管的等效电路如图 7-11 所示。

结论：三极管相当于一个由基极电流控制的无触点开关。

a) 截止相当于断开　　b) 饱和相当于闭合

图 7-11　三极管的开关作用

三极管工作在数字状态的特点见表 7-1。

三极管截止、饱和工作状态特点　　　　　　　　　　　表 7-1

工作状态		截　　止	饱　　和
工作特点	偏置情况	发射结和集电结均为反偏	发射结和集电结均正偏
	管压降	$U_{CEO} \approx U_G$	$U_{CES} \approx 0.3V$（硅管） $U_{CES} \approx 0.1V$（锗管）
	c、e 间等效电阻	很大，约为数百千欧， 相当于开关断开	很小，约为数百欧姆， 相当于开关闭合

二极管、三极管的开关特性在汽车上应用十分普遍。如现在汽车发电机的整流、电子式调节器(图7-12)、晶体管调节器、集成电路调节器、无触点喇叭中的二极管、三极管就工作在截止区或饱和区。电子点火系(图7-13)中就是利用三极管处于开关特性时翻转速度快、翻转过程电路无机械中断、不会产生电火花的优点来实现点火的。

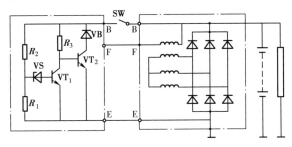

图7-12 外搭铁式电子调节器基本电路

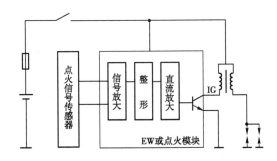

图7-13 电子点火系基本原理

习题一

一、是非题

1. 模拟电路的抗干扰能力一般比数字电路要高。（　　）
2. 二进制数的进位关系是逢二进一，因此 1 + 1 = 10。（　　）
3. 在数字电路中高低电平就是指的一个固定的电压值，如5V对应逻辑为"1"，那么其他电平值就不能对应逻辑"1"。（　　）
4. 在逻辑运算中，只有两种逻辑取值，它们是0V和5V。（　　）
5. 正弦波和方波都是脉冲信号。（　　）
6. 在二进制整数最低位后加一个0后的二进制数是原来的2倍，若加两个0则是原来的4倍。（　　）
7. 在逻辑运算中，只有两种逻辑取值，它们分别是负电位和正电位。（　　）

二、数制的转换

1. 将$(1101\ 0010)_2$、$(0111\ 0101)_2$转换为十进制数。
2. 将$(78)_{10}$、$(691)_{10}$转换为二进制数。
3. 将十进制数24、78、691转换为BCD8421码。

三、问答题

1. 与模拟电路相比较，数字电路具有哪些优点？
2. 何为二进制？二进制中的0和1与逻辑门电路中的0和1含义是否相同？为什么？

四、证明题

1. $\bar{A} + \bar{B} + AB = 1$
2. $A\bar{B} + \bar{A}B + \bar{A}\bar{B} = \bar{A} + \bar{B}$

课题二　门　电　路

预备知识：二极管和三极管特性、数字电路基本概念。

在数字电路中，输入信号是"条件"，输出信号是"结果"，因此输入、输出之间存在一定的因果关系，称之为逻辑关系。门电路是最基本的逻辑元件，它的应用极为广泛，各种逻辑门电路是组成数字电路的基本单元。所谓门电路就是一种利用输入信号控制的开关电路，当它的输入信号满足一定条件时，它就允许信号通过，相当于"门开"；当不满足某个条件时，信号就不能通过，相当于"门闭"。因此，门电路的输入信号与输出信号之间存在一定的逻辑关系，因此门电路又称为逻辑门电路。

由于计算机通常以与0、1（二进制）相对应的两种状态作为基准进行所有的操作，无论多么大型的计算机，它的操作都是由与、或、非这三种基本操作组成的，也就是说计算机电路是由与门、或门、非门这三种基本门电路或它们的组合构成的。

一、基本逻辑门电路

基本的逻辑关系有三种："与"逻辑、"或"逻辑、"非"逻辑。下面我们以常见的开关电路来说明这三个门的意义。

1. 与逻辑关系和与门电路

与逻辑关系表明的是当决定一种事件的几个条件全部具备后，这种事件才能发生，否则就不发生。与逻辑关系可以用图7-14的电路来说明。

图7-14中汽车的远光灯 HL 由变光器开关 SA_1 和前照灯开关 SA_2 串联控制，远光灯 HL 只有在变光器开关 SA_1 和前照灯开关 SA_2 都闭合（即条件全部具备）时才会亮（事件才能发生）。与逻辑的符号如图7-15b）所示。

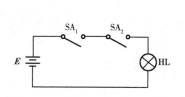

图7-14　用串联开关说明与逻辑关系

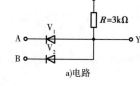
a）电路

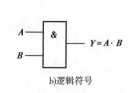
b）逻辑符号

图7-15　与门电路

图7-15a）表示的是由二极管组成的与门电路，它利用二极管替代开关元件。A、B 是它的两个输入端，V1、V2 是二极管，经限流电阻 R 接至电源 $+U_{CC}$，Y 是输出端。

当 A 点电位为低电位如 $V_A = 0V$(即逻辑 0),B 点电位为高电位如 $V_B = 5V$(即逻辑 1),则 V_1 两端因承受较高的电压优先于 V_2 导通,并把输出端 Y 的电位钳制在低电位。这时 V_2 因承受反向电压而截止,从而将 B 端与 Y 端隔离开,$V_Y = 0V$(即逻辑 0);可以类推当 A、B 两个输入端中有任意一端为低电位(即逻辑 0),则二极管 V_1、V_2 中至少有一个导通,Y 的电位就被钳制在低电位(即逻辑 0);当 A、B 点电位均为高电位时,$V_A = 5V$、$V_B = 5V$(即均为逻辑 1),则二极管 V_1、V_2 均不导通,输出端 Y 的电位处在高电位,$V_Y = 5V$(即逻辑 1)。

与门的逻辑功能可以通过逻辑状态表和逻辑表达式来描述。逻辑状态表是表明逻辑门电路输入端状态和输出端状态逻辑对应关系的表格,它将输入逻辑变量的各种可能取值和相应的输出值排列在一起而组成。表 7-2 是与门的逻辑状态表,式(7-1)是与门的逻辑表达式。同一个门的逻辑状态表和逻辑表达式存在一一对应的关系,在某些地方可以利用它进行逻辑关系的证明。

$$Y = A \cdot B$$

或
$$Y = AB \tag{7-1}$$

与门的逻辑状态表　　表 7-2

输	入	输 出
A	B	Y
0	0	0
0	1	0
1	0	0
1	1	1

式(7-1)与普通代数的乘式相似,故逻辑与又称为逻辑乘。从逻辑状态表和逻辑表达式可知与门的逻辑功能为:"有 0 出 0,全 1 出 1"。

与门的输入端可以不止两个,但逻辑关系是相同的。图 7-16 表示的是四输入端与门,其逻辑表达式为 $Y = ABCD$。

例 7.5　汽车座椅安全带报警系统如图 7-17 所示,当接通点火开关 SA_1 而未扣紧座椅安全带时,蜂鸣器便会发出报警声。其中座椅安全带扣环开关 SA_2 是一端搭铁的常闭式开关,当扣紧后开关才会断开。

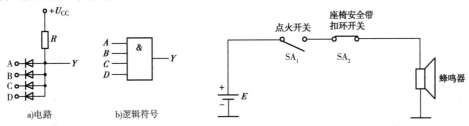

图 7-16　四输入端与门　　　　　图 7-17　座椅安全带报警系统

例 7.6　出租车计价器的车轴测速的工作原理如图 7-18 所示,当车轴每转动一圈,经过整形电路后,传输线上就有一个矩形脉冲信号,将其接到与门的输入端 A,而用一个秒脉冲信号作为控制信号接到与门的另一输入端 B。当 $B = 0$ 时门关闭,Y 无输出;当 $B = 1$ 时门打开,矩形脉冲信号可以送出,则每秒的矩形脉冲的个数就是车轴每秒的转速。乘以 60 就换算为每分钟多少转(r/min),就得到了车轴的转速。

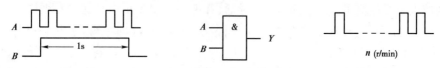

图 7-18　车轴测速部分电路

2. 或逻辑关系和或门电路

或逻辑关系表明的是当决定一种事件的几个条件中只要有一个条件得到满足,这种事件就会发生。或逻辑关系可以用图 7-19 的电路来说明。图 7-19 为上海桑塔纳普通型制动器报警灯 HL(发光二极管)由驻车制动开关 SA_1 和制动液面开关 SA_2 并联控制,只要拉起驻车制动拉杆 SA_1,因发光二极管处于正向导通状态,灯 HL 亮;放松驻车制动拉杆 SA_1,灯 HL 灭;若放松驻车制动拉杆 SA_1,制动报警灯 HL 仍亮,说明对应的开关 SA_2 因液面过低而接通,报警灯亮表明制动液面过低。或逻辑的符号如图 7-20b)所示。

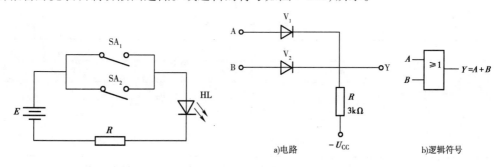

图 7-19　用并联开关说明或逻辑关系　　　　图 7-20　或门电路

图 7-21a)表示的是由二极管组成的或门电路,它电路与图 7-16 相似,只是二极管连接方向相反并由负电源供电而已,同理可以分析,当 A、B 端全是低电位时,输出端 Y 也是低电位,当输入端中任一端是高电位时,Y 端输出高电位。

表 7-3 是或门的逻辑状态表,式(7-2)是或门的逻辑表达式。

$$Y = A + B \tag{7-2}$$

或门的逻辑状态表　　　　　　　　　　　　　　表 7-3

输	入	输 出
A	B	Y
0	0	0
0	1	1
1	0	1
1	1	1

式(7-2)与普通代数的和式相似,故逻辑或又称为逻辑加。从逻辑状态表和逻辑表达式可知或门的逻辑功能为:"有 1 出 1,全 0 出 0"。或门的输入端同样可以不止两个,但逻辑关系也是相同的。如图 7-21 中四输入端或门的逻辑表达式为 $Y = A + B + C + D$。

例 7.7　汽车双用途报警灯电路如图 7-22 所示。当汽车点火后,发动机机油压力低或冷却液温度高时,对应的传感器 SA_1 和 SA_2 分别接通,发动机报警灯 HL 亮。

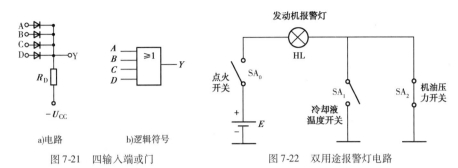

图7-21 四输入端或门　　　　图7-22 双用途报警灯电路

由于为了保证汽车电器的可靠性,汽车电路中采用得最多的是负极搭铁形式,因此汽车电路中或门使用较普遍,其他类型的门电路使用相对较少。

3. 非逻辑关系及非门电路

非逻辑关系表明的是事件和条件总是相反状态。某事情发生与否,仅取决于一个条件,而且是对该条件的否定。即条件具备时事情不发生;条件不具备时事情才发生。或逻辑关系可以用图7-23的电路来说明。图7-23中由开关SA控制灯HL,只要SA闭合时,灯HL就不亮,SA断开时,灯HL才会亮。晶体管非门电路如图7-24a)所示。非逻辑的符号如图7-24b)所示。

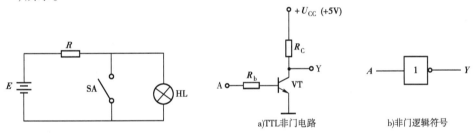

图7-23 非门实例电路　　　　图7-24 非门电路

表7-4是非门的逻辑状态表,式(7-3)表示的是非门的逻辑表达式。

$$Y = \bar{A} \tag{7-3}$$

从逻辑状态表和逻辑表达式可知或门的逻辑功能为:"有0出1,有1出0"。

例7.8 汽车驾驶员边门门控开关是常闭式、一端搭铁的开关,车门关闭严密时开关才断开,对应的关门指示灯灭,而当车门未关严时,对应的指示灯亮。此时门的状态与指示灯的状态就是一种"非"的关系。

非门逻辑状态表　表7-4

输入	输出
A	Y
0	1
1	0

图7-24a)中晶体管非门电路不同于放大电路,管子的工作状态为从截止转为饱和或从饱和转为截止。非门电路只有一个输入端A,当输入端为"1"(设其电位为3V)时,晶体管饱和,其集电极即输出端Y为"0"(其电位在0V附近);当输入端为"0"时,晶体管截止,输出端Y为"1"(其电位近似等于U_{CC})。所以非门电路又称为反相器。

与门电路、或门电路、非门电路是最基本的逻辑门电路,将它们组合起来就构成了组合逻辑门电路,可以丰富逻辑电路的功能。如经过不同组合可以构成与非门、或非门、异或门等。

4. 与非门

采用二极管形式的与、或、非门的组合,可以扩大其逻辑功能,它的优点是电路简单、经济,但在许多门互相连接的时候,由于二极管存在正向压降,通过一级门电路以后,输出电位对输入电位约有 0.7V(硅管)的偏移,这样经过一连串的门电路以后,高低电平就会严重偏离原来的范围,以致造成输出结果错误。除此之外,二极管门电路还存在带负载的能力较差的缺点。

为了解决以上弊端,常采用二极管与三极管门的组合,组成与非门等复合门,它们在带负载能力、工作速度和可靠性等方面性能都大为改善,而逐步成为逻辑电路中最常见的基本单元。

图 7-25 为常见的由晶体二极管、三极管构成的与非门电路。下面分析它的基本工作原理:

① 当 A、B、C 全接为高电平 5V 时,二极管 $VD_1 \sim VD_3$ 都截止,而 VD_4、VD_5 和 VT 导通,且 VT 为饱和导通,$V_Y = 0.3V$,即输出低电平。

② A、B、C 中只要有一个为低电平 0.3V 时,则 $V_B \approx 1V$,从而使 VD_4、VD_5 和 VT 都截止,$V_Y = U_{CC} = 5V$,即输出高电平。

所以该电路满足与非逻辑关系,即:

$$Y = \overline{ABC}$$

图 7-26 表示的是两个输入端的与非门的逻辑运算符号,表 7-5 为两输入端的与非门逻辑状态表。

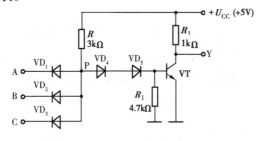

图 7-25 与非门电路

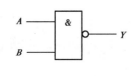

图 7-26 与非逻辑运算符号

与非门逻辑状态表　　　　表 7-5

输	入	输 出	输	入	输 出
A	B	$Y = \overline{AB}$	A	B	$Y = \overline{AB}$
0	0	1	1	0	1
0	1	1	1	1	0

尽管汽车电路中或门使用最多,但汽车车用计算机内芯片都是由"与""或""非"及其组合构成的集成电路。

二、数字集成电路简介

随着数字集成电路技术的发展,各种门电路已经很少采用上述的二极管、三极管等分立

元件来构成,这主要是由于分立元件门电路存在如下缺点:

①带负载能力弱。

②抗干扰性能差。

③在多个门串接使用时,会出现低电平偏离标准数值的情况。

④功耗大。

⑤不能适应高速开关。

因此人们不再使用分立元件设计各种逻辑器件,而是把实现各种逻辑功能的元器件及其连线都集中制造在同一块半导体材料小片上,并封装在一个壳体中,通过引线与外联系,即构成所谓的集成电路块,通常又称为集成电路芯片。数字集成电路一般工作在小信号状态,因此直流工作电压较小,一般为5V;同时其功耗很小,一般无散热装置。采用集成电路进行数字系统设计,不仅具有可靠性高、可维护性好、功耗低、成本低等优点,而且可以大大简化设计和调试过程。

1. 数字集成电路的分类

1) 外形特征

数字集成电路按引脚的分布情况可以分为四种:一是单列数字集成电路,它的引脚只有一列,如一些汽车音响功放集成电路。二是双列数字集成电路,它的引脚分成两列;双列数字集成电路又可细分为双列标准直插式和双列贴片封装式两类,如索纳塔轿车里程表用的记忆里程数的码片采用双列标准直插式,而宝来轿车音响的防盗芯片是双列标准直插式的。三是四列数字集成电路,它的引脚分成四列,多采用贴片封装。像汽车中常用的ECU(电子控制单元)就是这种封装。常见的数字集成电路外形如图7-27所示。数字集成电路目前大量采用双列直插式外形封装,大规模数字集成电路一般采用四列引脚方式。

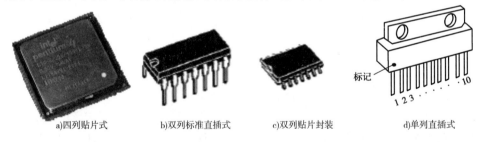

a) 四列贴片式　　b) 双列标准直插式　　c) 双列贴片封装　　d) 单列直插式

图7-27　常见的数字集成电路外形

集成电路的引脚排列通常有以下特征:把标志(凹口)置于左方,逆时针自下而上依次读出外引线编号。引脚分布规律:单列数字集成电路一般有凹坑、缺口等明显标志,从左至右依次为1脚、2脚……。双列和四列数字集成电路一般也是以凹坑、文字等标记作为起始,从1脚开始各引脚依次按逆时针方向排列。

2) 分类

数字集成电路的品种很多,通常按照所用半导体器件的不同或者根据集成规模的大小进行分类。

集成门电路按其集成度(一块基片上能制作的最多元器件数)又可分为:元器件数目少于100只的小规模集成电路(SSI)、元器件数目介于100~1000只的中规模集成电路(MSI)、元器件数目介于1000至数万只的大规模集成电路(LSI)和元器件数目在10万只以上的超大规模集成电路(ULSI)。

集成电路门按组成门电路的半导体性质的不同(按所用器件制作工艺的不同)可分为两大类:一类为双极型晶体管集成电路,其中 TTL(晶体管—晶体管逻辑电路)应用最广泛,TTL电路的性能价格比最佳,抗干扰能力较强,带负载的能力也比较强,开关速度较高,没有普通组合逻辑门的工作速度低的缺点,但缺点是功耗较大;另一类为单极型 MOS 集成电路,包括NMOS(N 沟道 MOS)、PMOS(P 沟道 MOS)和 CMOS(互补对称型 MOS)等几种类型,其中CMOS(金属—氧化体—半导体互补对称逻辑门电路)应用广泛,它具有制造工艺简单、功耗小、输入阻抗高、带负载的能力强、集成度高、抗干扰能力强、电源电压范围宽、单一电源、噪声容限高等优点,其主要缺点是工作速度稍低,随着集成工艺的不断改进,CMOS 电路的工作速度已有了大幅度的提高,现已成为数字集成电路的发展方向。

由于集成逻辑门电路具有体积小、质量小、可靠性高、速度快、功耗低等优点,在数字电路中使用较多。TTL 和 CMOS 集成门电路在数字电路中使用较为普遍。

2. TTL 与非门电路

实用的 TTL 与非门是在一块很小的硅片上,将若干晶体管和电阻元件集成,连接成一个与非门电路封装而成。图 7-28 是最常用的 TTL 与非门电路及其图形符号,下面介绍其结构、作用及其工作原理。

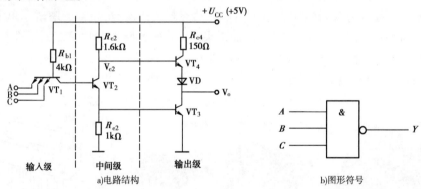

图 7-28　TTL 与非门电路

输入级是由多发射极晶体管 VT_1 和电阻 R_{b1} 组成,VT_1 的集电结可以看作成一个二极管,而把发射结看成与前者背靠背的几个二极管,这样,VT_1 的作用和二极管与门的作用完全相似。其等效电路如图 7-29 所示。

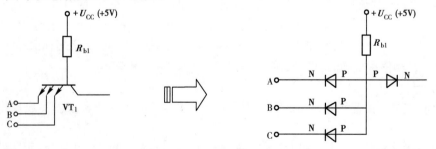

图 7-29　多发射极晶体管及其等效电路

中间级由 VT_2 和 R_{c2}、R_{e2} 组成倒相级。由 VT_2 的集电极和发射极分别输出两个相位相反的信号,驱动 VT_3、VT_4。输出级由 VT_3、VT_4、二极管 VD 和 R_{c4} 组成。

工作原理:

①输入全为高电平 3.6V 时,VT_2、VT_3 饱和导通,由于 VT_2 饱和导通,$V_{c2}=1V$。VT_4 和二极管 VD 都截止。由于 VT_3 饱和导通,输出电压为:
$$V_0 = U_{CE3} \approx 0.3(V)$$

实现了与非门的逻辑功能之一:输入全为 1(即高电平)时,输出为 0(即低电平)。

②输入有低电平 0.3V 时,由于 VT_4 和 VD 导通,所以:
$$V_0 \approx U_{CC} - U_{BE4VD} = 5 - 0.7 - 0.7 = 3.6(V)$$

实现了与非门的逻辑:输入有 0(即低电平)时,输出为 1(即高电平)。

综合上述两种情况,该电路满足与非的逻辑功能,即:
$$Y = \overline{ABC}$$

下面为部分常用中小规模 TTL 门电路的型号及功能图。图 7-30 所示的是 74LS00 的管脚排列及逻辑关系示意图。74LS00 是一种典型的 TTL 与非门器件,内部含有 4 个两输入端与非门,共有 14 个引脚。图 7-31 是 74LS20 的管脚排列及逻辑关系示意图,74LS20 内部含有 2 个四输入端的与非门器件。

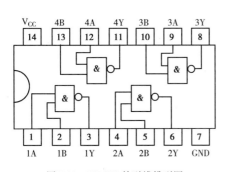

图 7-30 74LS00 外引线排列图

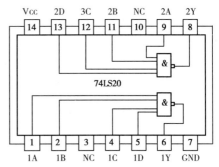

图 7-31 74LS20 外引线排列图

3. CMOS 与非门电路

图 7-32 是一个二输入的 CMOS 与非门电路,它由两个 NMOS 管 VT_1 和 VT_2 串联组成驱动管,由两个 PMOS 管 VT_3 和 VT_4 并联组成负载管。NMOS 管的开启电压为正值,PMOS 管的开启电压为负值,其工作原理与三极管类似。

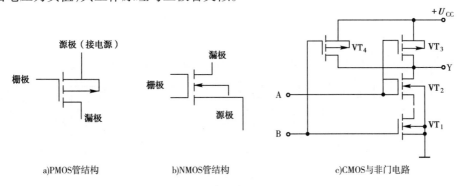

图 7-32 CMOS 与非门电路

当 A、B 两个输入端均为高电平"1"时，VT_1、VT_2 的栅极—源极电压为正，因而导通，VT_3、VT_4 的栅极—源极为 0，因而截止，输出为低电平，即 Y = "0"。

当 A、B 两个输入端中只要有一个为低电平"0"时，VT_1、VT_2 中必有一个的栅极—源极电压为 0 而截止，T_3、T_4 中必有一个的栅极—源极电压为负而导通，输出为高电平，即 Y = "1"。

故电路的逻辑关系符合与非逻辑，即：
$$Y = \overline{A \cdot B}$$

图 7-33 为常用的 CMOS 二输入端与非门 CC4011 集成块的外引线排列图。图 7-34 为四输入端与非门 CC4012 外引线排列图。可以实现同一种功能可以采用 TTL 集成电路，也可以采用 COMS 电路实现。

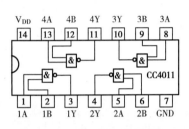
图 7-33 CC4011 外引线排列图

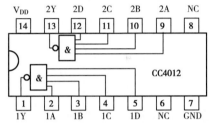
图 7-34 CC4012 外引线排列图

TTL 电路与 CMOS 电路除以上介绍的与非门类型外，还有反相器、或非门、与门、缓冲器及驱动器等类型，这里就不作介绍了。

习题二

1. 用门电路实现逻辑关系：$\overline{AB} + \overline{AC}$。

2. 分别写出图 7-35 和图 7-36 逻辑图的逻辑函数表达式。

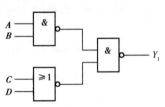
图 7-35 习题二第 2 题图 1

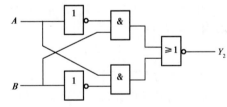
图 7-36 习题二第 2 题图 2

3. 最基本的 3 种逻辑关系是什么？

4. 三输入端与非门的逻辑符号和输入波形如图 7-37 所示，试画出相应的输出波形。

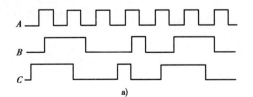
a)

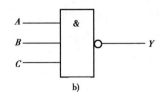
b)

图 7-37 习题二第 4 题图

5. 若已知输入 A、B 波形如图 7-38 所示,试画出对应的与门、或门、非门的输出波形。

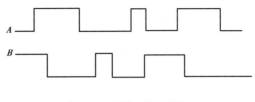

图 7-38　习题二第 5 题图

课题三　触　发　器

☺ **预备知识**:逻辑门电路知识、二进制、集成电路基础。

数字电路的一个功能便是进行电路的运算和数据的处理,目前已经有每秒运算千亿次的计算机,但无论电路的运算和处理速度有多快,数据从输入到输出之间都需要一定的时间,这就要求在得到输出数据(结果)之前,输入的数据(内容)状态需要保持恒定不变,否则会导致输出状态的不稳定甚至出错。逻辑门电路有一个特点,就是输出端状态完全由输入端决定,没有输入信号就没有输出信号,显然这种逻辑电路没有记忆功能。而复杂数字电路和计算机的存储器中用于存储、临时存数据等功能依靠逻辑门电路是无法完成的,这就需要一种具有记忆功能的基本逻辑单元,能够存储代码信息,它就是触发器。

组合电路和时序电路是数字电路的两大类。门电路是组合电路的基本单元;触发器是时序电路的基本单元,它有两个稳定状态,分别称之为 0 状态和 1 状态,在不同的情况下,它可以被置成 0 状态或 1 状态;当输入信号消失后,能将获得的新状态保存下来。触发器两个稳定状态可以在外来信号触发下从一种稳定状态翻转到另一稳定状态,而无外来的触发信号时触发器将维持原来稳定状态。触发器有多个输入端和两个输出端,这有两个互为相反的输出端,一般用 Q 和 $\bar{Q}$ 分别表示。触发器的两个输出端输出状态必须相反,否则表明触发器已不能进行正常的工作。各种触发器的基本功能是能够存储二进制码,具有记忆二进制数码的能力。由于触发器具有记忆功能,所以触发器在受输入信号触发后进行工作时,不仅受到输入信号的影响,还要受到触发器本身所记忆数码(即前次触发结果)的影响,这一点与逻辑门电路完全不同。

触发器的电路结构与逻辑门电路有关,将逻辑门电路进行适当的组合就能得到触发器电路,因此逻辑门电路是构成触发器的基本单元电路,对触发器电路的分析实际上是对各种逻辑门电路的分析。

触发器按其稳定工作状态可分为双稳态触发器、单稳态触发器、无稳态触发器(多谐振荡器)等。双稳态触发器其按其逻辑功能可分为 RS 触发器、JK 触发器、D 触发器和 T 触发器等;按其结构可分为主从触发器和维持阻塞型触发器等。

一、基本 RS 触发器

图 7-39 表示的是由两个与非门交叉连接而成的基本 RS 触发器。

Q 与 $\bar{Q}$ 是基本触发器的输出端,两者的逻辑状态在正常条件下能保持相反。这种触发器有两种稳定状态：一个状态是 $Q=1,\overline{Q}=0$，称为置位状态（"1"态）；另一个状态是 $Q=0,\overline{Q}=1$，称为复位状态（"0"态）。相应的输入端分别称为直接置位端或直接置"1"端（S）和直接复位端"0"端（R）。

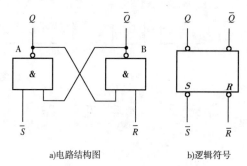

图 7-39　基本 RS 触发器

说明：$R=0$ 时表示外加负脉冲，$R=1$ 时表示去除负脉冲；$S=1$ 时表示高电平，$S=0$ 时表示低电平。

下面分析基本 RS 触发器输出与输入之间的逻辑关系。

说明：R 是 reset（复位）的第一个大写字母，S 是 set（置位）的第一个大写字母。

(1) $R=0, S=0$。

当 S 端和 R 端同时加负脉冲时，两个与非门输出端都为"1"，这就达不到前面规定的 Q 与 $\overline{Q}$ 为互补的稳定状态的逻辑要求。此时一旦负脉冲除去后，触发器 Q 的状态将由各种偶然因素决定其最终状态。因此 RS 触发器是不允许 $R、S$ 同时为 0 状态出现的。

(2) $R=0, S=1$。

由于 $R=0$，故 $\overline{Q}=1$ 并反馈到与非门 B 的输入端，使得 B 的两个输入端都为 1，则 $Q=0$。这种情况下，无论触发器原来处于什么状态，加入输入信号后触发器就一定处于 0 端，因此 R 端又称为"置 0"端或复位端。

(3) $R=1, S=0$。

由于 $S=0$，故 $Q=1$ 并反馈到与非门 A 的输入端，使得 A 的两个输入端都为 1，则 $\overline{Q}=0$。这种情况下，无论触发器原来处于什么状态，加入输入信号后触发器就一定处于 1 端，因此 S 端又称为"置 1"端或置位端。

(4) $R=1, S=1$。

根据与非门的特性，可知 Q 态和 $\overline{Q}$ 态只决定于原来的状态。

若原来状态为 $Q=0$ 和 $\overline{Q}=1$，则 A 门的输入分别为 $R=1,Q=0$，则其输出 $\overline{Q}$ 必为 1；B 门的输入分别为 $S=1,\overline{Q}=1$，则其输出 Q 必为 0；

若原来状态为 $Q=1$ 和 $\overline{Q}=0$，则 A 门的输入分别为 $R=1,Q=1$，则其输出 $\overline{Q}$ 必为 0；B 门的输入分别为 $S=1,\overline{Q}=0$，则其输出 Q 必为 1。

通过以上分析可知：只要 $R=1, S=1$，则无论原态如何，触发器都保持不变，这就是说明了触发器具有存储或记忆功能。

图 7-39b) 是基本 RS 触发器的图形符号，其中输入端引线上靠近方框的小圆圈是表示触发器用负脉冲"0"电平来置位或复位，即低电平有效，故用 $\overline{S}$ 和 $\overline{R}$ 表示。

基本 RS 触发器的逻辑状态表见表 7-6。

基本 RS 触发器的逻辑状态表　　　　　表 7-6

R	S	Q^{n+1}	功　　能
0	0	不定	禁止
0	1	0	置 0
1	0	1	置 1
1	1	Q^n	保持

二、同步 RS 触发器

在数字电路中，经常会出现需要将电路的不同部分的触发器在同一时刻动作，这就需要引入"同步"信号。通常这些同步信号称为时钟脉冲信号简称 CP 脉冲，是英文 Clock Pulse（时钟脉冲）的缩写。具有时钟脉冲控制的 RS 触发器就称为同步 RS 触发器。

基本 RS 触发器的翻转由外加的输入信号决定，当外加的输入信号发生改变时，输出信号会跟着改变，因此抗干扰能力较差。而数字系统中的各触发器常常要求在规定的时刻同时翻转，这就需要由外加的时钟脉冲来控制。同步 RS 触发器就是一个具有外加时钟信号 CP 的触发器。同步 RS 触发器在基本 RS 触发器的基础上增加两个控制门 C、D 和一个时钟控制信号 CP 组成的。R_D、S_D 为直接置"0"端和直接置"1"端。

电路结构和逻辑符号如图 7-40 所示。

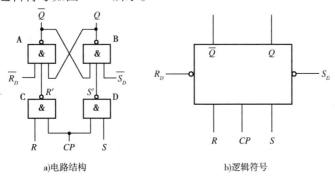

a) 电路结构　　　　　　　　b) 逻辑符号

图 7-40　同步 RS 触发器

下面分 $CP = 1$ 和 $CP = 0$ 两种情况分析其工作原理：

（1）$CP = 1$ 时，由于与非门 C、D 的一个输入端为 1，根据 R、S 的不同状态分为以下 4 种情况。

① $R = 0, S = 0$。此种情况与基本 RS 触发器相同，$S' = R' = 1$，同步 RS 触发器的输出状态保持不变。

② $R = 0, S = 1$。此时与非门 D 的两个输入端都为 1，$S' = 0$，这就相当于在基本 RS 触发器的 S 端输入 0，而此时 $Q = 1$ 称为置 1 过程。

③ $R = 1, S = 0$。此时与非门 C 的两个输入端都为 1，$R' = 0$，这就相当于在基本 RS 触发器的 R 端输入 0，而此时 $Q = 0$ 称为置 0 过程。

④ $R = 1, S = 1$。此时与非门 C、D 的两个输入端都为 1，$R' = 0, S' = 0$，这种情况与基本

RS 触发器相同,其输出状态不定(不能满足前面规定的 Q 与 $\bar{Q}$ 为互补的稳定状态的逻辑要求)。因此同步 RS 触发器要避免这类情况的出现。

(2) $CP=0$ 时,由于与非门 C、D 的一个输入端为 0,因此无论 R、S 是何种状态,与非门 C、D 的输出都为 0,与 R、S 无关。因此当 $CP=0$ 时,R、S 对同步触发器没有触发作用。

结论:当 CP 由 1 变 0 时,触发器保持原状不变,而 CP 由 0 变 1 时,根据 R、S 的不同,触发器发生不同的变化。故同步 RS 触发器只是在 CP 脉冲的上升沿时并且 R、S 相异时触发。

同步 RS 触发器的功能表如表 7-7 所示,表中 Q^n 表示同步 RS 触发器在输入端 R、S 作用前的输出状态,又称为原态,Q^{n+1} 表示同步 RS 触发器在输入端 R、S 作用后的输出状态,又称为现态。

同步 RS 触发器的功能表   表7-7

CP	S	R	Q^n	Q^{n+1}	功能
↑	0	0	0	0	保持
↑	0	0	1	1	
↑	0	1	0	0	置0
↑	0	1	1	0	
↑	1	0	0	1	置1
↑	1	0	1	1	
↑	1	1	0	不定	禁止
↑	1	1	1	不定	

例 7.9 已知同步 RS 触发器输入端 CP、R、S 的状态如图 7-41 所示,设 Q 的初始状态为 0 态,根据同步 RS 触发器的工作特点做出输出端的状态波形图。

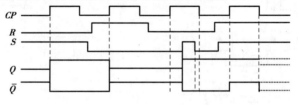

图 7-41　例 7.10 图

解: 根据同步 RS 触发器只是在 CP 脉冲的上升沿时且 R、S 相异时触发的规律,我们可以做出同步 RS 触发器在初始状态为 $Q^n=0$ 时的输出波形。其中当 R、S 同为 1 时输出状态不定。

三、主从 JK 触发器

由于同步 RS 触发器构成的计数器电路中存在空翻现象。对 R、S 之间存在约束条件,即 R、S 不能同时为 1,如果将两个同步 RS 触发器组合,就可以进一步构成 JK 触发器,克服这种空翻现象。JK 触发器可以应用到各种计数器和移位寄存器中,它消除了 RS 触发器中出现的"禁止"情况,同时电路的工作是根据同步脉冲的输入来进行的,JK 触发器没有约束条件,是一种改进型的触发器。

主从 JK 触发器的电路结构和逻辑符号如图 7-42 所示。

主从 JK 触发器是由两个同步 RS 触发器构成,但主触发器和从触发器在硬件上保证了触发器的输入条件不可能出现同时为1,主触发器的输入中与非门 G 的输入分别为 CP、Q 和 K,与非门 H 的输入分别为 CP、$\overline{Q}$ 和 J,无论处于何种原态,与非门 G 和与非门 H 的输入都不可能同时为1,CP、K、J、$\overline{Q}$ 中必有一个会为0;同样从触发器的与非门 C 的输入分别为 $\overline{CP}$ 和 $\overline{Q}_{\pm}$,与非门 D 的输入分别为 $\overline{CP}$ 和 $Q_{\pm}$,无论处于何种原态,与非门 G 和与非门 H 的输入也不可能同时为1。

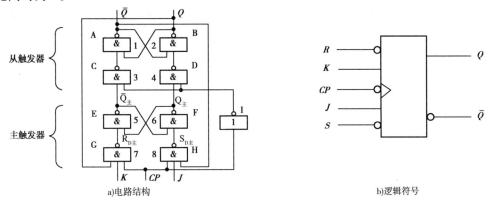

图 7-42 主从 JK 触发器

主从 JK 触发器的工作原理分析:

(1) $J=0, K=0$ 时。

相当于主触发器关闭,从触发器不作翻转,故主从触发器的状态保持不变。

(2) $J=1, K=0$ 时。

① 若 $Q=0, \overline{Q}=1$(原态为 0 态)。

当 $CP=1$ 时,主触发器打开,由于 $Q=0$,门 G 关闭,其输出为1,门 H 由于 $J=1$ 和 $\overline{Q}=1$ 而被打开,其输出 $=\overline{CP \cdot \overline{Q}}=0$,故主触发器的输出状态为 $Q_{\pm}=1, \overline{Q}_{\pm}=0$;而从触发器由于门 I 输出为0,从触发器关闭。

当 CP 脉冲由 1 变到 0 时,由于 $\overline{CP}=0$,主触发器关闭。由于门 I 输出为1,使得门 C、D 具备打开条件之一。但此时 $\overline{Q}_{\pm}=0$,故门 C 被关闭,门 C 输出为1。$Q_{\pm}=1$ 将门 D 打开,门 D 输出为0。这样 $Q=1, \overline{Q}=0$。

② 若 $Q=1, \overline{Q}=0$(原态为 1 态)。

当 $CP=1$ 时,由于 $\overline{Q}=0$,使门 H 关闭,门 H 输出为1,由于 $K=0$,使得门 G 关闭,G 输出为1,这样主触发器的输出状态为 $Q_{\pm}=0, \overline{Q}_{\pm}=1$。此时由于门 I 输出为0,从触发器关闭。

当 CP 脉冲由 1 变到 0 时,由于 $\overline{CP}=0$,将主触发器关闭。由于门 I 输出为1,使得门 C、D 具备打开条件之一。但此时 $Q_{\pm}=0$,故门 D 被关闭,门 D 输出为1。$\overline{Q}_{\pm}=1$ 使得门 C 打开,门 C 输出为0。这样 $Q=1, \overline{Q}=0$。

通过以上分析,无论 JK 触发器的初始状态是 0 还是 1,通过 CP 脉冲的触发,都将使 JK 触发器进入 $Q=1, \overline{Q}=0$ 的状态(即为 1 态)。

(3) $J=0, K=1$ 时。

① 若 $Q=0, \overline{Q}=1$(原态为 0 态)。

当 $CP=1$ 时,则 $K \cdot Q \cdot CP=0, J \cdot \overline{Q} \cdot CP=0$。此时主触发器的状态由同步 RS 触发器状态表可知,保持 0 态不变,而从触发器被封锁。因此主从触发器均保持 0 态不变。

当 CP 脉冲由 1 变到 0 时，主触发器被封锁，从触发器打开，门 C 的输入 $\overline{CP}\cdot\overline{Q}$、门 D 的输入 $\overline{CP}\cdot Q$ 分别为 1 和 0，由同步 RS 触发器状态表可知，此时从触发器被置 0。

②若 $Q=1,\overline{Q}=0$（原态为 1 态）。

当 $CP=1$ 时，则 $K\cdot Q\cdot CP=1,J\cdot\overline{Q}\cdot CP=0$。此时主触发器的状态由同步 RS 触发器状态表可知，主触发器被置 0，而从触发器被封锁。因此主从触发器均保持 0 态不变。

当 CP 脉冲由 1 变到 0 时，主触发器被封锁，从触发器打开，门 C、D 的输入分别为 1 和 0，由同步 RS 触发器状态表可知，此时从触发器被置 0。

综上所述，无论 CP 处于何种情况，触发器的输出状态都为 0 态。

(4) $J=1,K=1$ 时。

由于 $J=K=1$，因此门 G 和 H 具备了打开的条件之一。

① $Q=0,\overline{Q}=1$（原态为 0 态）。

由于 $Q=0$，使得门 G 被封闭，门 G 的输出为 1。由于 $\overline{Q}=1$，门 H 打开，门 H 的输出 = $\overline{CP\cdot\overline{Q}\cdot J}=0$，这样使主触发器输出状态为 $Q_主=1$、$\overline{Q}_主=0$。此时由于门 I 输出为 0，使得从触发器关闭。因此主触发器输出状态不影响 JK 触发器的输出，它仍然保持 0 态。

当 CP 脉冲由 1 变到 0 后，由于 $CP=0$，门 G 和门 H 关闭，此时的 Q 和 $\overline{Q}$ 输出状态对主触发器没有影响，这样可以确保一个 CP 脉冲主触发器只翻转一次。而门 I 的输出状态为 1，使得门 C 和门 D 具备打开条件之一。

由于 $\overline{Q}_主=0$ 将门 C 关闭，门 C 输出为 1。由于 $Q_主=1$，门 D 被打开，门 D 的输出为 0，这样 Q 输出为 1，即此时 JK 触发器输出端状态为 $Q=1,\overline{Q}=0$，主触发器输出状态转换到从触发器输出端。

② $Q=1,\overline{Q}=0$（原态为 1 态）。

由于 $\overline{Q}=0$，使得门 H 被封闭，门 H 的输出为 1。由于 $Q=1$，门 G 打开，门 G 的输出 = $\overline{CP\cdot Q\cdot K}=0$，这样使主触发器输出状态为 $Q_主=0$、$\overline{Q}_主=1$。此时由于门 I 输出为 0，使得从触发器关闭。因此主触发器输出状态不影响 JK 触发器的输出，它仍然保持 1 态。

当 CP 脉冲由 1 变到 0 后，由于 $CP=0$，门 G 和门 H 关闭，此时的 Q 和 $\overline{Q}$ 输出状态对主触发器没有影响。而门 I 的输出状态为 1，使得门 C 和门 D 具备打开条件之一。

由于 $Q_主=0$ 将门 D 关闭，门 D 输出为 1。由于 $\overline{Q}_主=1$，门 C 被打开，门 C 的输出为 0，这样 Q 输出为 0，即此时 JK 触发器输出端状态为 $Q=0,\overline{Q}=1$，主触发器输出状态转换到从触发器输出端。

综上所述，无论 JK 触发器初始状态是怎样，它在 CP 时钟脉冲完成一个周期变化（从高电平 1 到低电平 0 再回到高电平 1），JK 触发器都要完成一次翻转（从 1 翻转到 0 或从 0 翻转到 1）。对应的功能如表 7-8 所示。

JK 触发器的功能表 表 7-8

CP	J	K	Q^{n+1}	功能
↓	0	0	Q^n	保持
↓	0	1	0	置 0
↓	1	0	1	置 1
↓	1	1		计数

说明:JK触发器只在时钟脉冲的下降沿才发生翻转,上升沿不翻转。故 JK 触发器可以构成计数器。

主从 JK 触发器的优点:CP 作用期间抗干扰能力增强;触发器不存在空翻现象,没有输入端的约束条件。

例7.10 已知 JK 触发器输入端 CP、J、K 的状态如图 7-43 所示,设 Q 的初始状态为 0 态,根据 JK 触发器的工作特点做出输出端的状态波形图。

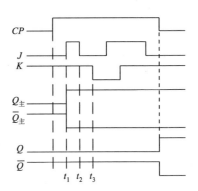

图 7-43 例 7.11 图

四、D 触发器

把主从 JK 触发器的 J 端通过与非门与 K 端相连,并把 J 端定为 D 端,这样就构成只有一个输入端的 D 触发器,如图 7-44a)所示。D 触发器电路符号如图 7-44b)所示,在 CP 输入端没有小圆圈以表示上升沿触发。D 触发器中的 D 是英文 Delay(延迟)的第一个字母。

根据主从 JK 触发器的工作原理可知:当 $D=1$ 时,即意味 $J=1$,$K=0$,CP 脉冲下降沿到来后触发器置 1;而当 $D=0$ 时,则意味 $J=0$,$K=1$,CP 脉冲下降沿到来后触发器置 0;可见 D 触发器在接收一个时钟脉冲后,其输出状态与时钟脉冲到来前 D 端的状态一致。

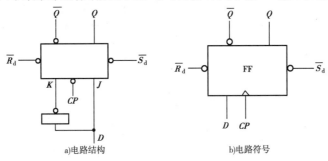

图 7-44 D 触发器

D 触发器的逻辑状态表如表 7-9 所示。

国产集成 D 触发器全部在 CP 脉冲上升沿到达时触发。CP 的输入端没有小圆圈表示上升沿时触发。

例7.11 已知 D 触发器输入端 CP、D 的状态如图 7-45 所示,设 Q 的初始状态为 0 态,根据 D 触发器的工作特点做出输出端的状态波形图。

解: 根据 D 触发器的特点可以做出对出的状态波形图。

表 7-9 D 触发器逻辑状态表

CP	D^n	Q^{n+1}
↑	0	0
↑	1	1

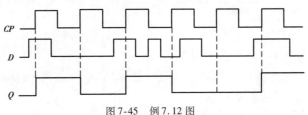

图 7-45 例 7.12 图

习题三

一、作图题

1. 有一同步 RS 触发器,其触发器初态为 0 态的波形,试根据图 7-46 所示 CP、R、S 端的波形,画出对应 Q、$\bar{Q}$ 的波形。

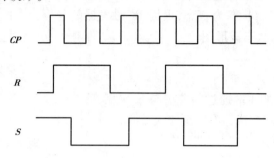

图 7-46　CP、R、S 波形图

2. 某 JK 触发器的初态为 1 态,CP 的上升沿触发,试根据图 7-47 所示 CP、J、K 端的波形,画出 Q 和 $\bar{Q}$ 的波形。

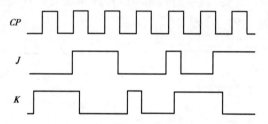

图 7-47　CP、J、K 波形图

3. 某 D 触发器的初态 $Q=0$,CP 上升沿触发,试根据图 7-48 所示 CP、D 的波形,画出 Q 和 $\bar{Q}$ 的波形。

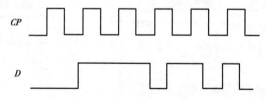

图 7-48　CP、D 波形图

二、选择题

1. 采用与非门构成的主从 RS 触发器,输出状态取决于(　　)。
　　A. $CP=1$ 时触发信号的状态
　　B. $CP=0$ 时触发信号的状态
　　C. CP 从 0 变为 1 时的触发信号的状态

2. 归纳基本 RS 触发器、同步 RS 触发器、主从型 JK 触发器和 D 触发器的触发翻转特点,把仅有"置 0""置 1"功能触发器叫(　　)。
　　A. JK 触发器　　　　　B. RS 触发器　　　　　C. D 触发器

3. 具有"置0""置1""保持"和计数翻转功能的触发器称为( )。
   A. JK 触发器　　　　　B. RS 触发器　　　　　C. D 触发器
4. 触发器有门电路构成,但又不同于门电路,其主要区别在于其( )。
   A. 具有记忆功能　　　B. 与初始状态的关系　　C. 线路更复杂

三、问答题

1. 将主从 RS 触发器变成主从 JK 触发器的方法是什么?
2. 同步触发器具有哪些不足之处?
3. 主从 JK 触发器具有哪些优点?

课题四　数字逻辑部件

预备知识:门电路、二进制、逻辑运算关系、触发器、8421 码。

数字电路除了对数据进行保存和进行一些简单逻辑运算外,往往还要进行一些复杂的算术运算,完成一些中间寄存过程,最终将计算的结果显示出来。门电路和触发器提供相关的基础条件,通过将其组合可以得到一些相关数字逻辑部件,从而实现数字电路中复杂的功能。

一、加法器

数字电路中加、减、乘、除四则运算是必不可少的,而任何复杂的二进制算术运算,一般都是按照一定规则分解为加法运算来实现。实现多位二进制数相加的电路称为加法器,加法器是数字电路尤其是计算机中最基本的运算单元。加法器除用来实现两个二进制数相加外,还可用来设计代码转换电路、二进制减法器和十进制加法器等。

1. 半加器

半加是只求本位数的和,而不考虑低位送来的进位数,将两个 1 位二进制数相加,实现这种运算的电路称为半加器。半加器的逻辑状态表如表 7-10 所示,其中,A 为被加数,B 为加数,S 是半加和数,C 是进位数。逻辑表达式为:

$$S = A\bar{B} + B\bar{A} = A \oplus B$$
$$C = AB = \overline{\overline{AB}}$$

半加器逻辑状态表　　　　　　　　　　　　　　　　表 7-10

A	B	C	S	A	B	C	S
0	0	0	0	1	0	0	1
0	1	0	1	1	1	1	0

图 7-49a)表明了半加器的电路结构图组成,b)、c)分别为其逻辑图与符号。

2. 全加器

全加就是不仅要考虑两个加数,还要考虑低位送来的进位,将两个对应位的加数和低位的进位三者相加的运算称为全加。实现这种运算的电路称为全加器。全加器的逻辑状态表如表 7-11 所示,其中 A_i 为被加数,B_i 为加数,C_{i-1} 是低位向本位的进位,S_i 是全加和数,C_i 是本位向高位的进位。

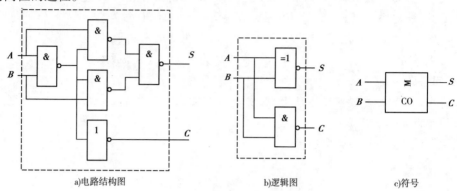

a)电路结构图　　　　　　　　　b)逻辑图　　　　　　　　c)符号

图 7-49　半加器

全加器逻辑状态表　　　　　　　　　　　　　　　表 7-11

A_i	B_i	C_{i-1}	C_i	S_i	A_i	B_i	C_{i-1}	C_i	S_i
0	0	0	0	0	1	0	0	0	1
0	0	1	0	1	1	0	1	1	0
0	1	0	0	1	1	1	0	1	0
0	1	1	1	0	1	1	1	1	1

全加器可用两个半加器和一个或门组成,如图 7-50a)所示。A_i 和 B_i 在第一个半加器中相加,得出的结果再和 C_{i-1} 在第二个半加器中相加,即得出全加和 S_i。两个半加器的进位数通过或门输出作为本位的进位数 C_i。全加器也是一种组合逻辑电路,其图形符号如图7-50b)所示。

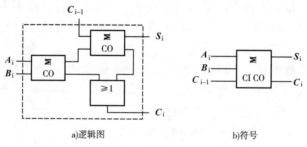

a)逻辑图　　　　　　　　　　b)符号

图 7-50　全加器

二、寄存器

将二进制数码指令或数据暂时存储起来的操作称为寄存。具有寄存功能的电路称为寄存器。在上一课题的学习中,我们知道触发器具有记忆功能,但对于多位数据的记忆就需要使用寄存器。寄存器用来暂时存放参与运算的数据和运算结果,它在计算机和数字电路中得到广泛使用。

寄存器常分为数码寄存器和移位寄存器两种,其区别在于有无移位的功能。

1. 数码寄存器

数码寄存器又称基本寄存器,它只有寄存数码和清除原有数码的功能。图 7-51 是一种四位数码寄存器,它是由 4 个 D 触发器(上升沿触发)和 2 个反相器组成的四位数码寄存器。由 D 触发器工作原理可知,当 CP 正脉冲出现时(由 0 变 1 时触发),D 触发器输入端数码寄存于输出端,即 $Q_0 = d_0, Q_1 = d_1, Q_2 = d_2, Q_3 = d_3$。这样就将输入端数码寄存于这一寄存器电路中了。

当 $CP = 0$,寄存器的输出状态不变,即在寄存器里的数码保持不变。

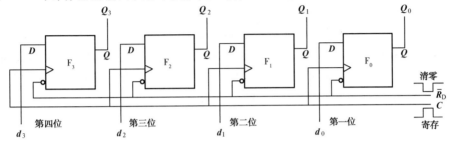

图 7-51　四位数码寄存器

并行输入:输入数码是从 $d_0 \sim d_3$ 端输入的,各输入端数码是同步输入到寄存器电路中。

并行输出:输出数码是从 $Q_0 \sim Q_3$ 端输出的,各输出端的输出状态在同一个 CP 脉冲作用下同步变化。

特点:基本寄存器只能并行送入数据,需要时也只能并行输出。

2. 移位寄存器

移位寄存器中的数据可以在移位脉冲作用下依次逐位右移或左移,也可双向移位。下面以右移位寄存器为例作以说明。右移位寄存器不仅能够寄存输入数码,而且能够对输入数码进行向右的移位。

图 7-52 中各触发器的 CP 接在一起作为移位脉冲控制端,数据从最低位触发器 D_0 端输入,前一触发器输出端 Q 和后一触发器 D 端连接。

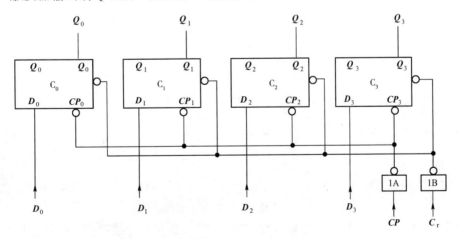

图 7-52　D 触发器构成的四位数码寄存器电路

设要寄存的数码为"1001",寄存器的初始状态假设为"0000"。

第一个待存数码是"1",$D_0 = 1$。当第一个脉冲作用时,$Q_0 = D_0 = 1$,寄存器的状态变为"0001"。

第二个待存数码是"0",$D_0=0$,$D_1=Q_0=1$。当第二个脉冲作用时,$Q_1=D_1=1$,$Q_0=D_0=0$,寄存器的状态变为"0010"。

第三个待存数码是"0",$D_0=0$,$D_1=Q_0=0$,$D_2=Q_1=1$。当第三个脉冲作用时,$Q_2=D_2=1$,$Q_1=D_1=0$,$Q_0=D_0=0$,寄存器的状态变为"0100"。

第四个待存数码是"1",$D_0=1$,$D_1=Q_0=0$,$D_2=Q_1=0$,$D_3=Q_2=1$。当第四个脉冲作用时,$Q_3=D_3=1$,$Q_2=D_2=0$,$Q_1=D_1=0$,$Q_0=D_0=1$,寄存器的状态变为"1001"。

由以上分析可知,数码是由低位触发器逐次移入高位触发器,是右移寄存器。输入数码是从通过 CP 脉冲的作用,一个数码一个数码地输入,通过多个脉冲的作用才将数码输入,这种输入形式称为串行输入。而输出已寄存的数码有两种形式,如果从四位触发器的 Q 端直接取出数码,就称为并行输出;若只是从 Q_3 端输出,就必须再输入 4 个移位脉冲,所存的数码便从 Q_3 端从高到低逐位取出,称为串行输出。

三、计数器

在数字电路中,能够记忆输入脉冲个数的电路称为计数器。

计数器是一种应用十分广泛的时序电路,除用于计数、分频外,还广泛用于数字测量、运算和控制,从小型数字仪表,到大型数字电子计算机,几乎无所不在,是任何现代数字系统中不可缺少的组成部分。像出租车中计里程、计价就用到计数器。

1. 二进制计数器

由于双稳态触发器有"1"和"0"两个状态,所以一个触发器可以表示移位二进制数。如果要表示 n 位二进制数,就得用 n 个触发器。

下面介绍异步二进制加法计数器,图 7-53 中使用 4 个双稳态触发器,它们具有计数功能。

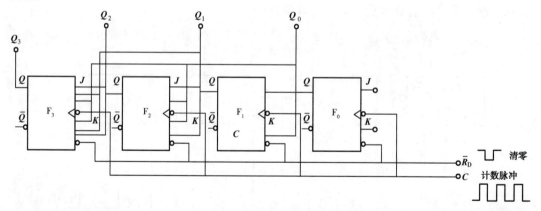

图 7-53　二进制加法计数器

图 7-53 中每个触发器的 J、K 端悬空,相当于"1",故具有计数功能。4 个触发器都是在下降沿触发的,且前一个触发器的输出接到下一个触发器的 CP 端。设开始时计数器的状态为 0000,即 $Q_3Q_2Q_1Q_0=0000$。

当第一个 CP 脉冲到来时,在其下降沿时 Q_0 才翻转,Q_0 由 0 变 1,计数器状态为 $Q_3Q_2Q_1Q_0=0001$;

当第二个 CP 脉冲到来时,在其下降沿时 Q_0 才翻转,Q_0 再由 1 变 0,由于 Q_0 发生负跳变(即 Q_0 的下降沿),使得 Q_1 的状态由 0 变为 1(高位触发器是在相邻的低位触发器从"1"变位"0"时翻转),计数器状态为 $Q_3Q_2Q_1Q_0=0010$。

如此当脉冲不断到来时,每来一个计数脉冲,最低位触发器翻转一次。可以根据以上分析方法得出计数器的波形图及计数器状态表,分别如图 7-54 和表 7-12 所示。

由于计数脉冲不是同时加到各位触发器的 C 端,而只加到最低位触发器,其他各位触发器则由相邻低位触发器输出的进位脉冲来触发,因此它们状态的变化有先有后,是异步的,故又称为异步加法计数器。

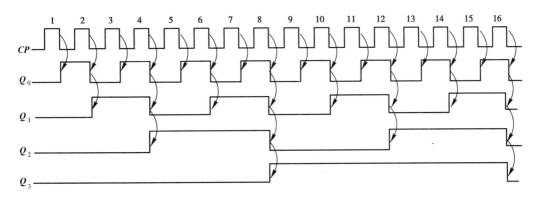

图 7-54 四位异步二进制加法计数器波形图

二进制加法计数器的逻辑状态表　　　　　　　　　　表 7-12

计数脉冲数	二进制数				十进制数	计数脉冲数	二进制数				十进制数
	Q_3	Q_2	Q_1	Q_0			Q_3	Q_2	Q_1	Q_0	
0	0	0	0	0	0	9	1	0	0	1	9
1	0	0	0	1	1	10	1	0	1	0	10
2	0	0	1	0	2	11	1	0	1	1	11
3	0	0	1	1	3	12	1	1	0	0	12
4	0	1	0	0	4	13	1	1	0	1	13
5	0	1	0	1	5	14	1	1	1	0	14
6	0	1	1	0	6	15	1	1	1	1	15
7	0	1	1	1	7	16	0	0	0	0	0
8	1	0	0	0	8						

2. 十进制计数器

由上面可知,二进制计数器具有结构简单的特点,但由于人们日常都习惯于使用十进制进行读数,有些场合使用十进制计数器往往较为方便。由于十进制计数器是在二进制计数器的基础上得到的,用 4 位二进制数来代表十进制的每一位数,所以又称为二—十进制计数器。

由于十进制有 0~9 共 10 个数码,故其必须由 4 个触发器构成。4 个触发器产生 4 位二进制数码,用 4 位二进制数码表示十进制的方法有很多,其中最常用的是 BCD8421 码。它取 4 位二进制数前面的"0000"~"1001"来表示十进制 0~9 的 10 个数码,去掉后面的"1010"~"1111",即当计数器计到第九个脉冲"1001"时,再来一个脉冲就变为"0000",经过

10个脉冲循环一次。

表 7-13 为 8421 码十进制加法计数器的状态表。

8421 码十进制加法计数器的状态 表 7-13

计数脉冲数	二进制数				十进制数	计数脉冲数	二进制数				十进制数
	Q_3	Q_2	Q_1	Q_0			Q_3	Q_2	Q_1	Q_0	
0	0	0	0	0	0	6	0	1	1	0	6
1	0	0	0	1	1	7	0	1	1	1	7
2	0	0	1	0	2	8	1	0	0	0	8
3	0	0	1	1	3	9	1	0	0	1	9
4	0	1	0	0	4	10	0	0	0	0	进位
5	0	1	0	1	5						

由图 7-55 知该电路由 4 个 JK 触发器组成,其中 J_2 与 Q_4 相连,这样就使得 F_2 的翻转受到 F_4 的控制。第四个触发器的输入 $J_4 = Q_2 \cdot Q_3$,$CP_4 = Q_1$。所以只有当 $Q_2 = Q_3 = 1$ 时,且在 Q_1 的下降沿时 F_4 才能翻转。该电路可以跳过"1010-1111"实现 8421 的计数。其波形图如图 7-56 所示。

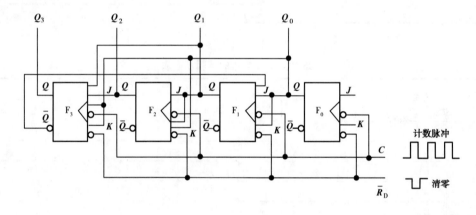

图 7-55 8421 码的十进制计数器

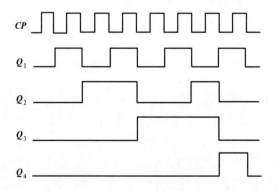

图 7-56 十进制计数器波形图

在实际应用中已有各种类型的集成计数器可以使用,无需采用复杂的由触发器组成的计数器。

四、译码器

译码是将二进制代码(输入)按其编码时的原意译成对应的信号或十进制数码(输出)。实现译码操作的电路称为译码器,也就是将计算机或其他数字电路使用的二进制进行信息处理转化为人们熟悉的十进制输出和显示,最终通过数码显示器显示出来。虽然编码器和译码器简单得可以只用一个集成电路,但其基础仍然是与、非、或门。

实际上译码器就是把一种代码转换为另一种代码的电路。译码器分二进制译码器、十进制译码器及字符显示译码器,各种译码器的工作原理类似,设计方法也相同。下面主要介绍二进制译码器。

二进制译码器是将代码按它的原意翻译为相应的输出信号的电路。常用的有由与非门组成的三位二进制译码器。按输入端和输出端不同可分为2—4译码器、3—8译码器、4—16译码器等。

图7-57a)为3—8译码器的电路图,图7-57b)为常用的3—8译码器74LS138的引脚图。要把输入的一组三位二进制代码译成对应的8个输出信号,其译码过程如下:

图7-57中A、B、C是三位输入端,八路输出信号低电平有效,为$\overline{Y}_0 \sim \overline{Y}_7$。每个输出代表输入的一组组合,并设$ABC=000$时,$\overline{Y}_0=0$,其余输出为1;$ABC=001$时,$\overline{Y}_1=0$,其余输出为1;……;$ABC=111$时,$\overline{Y}_7=0$,其余输出为1,则列出的逻辑状态表如表7-14所示。

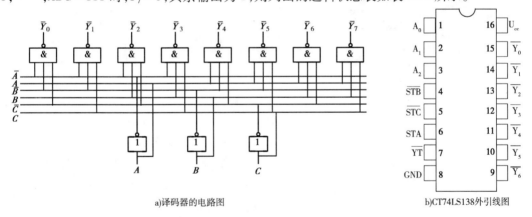

a)译码器的电路图　　　　　　　　　　　b)CT74LS138外引线图

图7-57　3—8译码器

各输出的逻辑式为:

$$\overline{Y}_0 = \overline{\overline{A}\,\overline{B}\,\overline{C}} \qquad \overline{Y}_1 = \overline{\overline{A}\,\overline{B}C} \qquad \overline{Y}_2 = \overline{\overline{A}B\overline{C}} \qquad \overline{Y}_3 = \overline{\overline{A}BC}$$

$$\overline{Y}_4 = \overline{A\overline{B}\,\overline{C}} \qquad \overline{Y}_5 = \overline{A\overline{B}C} \qquad \overline{Y}_6 = \overline{AB\overline{C}} \qquad \overline{Y}_7 = \overline{ABC}$$

二进制译码器逻辑状态表　　　　　　表7-14

输入端			输出端							
C	B	A	Y_0	Y_1	Y_2	Y_3	Y_4	Y_5	Y_6	Y_7
0	0	0	0	1	1	1	1	1	1	1
0	0	1	1	0	1	1	1	1	1	1

续上表

输入端			输出端						
0	1	0	1	1	0	1	1	1	1
0	1	1	1	1	1	0	1	1	1
1	0	0	1	1	1	1	0	1	1
1	0	1	1	1	1	1	1	0	1
1	1	0	1	1	1	1	1	1	0
1	1	1	1	1	1	1	1	1	0

五、数字显示电路

用来驱动各种显示器件,从而将用二进制代码表示的数字、文字、符号翻译成人们习惯的十进制数码或其他形式直观地显示出来的电路,称为显示译码器。

传统的汽车仪表都是通过指针和刻度实现模拟显示,存在信息量少,视觉特性不好,易疲劳、准确率低等缺点。随着现代汽车对信息显示系统的要求增高,汽车仪表电子化已成为潮流,各类数字仪表的使用更加普遍,这些仪表比常规的模拟仪表更精确、显示信息更直观、刷新的时间更快。如在某些高档轿车上,故障码就是以数字的形式显示在信息显示器上。

图 7-58 为几种不同的车载仪表及显示系统。

a)汽车数字仪表板

b)出租车显示器

c)汽车液晶显示屏幕

图 7-58 汽车仪表及显示系统

在数字电路中常常要把数据或运算结果通过半导体数码管,液晶数码管和荧光数码管,用十进制数显示出来。常用的数码显示器有七段数码显示管和液晶(LCD)显示器。

七段数码显示管具有工作电压低(1.5～3V)、使用寿命长(大于1000h)、工作电流为几毫安到几十毫安、颜色丰富、响应速度快(1～100ns)等优点,缺点是功耗较大。液晶显示器中的液晶是一种有机化合物,它既有液体的流动性,又有晶体的某些光学特性。液晶显示器的结构是由液晶夹在两片偏振玻璃中构成的,它利用液晶在外电场作用下,能改变其透光特性,形成不同的亮暗场,从而显示出不同的数字图形。汽车上液晶显示故障码既直观又容易操作,常应用于高档汽车上。缺点主要是在低温时数字(或字母)反应(或改变)会变慢。下面主要介绍半导体数码管。

半导体数码管(或称 LED 数码管)的基本单元是 PN 结,目前较多采用磷砷化镓做成的 PN 结,多个 PN 结可以按分段式封装成半导体数码管,其管脚排列和字形结构如图 7-59 所示。

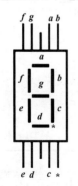

图 7-59 七段数码显示管

半导体数码管是将 7 个发光二极管(LED)按"8"形状排列封装在一起的 7 个字段,每个字段为一发光二极管。选择不同字段发光,可显示出不同的字形。例如,当 a、b、c、d、e、f、g 7 个字段全亮时,显示出 8;仅 b、c 段亮时,显示出 1 等。

半导体数码管中 7 个发光二极管有共阴极和共阳极两种接法,如图 7-60 所示。共阴极接法时,只要某一字段接高电平时就发光;而共阳极接法则是某一字段接低电平时发光。使用时每个管要串联限流电阻。

七段显示译码器的功能是把二进制代码译成对应于数码管的 7 个字段信号,驱动数码管,显示出相应的十进制数码。如果采用共阳极数码管,则七段显示译码器的功能表如表 7-15 所示;如采用共阴极数码管,则输出状态应和下表所示的相反,即 1 和 0 对换。图 7-61 所列举的是 CT74LS247 型译码器和共阳极 BS204 型半导体数码管的连接图。该芯片为七段字形显示译码器,有 4 个输入端 A_0,A_1,A_2,A_3 和 7 个输出端 $\bar{a} \sim \bar{g}$(低电平有效),后者接数码管七段,3 个输入控制端均为低电平有效,在正常工作时均接高电平。

数码显示译码器逻辑状态表　　　表 7-15

十进制数	$DCBA$	$abcdefg$	字形	十进制数	$DCBA$	$abcdefg$	字形
0	0000	1111110	0	5	0101	1011011	5
1	0001	0110000	1	6	0110	1011111	6
2	0010	1101101	2	7	0111	1110000	7
3	0011	1111001	3	8	1000	1111111	8
4	0100	0110011	4	9	1001	1111011	9

现代汽车的数字式里程数、出租车计价器金额显示的工作原理与上述电路类似。在日产蓝鸟 EQ7200 型汽车中,时速的显示是通过镜子反射得到的数字,尽管显示数字方法有所不同,但工作原理却是类似的。

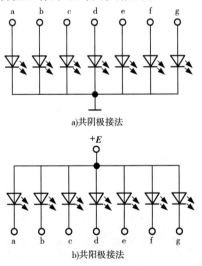

图 7-60　七段数码管的接法

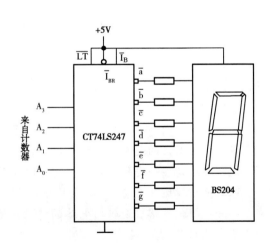

图 7-61　译码显示电路

 习题四

一、问答题

1. 何谓半加和半加器？何谓全加和全加器？

2. 何谓计数器？何谓异步计数器和同步计数器？如何利用二进制计数器来实现十进制计数？

3. 数字显示电路的功能是什么？一般是由哪几部分组成？

4. 什么叫寄存器？寄存器电路有何功能？有哪几种寄存器？

二、选择题

1. 数字显示电路通常由(　　)组成。

　　A. 译码器、驱动电路、编码器

　　B. 显示器、驱动电路、输入电路

　　C. 译码器、驱动电路、显示器

2. 寄存器输出状态的改变(　　)。

　　A. 仅与该时刻输入信号状态有关

　　B. 仅与寄存器的原状态有关

　　C. 与 A、B 都有关

3. 通常寄存器应具有(　)功能。

　　A. 存数与取数　　　　　　B. 清零与置数　　　　　　C. 两者皆有

4. 通常计数器应具有(　　)的功能。

　　A. 清零、置数、累计 CP 个数　　B. 存取数码　　　　　　C. 两者皆有

5. 七段数码显示译码电路有(　　)个输出端。

　　A. 6 个　　　B. 7 个　　　　C. 8 个　　　　　　　　D. 16 个

6. 译码电路的输入量和输出量分别是(　　)和(　　)。

　　A. 二进制代码　　　　　　B. 十进制数　　　　　　C. 某个特定的控制信号

单元小结

1. 数字信号在时间和数值上是不连续的，所以它在电路中只能表现为信号的有、无(或信号的高、低电平)两种状态。数字电路中用二进制数"0"和"1"来代表低电平和高电平两种状态，数字信号可用"0"和"1"组成的代码序列来表示。

2. 二进制是用两个不同的数码 0、1 来表示数的，其计数规律是"逢二进一"。二进制与十进制具有一一对应的关系，两者可以互相转换。

3. 逻辑代数是按一定的逻辑关系进行运算的代数。在逻辑代数中只有 0 和 1 两种逻辑值。最基本的逻辑运算有与(逻辑乘)、或(逻辑加)、非(逻辑非)3 种。将它们组合起来就构成了组合逻辑门电路。逻辑门电路的特点是输出端状态完全由输入端决定，没有输入信号就没有输出信号，电路没有记忆功能。

4. 晶体二极管、三极管在数字电路中通常作为"开关"元件使用，三极管经常工作在截止状态或饱和状态。

5. 触发器是一种组合逻辑电路，它在受输入信号触发后进行工作时，不仅到受到输入信号的影响，还要受到触发器本身所记忆数码的影响。

6. 触发器按其稳定工作状态可分为双稳态触发器、单稳态触发器、无稳态触发器等。双

稳态触发器其按其逻辑功能可分为 RS 触发器、JK 触发器、D 触发器和 T 触发器等,它们的共同点是都有两个稳定的输出状态(0 态和 1 态),并能接收、保存和输出信号。

7. 数字电路进行一些复杂的运算、中间寄存和显示时,是通过门电路和触发器的组合得到数字逻辑部件,从而实现数字电路中复杂的功能的。

8. 加法器实现两个二进制数相加,并将结果输出。寄存器用来暂时存放参与运算的数据和运算结果,它只有寄存数码和清除原有数码的功能,不对存储的信息进行其他处理。计数器能够记忆输入脉冲的个数。译码器将二进制代码译成对应的信号或十进制数码。显示译码器驱动各种显示器件,将二进制代码表示的数字、文字、符号译成十进制数码或其他形式直观地显示出来。

实训一　基本门电路的逻辑功能

一、实验目的

(1)认识 TTL 及 CMOS 基本门电路及其引线的排列。
(2)验证 TTL 及 CMOS 基本门电路的逻辑功能。
(3)掌握应用基本门电路的基本技能。

二、实验器材

(1)面包板 1 块。
(2)TTL 与非门(74LS00)1 片。
(3)CMOS 与非门(CC4012)1 块。
(4)数字实验箱(+5V 电源,单脉冲源,连续脉冲源,逻辑电平开关,LED 显示,数码管等)1 台。
(5)150Ω 电阻若干只。
(6)数字万用表 1 块。
(7)连接导线若干。

三、实验原理

基本门电路的逻辑功能为:
①与门:输入全 1 输出为 1;输入有 0,输出为 0。
②或门:输入有 1 输入为 1;输入全 0,输入为 0。
③非门:输入为 1 输出为 0;输入为 0,输出为 1。
④与非门:输入全 1 输出为 0;输入有 0 输出为 1。

四、实验注意事项

(1)本实验采用正逻辑,+5V 为"1",0V 为"0"。
(2)认真弄清集成门电路的管脚引线排列图,具体引脚分别如图 7-29 和图 7-33 所示。

以左边缺口为标志,管脚号从左下角开始以逆时针方向顺排列;接插集成块时,要认清定位标记,不得插反。

(3) 严格按接线图接线,经实验指导教师检查无误后,方可接通电源进行实验。

(4) 实验过程严禁带电进行任何改变电路的操作,改变电路前一定要切断电源。

(5) 对于 TTL 电路,$V+$ 表示 V_{CC},对于 CMOS 电路,$V+$ 表示 V_{DD};对于 TTL 电路,GND 为地,对于 CMOS 电路,GND 表示 V_{SS}。

(6) CMOS 集成电路使用规则:

①CMOS 电路的电源范围为 $+5 \sim +12V$,注意极性不能接反。

②CMOS 电路的输入端不能悬空。

③CMOS 电路的输出端不允许直接与 VDD 或 VSS 直接相连。

(7) TTL 集成电路使用规则:

①TTL 与非门对电源电压的稳定性要求较严,只允许在 +5V 上有上下 10% 的波动。电源电压超过 +5.5V,易使器件损坏;低于 +4.5V 又易导致器件的逻辑功能不正常。电源极性绝对不允许接错。

②TTL 与非门不用的输入端允许悬空(但最好接高电平),不能接低电平。

③TTL 与非门的输出端不允许直接接电源电压或地,也不能并联使用。

④输入端通过电阻搭铁,电阻值的大小将直接影响电路所处的状态。当 $R \leqslant 680\Omega$ 时,输入端相当于逻辑"0";当 $R \geqslant 4.7k\Omega$ 时,输入端相当于逻辑"1"。对于不同系列的器件要求的阻值不同。

五、实验步骤

(1) 与非门逻辑功能测试。

将 CC4012 型 CMOS 与非门按图 7-62 接线,把 4 个输入端接数据开关 $S_1 \sim S_4$,输出端接电平指示,接通电源后($E_c = +5V$),分别再按表 7-16 要求输入不同的电平,将相应的输出端电平记录在表 7-16 内,并写出逻辑表达式;CMOS 集成电路如有多余输入端,应接电源 E_c 或与别的输入端并联使用,而不能悬空,以防止静电感应产生的电压损坏元件破坏电路逻辑功能。

(2) 与门逻辑功能测试。

将 CC4012 型集成与非门电路的 2 个与非门按图 7-63 接线,输入端接数据开关 $S_1 \sim S_4$,按表 7-17 要求,输入不同的电平,将相应的输出端电平记录在表 7-17 内。

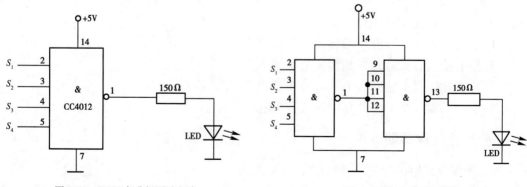

图 7-62 CMOS 与非门测试电路　　　　图 7-63 与门测试电路

(3)非门逻辑功能测试。

将 CC4012 接成图 7-64 所示测试电路,测量输出端电平,并记录在表 7-18 内。

(4)或门逻辑功能测试。

用 74LS00 的 3 个与非电路的 2 个与非门接成图 7-65 所示电路。按表 7-19 输入电压测定输出端电平,并记录在表 7-19 内。

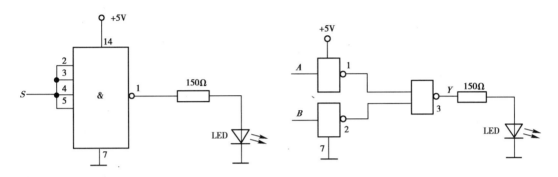

图 7-64　非门测试电路　　　　　　　　　图 7-65　或门测试电路

六、实验报告

(1)分别列表记录所测得的 TTL 与非门的主要参数。

MOS 与非门(CC4012)逻辑功能测试记录　　　　表 7-16

输　入　端				输　出　端
2	3	4	5	1
0	0	0	0	
1	0	0	0	
1	1	0	0	
1	1	1	0	
1	1	1	1	

MOS 与门(CC4012)逻辑功能测试记录　　　　表 7-17

输　入　端				输　出　端
2	3	4	5	1
0	0	0	0	
1	0	0	0	
1	1	0	0	
1	1	1	0	
1	1	1	1	

TTL 非门(74LS00)
逻辑功能测试记录　表 7-18

输入端	输出端
2	1
0	
1	

TTL 或门(74LS00)
逻辑功能测试记录　表 7-19

输入端	输出端
2	1
0	
1	

(2)思考题：与非门不用的输入端应如何处理？为什么？

实训二　触　发　器

一、实验目的

(1)掌握基本 RS 触发器的组成、工作原理和性能。
(2)掌握集成 JK 触发器、D 触发器的使用方法、逻辑功能和测试方法。
(3)掌握触发器之间的转换方法。
(4)熟悉并验证触发器的逻辑功能。

二、实验器材

(1)CC4044、74LS00(CC4011)、74LS112、74LS74(CC4013)各 1 片。
(2)连接导线若干。
(3)数字实验箱(+5V 电源，单脉冲源，连续脉冲源，逻辑电平开关，LED 显示，数码管等)1 台。

三、实验原理

触发器具有两个稳定状态，即"0"和"1"，在一定的外界信号作用下，可以从一个稳定状态翻转到另一个稳定状态。

(1)基本 RS 触发器。

图 7-66 为有 4 个基本 RS 触发器的 C4044。基本 RS 触发器具有置"0"、置"1"和"保持"3 种功能。因为 $S=0$ 时触发器被置"1"，故通常称 S 为置"1"端；因为 $R=0$ 时触发器被置"0"，称 R 为置"0"端，当 $R=S=1$ 时状态保持。

(2)JK 触发器。

JK 触发器由 RS 触发器演变而来，本实验中采用的 74LS112 为下降沿触发的边沿触发器，其引脚排列如图 7-67 所示。其中 J 和 K 为数据输入端，是触发器状态更新的依据，若 J、K 有两个或两个以上输入端时，组成"与"的关系。

(3)D 触发器。

D 触发器的状态方程为：$Q^{n+1}=D$。其状态的更新发生在 CP 脉冲的边沿，74LS74

(CC4013)为上升沿触发,故又称为上升沿触发器的边沿触发器。触发器的状态只取决于时针到来前 D 端的状态。D 触发器应用很广,可用做数字信号的寄存、移位寄存、分频和波形发生器等。D 触发器只有一个触发输入端 D,其状态的更新发生在 CP 脉冲的边沿,触发器的状态只取决于时针到来前 D 端的状态。实训中采用 74LS74 双 D 触发器,其引脚排列如图 7-68 所示。

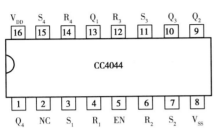

图 7-66 CC4044 管脚排列图

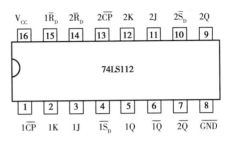

图 7-67 74LS112 双 JK 触发器引脚功能

四、实验步骤与内容

(1) 基本 RS 触发器的逻辑功能测试。

在 74LS00 芯片中选两个与非门,按图 7-69 接成一个基本 RS 触发器,触发器的输入端 R、S 通过逻辑开关接高低电平,输出端 Q、$\bar{Q}$ 接输出指示发光二极管,按表 7-20 进行逻辑功能测试,观察并记录输出端 Q 的状态变化。

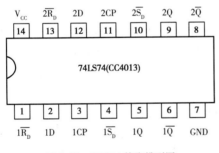

图 7-68 74LS74 管脚排列图

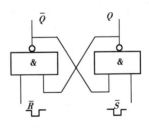

图 7-69 基本 RS 触发器

RS 触发器的逻辑功能　　　　　　　　　　　表 7-20

$\bar{R}$	$\bar{S}$	Q	$\bar{Q}$
1	1→0		
	0→1		
1→0	1		
0→1			
0	0		

从 C4044 中选取任意一组 RS 触发器,接法同上,分别按表 7-20 和表 7-21 进行逻辑功能测试,对比逻辑功能是否一致,并总结基本 RS 触发器的逻辑功能。

基本 RS 触发器的逻辑功能测试 表 7-21

输入			输出
R	S	Q^n	Q^{n+1}
0	0	0	
		1	
0	1	0	
		1	
1	0	0	
		1	
1	1	0	
		1	

(2) 集成双 JK 触发器 74LS112 的逻辑功能测试。

直接复位和置位端的测试：

74LS112 引脚排列如图 7-47 所示，在 74LS112 芯片中任选一组 JK 触发器，$\bar{R}_D$、$\bar{S}_D$ 通过逻辑开关接高低电平，CP、J、K 为任意状态，测试 JK 触发器的输出端逻辑状态，并将结果记录在表 7-22 中。

JK 触发器异步复位和置位端的测试 表 7-22

CP	J	K	$\bar{R}_D$	$\bar{S}_D$	Q^{n+1}
×	×	×	0	1	
×	×	×	1	0	

注：× 表示 0 和 1 之间的任意一种状态。

将 74LS112 芯片中一组 JK 触发器的 $\bar{R}_D = \bar{S}_D = 1$，$CP$ 接单次脉冲，触发器的输入端通过逻辑开关接高低电平，Q、$\bar{Q}$ 输出端接发光二极管，在 $CP=0$ 状态下，J、K 分 4 种情况，按表 7-23 预置 Q 状态，CP 经 $0\to1\to0\to1\to0\to\cdots\cdots$ 由单次脉冲供给变化，记录输出端的逻辑状态，观察触发器的 Q 的状态在 CP 脉冲的什么边沿翻转。

74LS112 的逻辑功能测试 表 7-23

J	0				0				1				1			
K	0				1				0				1			
Q^n	0		1		0		1		0		1		0		1	
CP	$0\to1$	$1\to0$	$0\to1$	$1\to0$	$0\to1$	$1\to0$	$0\to1$	$1\to0$	$0\to1$	$1\to0$	$0\to1$	$1\to0$	$0\to1$	$1\to0$	$0\to1$	$1\to0$
Q^{n+1}																

将 JK 触发器转换成 D 触发器。按图 7-70 连接电路，CP 接单脉冲源，Q 端接逻辑电平显示插口，验证逻辑功能，并自拟表格记录。

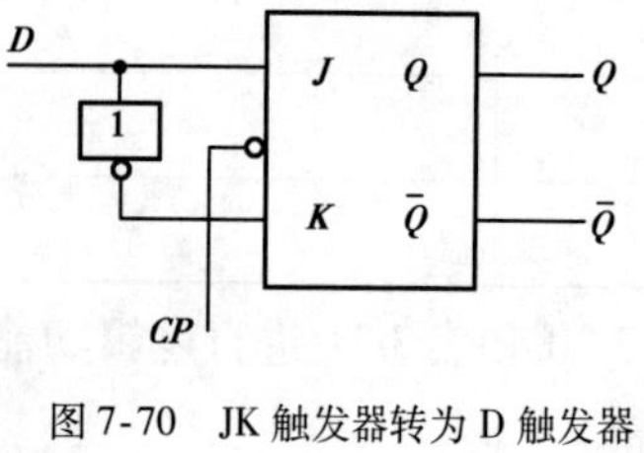

(3) 集成双 D 触发器 74LS74 的逻辑功能测试。

熟悉 74LS74 各引脚的功能及使用。将 74LS74 芯片中一组 D 触发器的异步复位和置位端 $\bar{R}_D$、$\bar{S}_D$ 和触发器的输入端 D 通过逻辑开关接高低电平，CP 接单次脉冲，触发器的输出端 Q、$\bar{Q}$ 接发光二极管，按表 7-24 输入信号，记录并分析实

图 7-70　JK 触发器转为 D 触发器

训结果,判断是否与 D 触发器的工作原理一致。

74LS74 的逻辑功能测试　　　　　　　　　　　　　　　　　表 7-24

$\bar{R}_D$	$\bar{S}_D$	D	Q^n	CP	Q^{n+1}
0	1	×	×	×	
1	0	×	×	×	
1	1	0	0	0→1	
1	1	0	0	1→0	
1	1	0	1	0→1	
1	1	0	1	1→0	
1	1	1	0	0→1	
1	1	1	0	1→0	
1	1	1	1	0→1	
1	1	1	1	1→0	

注:×表示 0 和 1 之间的任意一种状态。

测试 D 触发器的逻辑功能:

① 测试 $\bar{R}_D$,$\bar{S}_D$ 的复位、置位功能。

在 $\bar{R}_D=0$,$\bar{S}_D=1$ 作用期间,改变 D 与 CP 的状态,观察 Q、$\bar{Q}$ 状态。

在 $\bar{S}_D=1$,$\bar{S}_D=0$ 作用期间,改变 D 与 CP 的状态,观察 Q、$\bar{Q}$ 状态。

② 测试 D 触发器的逻辑功能。

按表 7-27 进行测试,并观察触发器状态更新是否发生在 CP 脉冲的上升沿(即 CP 由 0→1)记录在表 7-25 中。

D 触发器的逻辑功能　　　　　　　　　　　　　　　　　　　表 7-25

D	CP	Q^{n+1}	
		$Q^n=0$	$Q^n=1$
0	0→1		
0	1→0		
1	0→1		
1	1→0		

五、实验报告

(1)整理好实验所测结果,总结 RS 触发器、JK 触发器和 D 触发器的特点。

(2)测试 $\bar{R}_D$,$\bar{S}_D$ 的复位、置位功能。

(3)将 J、K 端接逻辑开关输出插口,CP 端接单脉冲,Q、$\bar{Q}$ 端接至逻辑电平显示插口。在 $\bar{R}_D=0$,$\bar{S}_D=1$ 或 $\bar{S}_D=0$,$\bar{R}_D=1$ 作用期间记录 J、K 及 CP 的状态,观察 Q、$\bar{Q}$ 状态并记录。按要求改变 J、K、CP 的状态,观察 Q、$\bar{Q}$ 状态变化,观察 Q 端的状态更新是否发生在 CP 脉冲的下降沿(即 CP 由 1→0),并做好记录。

实训三 计数、移位寄存器、译码、显示器

一、实验目的

(1) 进一步理解计数、译码、寄存、显示器结构及工作原理。
(2) 掌握运用上述组件进行计数显示的方法。

二、实验器材

(1) 74LS290 计数器、74LS248 译码器、74LS194 寄存器、双 7 段显示器各 1 块。
(2) 数字电路实验箱 1 台。

三、实验原理

(1) 计数器及集成计数器 74LS290。

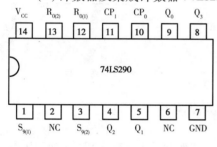

图 7-71 74LS290 管脚示意图

计数就是记忆输入脉冲的个数,计数器是实现计数功能的时序电路,不仅可用来计脉冲数,而且还常用来实现数字系统的定时、分频、数字运算及其他特定的逻辑功能。实际应用时多直接使用集成计数器,常用的集成计数器有 74LS290、T210、C180 等。

74LS290 计数器是按 8421 码的反馈形式构成的异步二—五—十进制计数器,管脚排列如图 7-71 所示。当 Q_0 与 CP_1 相连,CP_0 输入记数脉冲,输出按 8421 码就得到十进制计数器。

74LS290 有两个复位端 $R_{0(1)}$、$R_{0(2)}$ 和两个置 9 端 $S_{9(1)}$、$S_{9(2)}$,其逻辑功能如表 7-26 所示。利用复位端和置 9 端并通过反馈控制电路可以构成任意进制的计数器。

74LS290 逻辑功能表 表 7-26

CP	复位输入				输出			
	$R_{0(1)}$	$R_{0(2)}$	$S_{9(1)}$	$S_{9(2)}$	Q_3	Q_2	Q_1	Q_0
×	1	1	0	×	0	0	0	0
×	1	1	×	0	0	0	0	0
×	×	×	1	1	1	0	0	1
↓	×	0	×	0	记 数			
↓	0	×	0	×				
↓	0	×	×	0				
↓	×	0	0	×				

注:× 表示 0 和 1 之间的任意一种状态,↓ 表示触发脉冲下降沿。

(2) 译码器及数码显示器。

译码器是将计数器中的逻辑代码信息,翻译为另一种逻辑代码,以便控制其他的部件。显示计数器中的数字就需要通过译码器才能显示出来,如74LS248、T338、C205等便是这种译码器集成组件。74LS248的管脚排列如图7-72所示,用作译码时管脚3、4、5端悬空,A、B、C、D为译码器的4个输入端,a~g各管脚为译码器的7个输出端。

显示器接收译码器的输出信号,并显示出来。常见的数码显示器有BS202、13S201、BT201、LS5011-11等。

(3)移位寄存器。

移位寄存器是一个具有移位功能的寄存器,是指寄存器中所存在的代码能够在移位脉冲的作用下依次左移或右移。既能左移又能右移的称为双向移位寄存器,只需要改变左、右多的控制信号便可实现双向移位要求。

本实验采用的4位双向通用移位寄存器74LS194,其逻辑符号及引脚排列如图7-73所示。其中 D_3、D_2、D_1、D_0 为并行输入端;Q_3、Q_2、Q_1、Q_0 为并行输出端;SR 为右移串行输入端,SL 为左移串行输入端;S_1、S_0 为操作模式控制端;CR 为直接无条件清零端;CP 为时钟脉冲输入端。S_1、S_0 和 CR 端的控制作用如表7-27所示。

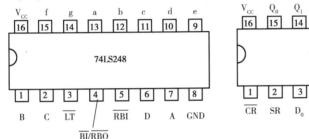

图7-72 T4LS248管脚示意图　　　图7-73 74LS194管脚示意图

移位寄存器中 S_1、S_0 和 CR 端的控制作用　　　　表7-27

CP	CR	S_1	S_0	功能	$Q_3 Q_2 Q_1 Q_0$
×	0	×	×	清除	$CR=0$,使 $Q_3 Q_2 Q_1 Q_0=0000$,寄存器正常工作时 $CR=1$
↑	1	1	1	送数	CP 上升沿作用后,并行输入数据送入寄存器。$Q_3 Q_2 Q_1 Q_0 = D_3 D_2 D_1 D_0$,此时串行数据(SR、SL)被禁止
↑	1	0	1	右移	串行数据送至右移输入 SR,CP 上升沿进行右移。$Q_3 Q_2 Q_1 Q_0 = D_{SR} D_2 D_1 D_0$
↑	1	1	0	左移	串行数据送至左移输入 SL,CP 上升沿进行左移。$Q_3 Q_2 Q_1 Q_0 = D_3 D_2 D_1 D_{SL}$
↑	1	0	0	保持	CP 作用后寄存器内容保持不变。$Q_3 Q_2 Q_1 Q_0 = Q_3^n Q_2^n Q_1^n Q_0^n$
↓	1	×	×	保持	$Q_3 Q_2 Q_1 Q_0 = Q_3^n Q_2^n Q_1^n Q_0^n$

注：×表示0和1之间的任意一种状态，↓表示触发脉冲下降沿，↑表示触发脉冲上升沿。

移位寄存器应用很广，可构成移位寄存器型计数器。把移位寄存的输出反馈到它的串行输入端，就可以进行循环移位，如图7-74所示，把输出端Q_0和右移串行输入端SR相连，设初始状态$Q_0Q_1Q_2Q_3 = 1000$，则时钟脉冲作用下$Q_0Q_1Q_2Q_3$将依次变为0100—0010—0001—1000—……，可见它是一个具有4个有效状态的计数器，这种类型的计数器通常称为环形计数器，电路可以在各个输出端输出在时间上有先后顺序的脉冲，因此也可作为顺序脉冲发生器。

四、实验步骤

（1）按图7-75接线，用74LS290构成8421码十进制计数器，将CP_1与Q_0连接，4个输出端Q_0、Q_1、Q_2、Q_3分别接到数字逻辑实训器上的4个电平指示灯。CP_0接输入单脉冲，验证其计数功能，并记入状态表7-28。

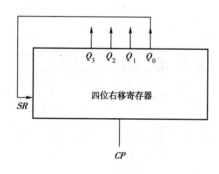

图7-74 循环移位

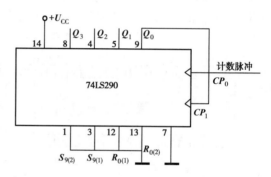

图7-75 74LS290构成8421码十进制计数器

计 数 器 状 态 表　　　　　　　　　　　　　表7-28

计数	输出				计数	输出			
	Q_3	Q_2	Q_1	Q_0		Q_3	Q_2	Q_1	Q_0
0					5				
1					6				
2					7				
3					8				
4					9				

（2）按图7-76接线，将74LS248译码器的7个输出端(a~g)分别接到数码管相应的7个输入端，译码器的4个输入端(A~D)分别接到数字逻辑实习器下方的4个逻辑开关上，有规律地拨动逻辑开关，观察数码管所显示出的数字；验证译码器的逻辑功能。计数器"清零"后，CP端分别接在单次或连续脉冲上，观察数码管的数字变化规律，验证整个逻辑电路的功能。

（3）测试74LS194的逻辑功能。

①按图7-77接线，CR、S_1、S_0、SL、SR、D_3、D_2、D_1、D_0分别接至逻辑电平设置开关的输出插口；Q_3、Q_2、Q_1、Q_0接至LED逻辑电平显示输入插口。CP接单次脉冲源输出插口。按表7-29所规定的输入状态，逐项进行测试。

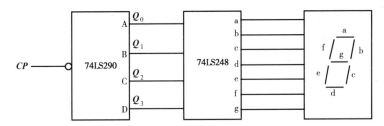

图 7-76　七段数码管组成计数、译码、显示器

74LSl94 的逻辑功能表　　　　　　　　　　　　　　　表 7-29

清除	模式		时钟	串行		输入	输出	功能总结
CR	S_1	S_0	CP	SL	SR	$D_3D_2D_1D_0$	$Q_3Q_2Q_1Q_0$	
0	×	×	↑	×	×	××××		
1	1	1	↑	×	×	dcba		
1	0	1	↑	×	0	××××		
1	0	1	↑	×	1	××××		
1	0	1	↑	×	0	××××		
1	0	1	↑	×	0	××××		
1	1	0	↑	1	×	××××		
1	1	0	↑	1	×	××××		
1	1	0	↑	1	×	××××		
1	1	0	↑	×	×	××××		
1	0	0	↑	1	×	××××		

注：×表示 0 和 1 之间的任意一种状态，↓表示触发脉冲下降沿，↑表示触发脉冲上升沿。

清除：令 $CR=0$，其他输入均为任意态，这时寄存器输出 Q_3、Q_2、Q_1、Q_0 应均为 0。清除后，置 $CR=1$。

送数：令 $CR=S_1=S_0=1$，送入任意四位二进制数，如 $D_3D_2D_1D_0=dcba$，加 CP 脉冲，观察 $CP=0$、CP 由 0→1、CP 由 1→0 三种情况下寄存器输出状态的变化，观察寄存器输出状态变化是否发生在 CP 脉冲的上升沿。

②右移：清零后，令 $CR=1,S_1=0,S_0=1$，由右移输入端 SR 送入二进制数码如 0100，由 CP 端连续加 4 个脉冲，观察寄存器的输出情况并记录。

③左移：清零后，令 $CR=1,S_1=S_0=0$，由左移输入端 SL 送入二进制数码如 0100，由 CP 端连续加 4 个脉冲，观察寄存器的输出情况并记录。

④保持：寄存器预置任意四位二进制数码，令 $CR=1,S_1=S_0=0$，加 CP 脉冲，观察输出情况并记录。

⑤循环移位：将实验内容①按图 7-67 进行改接。用并行送数法预置寄存器为任意四位

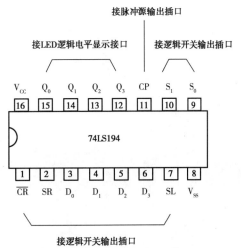

图 7-77　74LS194 逻辑功能测试

二进制数码,然后进行右移循环,观察寄存器的变化输出情况,并记录入表7-30中。

循环移位记录表　　　　　　　　　　　　　　　表7-30

CP	$Q_3Q_2Q_1Q_0$
0	0100
1	
2	
3	
4	

五、实验报告

(1)画出译码显示和移位电路的接线图,整理实训结果、数据图表,并进行分析和讨论。

(2)画出计数器时序输出波形图,总结计数、译码及显示功能测试方法。

参 考 文 献

[1] 许泽鹏.电工技术[M].北京:人民邮电出版社,2002.
[2] 罗挺前.电工与电子技术[M].北京:高等教育出版社,2001.
[3] 陈梓城.模拟电子技术[M].北京:高等教育出版社,2004.
[4] 余云龙.汽车电工[M].北京:机械工业出版社,2004.
[5] 裘玉平.汽车电气设备[M].北京:人民交通出版社,2001.